"十三五"国家重点出版物出版规划项目

现代机械工程系列精品教材

先进制造技术

第 3 版

王隆太　编著

刘延林　审

机械工业出版社

在当前制造业面临新一轮技术革命的形势下，本书详细论述了先进制造技术的内涵和体系结构，从设计技术、制造工艺技术、制造自动化、信息化、智能化等多个视角介绍了先进制造技术的基本概念、工作原理及其关键技术，在注重内容系统性、完整性和前沿性的同时，更注重选材的先进适用性和成熟性，尽可能以具体应用实例阐述其技术功能与原理。全书内容共分为 7 章，分别为：制造业与先进制造技术、现代设计技术、先进制造工艺技术、制造自动化技术、现代企业信息化管理技术、先进制造模式和智能制造。

本书可作为高等院校机械工程、工业工程、管理工程等专业以及与制造相关专业的教材和教学参考书，也可作为制造业工程技术人员继续教育与培训参考书。

图书在版编目（CIP）数据

先进制造技术/王隆太编著. —3 版. —北京：机械工业出版社，2020. 7（2024. 12 重印）

"十三五"国家重点出版物出版规划项目　现代机械工程系列精品教材
ISBN 978-7-111-64888-8

Ⅰ.①先…　Ⅱ.①王…　Ⅲ.①机械制造工艺-高等学校-教材　Ⅳ.①TH16

中国版本图书馆 CIP 数据核字（2020）第 036381 号

机械工业出版社（北京市百万庄大街 22 号　邮政编码 100037）
策划编辑：刘小慧　责任编辑：刘小慧　王勇哲　张亚捷
责任校对：陈　越　封面设计：张　静
责任印制：常天培
北京机工印刷厂有限公司印刷
2024 年 12 月第 3 版第 11 次印刷
184mm×260mm · 18.5 印张 · 457 千字
标准书号：ISBN 978-7-111-64888-8
定价：59.80 元

电话服务
客服电话：010-88361066
　　　　　010-88379833
　　　　　010-68326294

网络服务
机　工　官　网：www.cmpbook.com
机　工　官　博：weibo.com/cmp1952
金　书　网：www.golden-book.com
机工教育服务网：www.cmpedu.com

第3版前言

近年来，云计算、大数据、物联网等新一代信息技术的快速发展及其与制造技术的深度融合，正在引领以网络化和智能化为特征的制造业新一轮的技术革命。面对这次技术革命浪潮，世界工业大国纷纷提出"工业 4.0""工业互联网""工业 2050""无人化工厂""中国制造 2025"等各自的发展战略，有力推动着制造业的发展进程。在此背景下，先进制造技术的概念和内涵得到了相应的拓展和延伸。为了跟随当前制造业技术发展趋势，与时俱进，需要对本书第 2 版的相关技术内容及时地进行补充与更新。

本书这次修订侧重充实、加强与"智能制造"相关的技术内容，并将之单独列为一章，同时进一步修改完善其他技术内容，尽可能使本书适合当前制造业发展的形势。此外，修订中还进一步提炼了文字与结构，删减了一些冗长晦涩的内容叙述，在新增技术内容基础上缩减了全书的篇幅，使本书结构更为精练、紧凑，文字更为通顺、流畅，内容逻辑更具条理性。

本次修订后各章节内容的安排如下：

第 1 章介绍制造业与先进制造技术，在论述制造业地位的基础上，阐述制造业的发展与进步，介绍先进制造技术的内涵与体系结构，以及主要工业国家对当前制造业发展的战略与对策。

第 2 章介绍现代设计技术，在分析现代设计技术内涵和体系特征基础上，介绍计算机辅助设计、优化设计、可靠性设计、价值工程、反求工程、绿色设计几种常用的现代设计方法与技术。

第 3 章介绍先进制造工艺技术，在分析机械制造工艺基本流程基础上，分别介绍材料受迫成形、基于机械能和非机械能的材料去除成形、材料堆积成形，以及近年来发展并逐步成熟的表面工程、微纳制造、再制造、仿生制造等新型制造工艺方法。

第 4 章介绍制造自动化技术，在分析制造自动化技术内涵与发展基础上，主要介绍制造车间层面的自动化制造设备、物料运储系统自动化、装配过程自动化以及检测过程自动化。

第 5 章介绍现代企业信息化管理技术，在分析企业信息化内涵及技术体系基础上，对企业资源计划 ERP、产品数据管理 PDM、制造执行系统 MES、供应链管理 SCM、客户关系管理 CRM 等企业不同层面信息管理系统的功能作用及其工作流程进行介绍。

第 6 章介绍先进制造模式，在分析先进制造模式基本概念与特征基础上，介绍了计算机集成制造、并行工程、精益生产、敏捷制造、可重构制造系统等典型先进制造模式的内涵特征、组成结构以及运行模式等技术内容。

第 7 章介绍智能制造，在阐述智能制造的内涵与系统特征基础上，分析了智能制造技术体系与基本范式，对云计算、大数据、物联网和数字孪生等智能制造的基本使能技术做了简要介绍。

本书第 3 版由扬州大学王隆太教授编著，由华中科技大学刘延林教授审稿。

由于本书涉及内容宽泛、学科跨度大，加之受编者知识水平和专业视野所限，虽竭尽全力，仍可能存在以偏概全、一叶障目的技术内容，敬请读者及时指正，在此深表谢意。

编　　者
于江苏扬州

第2版前言

本书自 2003 年 9 月第 1 版出版以来，受到不少读者的支持和关爱，至 2014 年 6 月共进行 18 次印刷，累计出版 9 万余册。然而，由于编者的水平所限，加之近 10 年来科学技术迅猛地发展，第 1 版教材无论是内容的选取、结构的安排还是语言描述等方面均或多或少地显现出一种陈旧感。近两年来，不少多年使用本教材的老师和热心的读者向编者提出了教材修订的要求，并提出了许多教材修订建议。为了满足读者的要求，适应先进制造技术快速发展的形势，编者在广泛征求和整理读者意见的基础上，对原教材进行了修订。

本书第 2 版修订的指导思想是：①本书第 1 版经多年使用，基本能够体现先进制造技术的主要内容和体系结构，本次修订在保持原有教材框架不变的基础上，就具体章节进行内容的修订和结构的调整；②各章节根据最新技术发展进行内容的补充或替代，使近十年来国内外的最新技术在新版教材中得到体现；③在力求保持先进制造技术的前沿性、系统性和完整性前提下，更注重先进、适用、相对成熟的技术；④在技术描述方面，尽可能应用具体实例，讲清每项技术是什么，用于解决什么问题以及所涉及的关键技术；⑤在语言文字方面，力求准确、通顺、简练、易懂，避免概念堆积、术语罗列，要求可读性好，便于自学。

在新版教材中，除了一般性的修改调整之外，主要改动的内容有：

第 1 章在内容和结构上均有较大的改动，1.1 节在介绍制造业地位和作用的基础上，阐述了制造业的进步与发展，分析了当前我国机械制造业的发展现状和面临的挑战；1.2 节论述了先进制造技术的内涵与体系结构；1.3 节侧重介绍了云制造系统（CM）、信息物理融合系统（CPS）、先进制造业概念以及各工业国家的发展对策。

第 2 章对部分内容进行了补充和修改，增加一些具体应用实例和图例。

第 3 章中，因当前特种加工已成为常规技术，删除了特种加工技术，增加了 3.8 节再制造技术以及 3.9 节仿生制造技术的内容。在 3.5 节将快速原型制造技术改为增材制造技术，包含快速原型制造、金属零件直接制造以及经济普及型三维打印的工艺内容。在 3.6 节将微细制造技术改为微纳制造技术，分别就微制造和纳制造技术进行了论述。

第 4 章原来侧重机床数控技术、工业机器人及柔性制造技术，对制造自动化技术进行了论述，新版教材以企业车间层自动化为轴线论述制造自动化技术，包括自动化制造设备、物料运储自动化、装配过程自动化、检测监控过程自动化等自动化技术，使制造自动化技术内容更具系统性和条理性。

第 5 章将现代生产管理技术改为现代企业信息管理技术，系统介绍了企业经营管理层的企业资源计划（ERP）、企业流通层的供应链管理（SCM）和客户关系管理（CRM）、开发设计层的产品数据管理（PDM）以及生产制造层的制造执行计划（MES），删除了原来的及时生产和全面质量管理的内容，使教材内容与当前企业常见的信息管理技术更为贴切。

第 6 章侧重对精益生产和敏捷制造技术内容进行调整和补充，6.3 节围绕精益生产的体系结构补充了及时生产（JIT）、全面质量管理（TQM）以及成组技术（GT）的内容，6.4 节敏捷制造技术中增加了可重构制造技术的内容。

相对于第 1 版教材，第 2 版教材内容更新率达 70% 之多。通过内容的更新和结构的调整，新版教材将以全新的面貌呈现给读者。

本书第 2 版由王隆太教授主编，宋爱平教授参与第 3 章的编写，张帆博士参与第 2 章的编写。王隆太教授编写其余章节并负责全书统稿。

本书由沈世德教授主审。

由于先进制造技术所涉及的内容广泛、学科跨度大，以及编者的水平、经历和视野都很有限，虽然已经努力，但新版教材仍不可避免地存在不足、缺陷和疏漏，在此恳请读者提出宝贵的意见或建议。

编　　者

于江苏扬州

第1版前言

先进制造技术是集制造技术、电子技术、信息技术、自动化技术、能源技术、材料科学以及现代管理技术等众多技术的交叉、融合和渗透而发展起来的，涉及制造业中产品设计、加工装配、检验测试、经营管理、市场营销等产品生命周期的全过程，以实现优质、高效、低耗、清洁、灵活的生产，提高对动态多变市场的适应能力和竞争能力的一项综合性技术。

人类社会在步入新世纪同时也逐渐由工业经济时代步入知识经济时代，全球经济正处于一个动态的变革时期，制造业面临更为严峻的挑战。在知识经济时代，知识和技术被认为是提高生产率和实现经济增长的驱动器。因而，先进制造技术已成为制造企业在激烈市场竞争中立于不败之地并求得迅速发展的关键因素，成为世界经济发展和满足人类日益增长需要的重要支撑，成为加速高新技术发展和实现国防现代化的助推器。

为了开阔专业视野，掌握制造技术的最新发展，培养复合型人才，促进先进制造技术在我国的研究和应用，"先进制造技术"已作为众多高校在校学生的必修课程。《先进制造技术》这本教材是编者在1998年所编写的《现代制造技术》基础上重新规划、整理组织编写的。《现代制造技术》一书自出版以来，受到不少读者的关爱，同时由于新技术迅猛发展和编者水平以及知识面的限制，书中不少内容已过时，并发现诸多错误和不当。许多热心的读者对新教材从内容、结构、名词术语等方面提出了许多积极的改进意见和建议。为了满足读者的要求，适应我国制造业快速发展的形势，更全面地反映当前制造业的最新科技成果和现状，本书对原书进行了全面的改造和整理，充实了大量新的内容，它将以全新的面貌出现在广大读者面前。

本书是普通高等教育"十五"国家级规划教材，具有如下的特色：①内容全面、新颖，包括现代设计技术、现代管理技术、先进制造工艺技术、自动化技术以及先进生产模式等各个方面，基本能够反映近年来国内外先进制造技术的最新发展；②作为机械工程专业后续专业课程，侧重内容的前沿性、综合性和交叉性，尽量避免与先导专业课程的重复；③注重工程应用，力求在保持先进制造技术的系统性和完整性前提下，更注重介绍适用先进、相对成熟的技术；④语言简练、朴质，避免概念堆积和术语罗列，努力讲清每一项技术是什么，应用该项技术可以解决什么问题，力求使读者对先进制造技术有一个基本的认识。

本书由扬州大学王隆太教授、东南大学汤文成教授、江苏技术师范学院戴国洪博士编写，由东南大学吴锡英教授、华中科技大学李培根教授审稿。全书共分六章，其中第一、三、四、六章由王隆太编写，第二章由汤文成编写，第五章由戴国洪编写，由王隆太进行统稿。

由于先进制造技术所涉及的内容广泛、学科跨度大，加之编者的水平和视野所限，本书存在的不足、疏漏，甚至错误在所难免。在此恳请读者提出宝贵意见。

编　者

于江苏扬州

目　录

制造业与先进制造技术

第 1 章

制造业是一个国家经济发展的重要支柱，是工业经济年代国家经济增长的"发动机"。自18世纪中叶制造业形成以来，制造业经历了机械化、电气化、信息化三次工业革命，无论是生产方式、制造技术还是资源配置等方面均历经了几次重大变革。近年来，随着信息技术和网络技术的快速发展，大大推动了云计算、大数据、物联网、移动互联网等新一代信息技术的新突破，加速了信息化和工业化的深度融合，使当今制造业正面临着智能化第四次工业革命的又一次重大变革。

先进制造技术为现代制造业的重要基础，是为了适应制造业的发展需求和市场全球化趋势而产生和发展起来的。先进制造技术的面世大大推动了制造业的发展和进步，为制造业优质、高效、低耗、清洁、灵活的生产提供了根本的保证，增强了对动态、多变、个性化商品市场的适应能力和竞争能力。

内容要点:

本章在论述制造业地位和作用的基础上，回顾了制造业的发展与进步，分析了先进制造技术提出背景、技术特征和体系结构以及主要工业国的发展对策，介绍国际社会针对当前制造业新一轮技术革命所采取的相关发展战略。

1.1 ■ 制造业的地位及其发展

1.1.1 制造与制造业

1. 制造

所谓制造，即按照市场需求应用人们所掌握的知识和技能，借助于手工或可用的物质工具，采用有效的工艺方法和必要的能源，将原材料转化为最终物质产品并投放市场的过程。简言之，制造即为将原材料转变为适用产品的生产过程。在学术界，常常将制造分为狭义制造与广义制造两种不同的概念：所谓狭义制造是与日常所述的"加工"或"制作"类似，是在生产车间内将原材料经加工、装配等生产活动使之成为成品的生产过程；而广义制造则包括从市场分析、产品设计、工艺准备、加工装配、质量保证、生产管理、市场营销、销售服务直至产品报废处理的一个制造型企业生产经营活动的全过程。

2. 制造系统

制造系统是为某种制造目的而构建的一种物理系统，是由硬件、软件及相关人员组成并具有特定功能的一个有机整体。其中的硬件包括厂房设施、生产设备、工具材料、能源以及各种辅助装置；软件包括各种制造理论与技术、制造工艺方法、控制技术、测量技术及制造信息等；相关人员是指在制造系统中的不同岗位担负不同任务的各类人员。

根据制造的概念，制造系统也有狭义和广义之分。狭义概念的制造系统可视为工厂车间内的一台台具有加工功能的机床或一条条流水生产线或自动化生产线，其输入是工件毛坯，输出为成品零件。而广义制造系统可视为一个制造型企业，其输入为市场的需求和原材料，输出为满足用户要求的商品，这类制造大系统具有市场分析、产品设计、工艺规划、加工制造、产品销售等完善的企业生产经营功能。

3. 制造业

制造业是通过制造过程将制造资源转化为可供人们使用和消费产品的行业，是所有与制造相关的生产和服务型企业群体的总称。制造业涉及国民经济中很多行业，根据我国国民经济行业分类目录（GB/T 4754—2017），我国制造业包括农副食品加工业、家具制造业、石油化工业、医药制造业、金属制品业、通用设备制造业、交通运输设备制造业、仪器仪表等共计30个行业，而机械制造业则包含在这些众多行业之中。我国机械制造业包含了13个大行业（表1-1），分别为农业机械、内燃机、工程机械、矿山机械、机床工具、仪器仪表、石油化工、食品包装机械等，这些大行业又被细分为126个小行业。

表 1-1　机械制造业行业目录

序号	行业名称	序号	行业名称
1	农业机械工业行业	8	机床工具工业行业
2	内燃机工业行业	9	电工电器工业行业
3	工程机械工业行业	10	机械基础件工业行业
4	仪器仪表工业行业	11	食品包装机械工业行业
5	文化办公设备行业	12	汽车工业行业
6	石油化工通用机械工业行业	13	其他民用机械工业行业
7	重型矿山机械工业行业		

1.1.2　制造业的地位与作用

通常，国际社会将国民经济的产业结构划分为农业、工业和服务业三大产业，在工业这个大行业内有制造业、建筑业、采掘业以及煤、电、水、气的生产供应业等行业。可知，制造业隶属于工业，为第二产业。

制造业是国民经济的基础，制造业发展水平是衡量一个国家创造力、竞争力和综合国力的重要体现，它直接关系到国民经济各部门的发展，影响国计民生和国防实力的强弱。在工业化国家，其制造业在 GDP 中占有较大的比重。例如，2012 年德国制造业增加值为 5343.6 亿欧元，占 GDP 的 20.0% 以上；2017 年我国制造业产值为 45000 亿美元，占工业总产值的 85.79%，占整个国家 GDP 的 36%。

全球社会经济发展表明，制造业是一个国家经济发展的支柱，是国民经济收入的重要来源。制造业一方面为社会提供物质产品，为国家创造经济财富，另一方面也为国民经济各部门包括国防和科学技术的发展和进步提供各种先进的工具手段和技术装备。有人将制造业称为一个国家工业经济年代经济增长的"发动机"。一个制造业发达的国家其经济和国力必定强大、稳定，许多新型经济体国家的经济腾飞，其制造业的贡献功不可没。

可将制造业在国民经济中的地位和作用归纳为：

1）制造业是提高人们消费水平的主要物质基础，可为市场提供各类所需的消费商品。

2）制造业是实现社会经济稳定增长的物质保证，特别是装备制造业，其技术发展水平不仅决定了一个企业甚至一个国家的现时竞争力，更决定了全社会长远效益和经济增长的持续性。

3）制造业是影响发展对外贸易的关键因素。例如，1995 年美国制成品出口额为 4560 美元，占整个商品出口总额的 78%；2012 年我国出口商品总额为 2 万多亿美元，其中制成品出口占其 85% 以上的份额。

4）制造业是加强农业基础地位的物质保障，是支持服务业更快发展的重要条件。离开制造业，农业的发展将成为空中楼阁，而没有农业和制造业的发展，就不会有现代商业和服务业的发展和繁荣。

5）制造业是加快信息产业发展的物质基础。制造业和信息产业必须相互依赖、相互促进地共同发展，没有信息产业的快速发展，就不可能有先进制造业的产生；反之，若没有制造业的拉动和支持，也不可能有信息产业的迅速发展和进步。

6）制造业是加快农业劳动力转移和就业的重要途径。1987 年我国制造业从业人数为 9805 万人，到 2011 年达到 11684 万人。当然，随着制造业自动化和智能化水平的提高，会减少对劳动力需求，但在最近几十年内我国制造业所占从业人数比例不会明显下降。

7）制造业是加快发展科学技术和教育事业的重要物质支撑。它不仅为科技进步和教育发展提供经费支持，还为科学研究和教育事业提供先进的实验装备和教学设备。

8）制造业也是实现军事现代化和保障国家安全的基本保证。

1.1.3　制造业的发展与进步

自 18 世纪中叶以来，人类历史上先后发生了三次工业革命。如图 1-1 所示，第一次工业革命是以蒸汽机为标志，以机器代替手工劳动，开创了制造业的机械化时代；第二次工业革命以发电机取代蒸汽机，将电气元器件融入机械设备，使制造业进入电气化时代；第三次工业革命是随着计算机的应用和通信方式的改变，以数字信号代替了电气时代的模拟信号，使制造业迅速进入了数字化、信息化时代。当前，制造业面临着全球化和可持续发展的压力，正酝酿着第四次工业革命的到来，即制造智能化和绿色化革命。

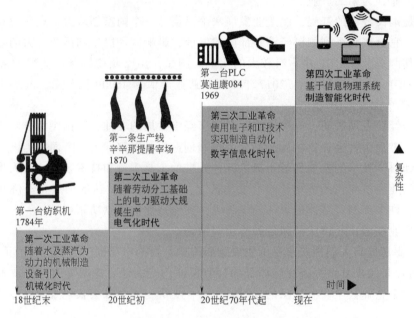

图 1-1　工业革命的四个阶段

自第一次工业革命至今已有两百多年历史，在这段历史时期内制造业无论在生产方式、制造技术，还是在资源配置等方面均经历了多次重大的变革，如图 1-2 所示。

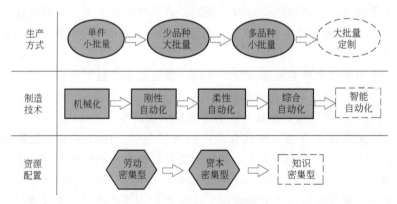

图 1-2　制造业进步与发展

1. 生产方式

在生产方式方面，制造业经历了单件/小批量生产、少品种/大批量生产、多品种/小批量生产的几次变革。目前，制造业正在向着大批量定制生产方式转变。

（1）单件小批量生产　20 世纪前，制造业主要是以手工操作机器，劳动量大，生产效率低下，只能以工场作坊模式进行单件小批量生产，其生产力较为低下。

（2）**少品种大批量生产**　20 世纪初随着电气化的实现，在机械制造业中福特公司创立了第一条汽车装配流水线，标志着大批量生产模式的诞生。由于采用了专业化分工和流水作业的生产管理方式，生产效率得到极大提高，生产成本大幅度降低，这种生产方式在半个多世纪的发展进程中为社会提供了大量、廉价的产品，社会物质文明取得了突破性的进步。

（3）**多品种小批量生产**　到 20 世纪 60 年代，随着物质生活的丰富，上述面向单一产品的大批量、专业化生产方式已无法满足日趋主体化、个性化和多样化的市场需求，制造业生产方式开始向多品种小批量生产方式转变。在这段时期内新产品不断涌现，产品的寿命周期大大缩短。

（4）**大批量定制生产**　进入 21 世纪，世界经济正经历着深刻的变革，也使制造业所面临的生存环境发生了天翻地覆的变化，这种变化便导致了大批量定制生产方式的出现。所谓大批量定制生产，即为基于产品族中零件或部件结构的相似性和通用性，利用标准化、模块化等方法将产品和生产过程进行重组，将多样化定制产品的生产转化或部分转化为零部件的批量化生产，以降低产品生产过程的多样性，可在满足客户个性化需求前提下以提高生产效率、降低生产成本。

2. 制造技术

与生产方式相适应，在制造技术方面制造业走过了机械化、刚性自动化、柔性自动化等几个发展阶段，目前正在向智能自动化方向努力。

（1）**机械化**　18 世纪后半叶，随着蒸汽机以及工具机械的发明，揭开了近代制造业的发展史，用机器代替手工劳动，标志着工厂式的制造业逐渐形成，从而完成了从手工作坊生产到以机器加工和分工原则为中心的工厂式生产的转变。

（2）**刚性自动化**　19 世纪末 20 世纪初，由于发电机的问世和电动机的应用，电气技术得到较快的发展，电气技术与机械制造技术的融合开创了制造业电气化的新时代。在这个历史时期，以降低成本为目的的刚性自动化制造技术和科学管理方式得到了很大的发展，福特汽车制造公司用大规模刚性生产线代替了手工作业，使汽车的价格在几年内降低到原价格的 1/8，促使汽车迅速进入家庭，奠定了美国经济发展的基础。然而，这种刚性自动化单机和刚性自动生产线其生产工序和作业周期固定不变，仅适用于单一品种的大批量生产。

（3）**柔性自动化**　第二次世界大战之后，随着计算机和微电子技术的发展和应用，有力推动了制造技术由刚性自动化向柔性自动化的转变，先后出现了一系列柔性制造装备，如计算机数控机床（CNC）、加工中心（MC）、柔性制造单元（FMC）、柔性制造系统（FMS）、工业机器人（robot）等。同时，基于系统论、控制论、运筹学等原理的现代管理模式在制造企业中得到有效应用，如准时生产（JIT）、全面质量管理（TQM）等，大大提高了制造企业的生产能力。

（4）**综合自动化**　自 20 世纪 80 年代以来，随着计算机应用技术的普及以及信息技术、网络技术的快速发展，有力促进了制造业单元自动化技术的成熟和完善，如设计领域的 CAD/CAM 技术、经营管理领域内的企业资源计划（ERP）、车间控制管理领域的制造执行系统（MES）以及车间底层众多数字化生产设备等。为了充分利用各类单元自动化资源，发挥企业的综合效益，以计算机集成制造（CIM）技术为核心的综合自动化得到了实施，使制造业展现出前所未有的发展新局面。

（5）**智能自动化**　近年来，随着信息化、数字化和网络化技术的快速发展，涌现出众多新一代信息技术，如云计算、大数据、物联网、互联网+等。这些新技术正推动着制造业实现新一轮变革，将使制造技术迈入智能自动化时代。

3. 资源配置

在资源配置方面，制造业也经历了劳动密集型、资本密集型和知识密集型几个发展阶段。

（1）**劳动密集型** 是指借助简单机器和手工工具，通过大量的人工劳动完成产品的制造过程。在该发展阶段中，制造业所使用的生产工具原始，技术程度不高，劳动强度大，生产效率低下。

（2）**资本密集型** 又称设备密集型，是指在商品生产制造过程中，其生产力构成中的资本成本与劳动力成本相比所占比例较大。在该发展阶段，制造企业资本投入大，使用技术装备多、价值高，相应的生产效率也较高，而所需要的劳动力则大大减少。

（3）**知识密集型** 又称技术密集型，在产品生产过程对技术和智力要素的依赖大大超过其他生产要素，需要应用复杂先进的生产装备以及综合的科学技术和知识进行产品生产。其特点为，产品的生产过程是建立在先进的科学技术基础上，劳动生产率高，资源消耗少，产品技术性能复杂，生产过程优化。

1.2 ■ 先进制造技术提出及主要工业国发展对策

1.2.1 先进制造技术提出背景

先进制造技术是集机械工程技术、电子信息技术、自动化技术、现代管理技术等为一体的众多先进技术、设备和系统的总称。先进制造技术的产生有其社会经济背景、科学技术背景以及可持续发展的时代背景。

1. 社会经济背景

进入20世纪80年代以后，商品市场发生了巨大的变化，一是由于物质商品的丰富，消费者的消费需求日趋主题化、个性化和多样化，产品寿命周期不断缩短，产品更新速度不断加快，多品种变批量生产成为制造业主导的生产方式；二是全球市场的形成，国家和地区性界限被打破，市场竞争日趋激烈。在这样的社会经济背景下，制造业需要更新现有技术，使制造企业在交货周期（Time）、产品质量（Quality）、产品成本（Cost）、客户服务（Service）及环境友善性（Environment）等诸多方面全面满足消费者需求，主动适应并快速响应市场变化，以赢得市场竞争，获取更大的企业利润。

2. 科学技术背景

自20世纪50年代以来，随着计算机与数字控制技术的产生与应用，使制造业迈向快速发展轨道，传统制造技术逐步与材料、机械、电子、信息、控制等多种学科交叉和融合，推动制造技术的发展和进步。尤其进入20世纪80年代，高新技术成果不断涌现，尤其是计算机应用技术、微电子技术、信息技术、自动化技术等应用和渗透，极大促进了制造技术在宏观（制造系统）和微观（精密超精密加工）两个方向上蓬勃发展，急剧改变了现代制造业的产品结构、生产方式、工艺装备及经营管理体系，使现代制造业成为发展速度快、创新能力强、技术密集型产业。

3. 可持续发展战略背景

随着制造业的快速发展，有限自然资源的消耗以及日益严峻的环境污染问题引起了国际社会的普遍关注。世界环境与发展委员会（WCED）于 1987 年向联合国递交了《我们共同的未来》报告，正式提出了"可持续发展"的思路，强调当代人在创造和追求现今发展和消费的时刻，不能以牺牲今后几代人的利益为代价，要求制造业应由粗放经营、掠夺式开发向集约型、可持续发展模式转变，其生产制造过程要求做到对环境的负面影响最小，资源利用率尽可能达到最高。

鉴于上述社会经济、科学技术以及可持续发展要求的历史背景下，各国政府和工业界积极寻求对策，力图以新型制造技术替代传统制造技术。于 20 世纪 80 年代末，美国政府根据本国经济所面临的机遇和挑战，针对本国制造业所存在的问题进行了深刻反省，首先提出了先进制造技术（Advanced Manufacturing Technology，AMT）的概念，以提高美国制造业在国际社会的竞争力，促进本国经济的快速发展。

1.2.2　先进制造技术特征

先进制造技术是一个相对的、动态的概念，在国内外有多种不同的定义和解释。经多年来针对先进制造技术的发展所开展的工作，可将之理解为：先进制造技术是在传统制造技术基础上不断吸收机械、电子、信息、材料、能源以及现代管理技术的成果，并将其综合应用于产品设计、加工装配、检验测试、经营管理、售后服务乃至产品报废回收的产品生命周期全过程，以实现优质、高效、低耗、清洁、灵活的生产，提高对动态多变产品市场适应能力和竞争能力的制造技术总称。

与传统制造技术比较，先进制造技术具有如下显著特征。

（1）实用性　先进制造技术是一项面向工业应用，具有很强实用性的新技术，它不是以追求技术的高新度，而是注重所产生的最好实际效果，获取最大的实际效益，以提高企业综合实力和市场竞争力为目标。

（2）应用广泛性　传统制造技术通常仅是指加工车间内将原材料转换为成品的各种加工工艺和工艺装备，而先进制造技术则涉及产品设计、生产准备、加工装配、销售服务乃至回收再生的全生命周期中的所有技术。

（3）发展动态性　先进制造技术是不断吸收各类高新技术，是在不断发展中的新技术，其内涵不是绝对的和一成不变的，在不同时期、不同国家有其自身发展的重点目标和内容，以实现本国制造技术的跨越式发展。

（4）技术集成性　传统制造技术的学科专业单一、独立，相互间的界限分明，而先进制造技术由于专业和学科间的不断渗透、交叉融合，其界线逐渐淡化甚至消失，技术趋于系统化、集成化，已发展成为集机械、电子、信息、材料和管理技术为一体的新型交叉学科。

（5）系统性　传统制造技术一般只能驾驭生产过程中的物质流和能量流。由于计算机技术、信息技术、传感技术、自动化技术及先进管理等技术的引入，使先进制造技术成为一个能够驾驭生产过程中的物质流、信息流和能量流的系统工程。

（6）强调优质、高效、低耗、清洁、灵活的生产　这是先进制造技术的一个重要特征，意味着先进制造技术不仅追求优质、高效之外，还面临当前有限资源与日益增长环保压力的挑战，要求实现低耗、清洁、可持续的发展，以及面临人们消费观念变革的挑战，以满足日益 "挑剔" 的市场需求，实现灵活、敏捷的生产。

（7）**最终目标是提高市场响应能力和竞争能力**　与传统制造技术比较，先进制造技术更加重视技术与管理的结合，重视制造过程的组织和管理体制的简洁化及合理化，运用先进的制造模式，提高对动态、多变市场的响应能力，确保生产效率和经济效益持续稳步的提高，增强市场竞争力。

1.2.3　主要工业国发展对策

先进制造技术概念的提出是制造业发展的现实需要，也是制造技术发展实际进程的反映。先进制造技术的概念一经提出，立即得到西欧各国、日本以及亚洲新兴工业化国家的积极响应。

1. 美国

从20世纪初，美国制造业就稳居世界霸主地位。但由于忽略制造业的发展，国家GDP曾多次严重下滑（图1-3）。20世纪80年代，美国制造业的国际竞争力曾被严重削弱，在汽车、钢铁、消费类电子等领域的国际市场份额大幅度下降，工业品进出口产生了巨大的逆差。

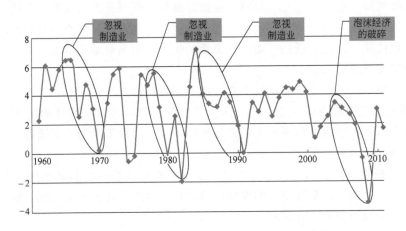

图1-3　美国近50年GDP与制造业关系变化图

为了重振霸主雄风和确保国际竞争优势，美国政府推出了一系列促进先进制造业发展计划，先后于1990年、1993年和1997年分别推行了 "先进技术计划" "先进制造技术计划" 和 "下一代制造行动框架"。1998年，美国进一步制定了 "集成制造技术路线图计划"。2004年，美国国会通过了《2004年制造技术竞争能力法》，强调要通过财政支持发展新的制造技术，每年投入1500亿美元把制造业信息化技术列入 "影响美国安全和经济繁荣" 的22项技术之一。

美国政府把先进制造业的发展提升到国家战略的高度，将高新技术的研究与应用作为发展先进制造业的核心，选择了以科技政策为核心推动经济发展的道路。尤其经历2008—2009年次贷危机和泡沫经济破裂后，美国政府重新认识到基于制造业的实体经济对就业和经济发展的重要性，提出了 "再工业化" 战略，意在重新夺回美国制造业的优势。

2. 德国

德国是全球制造业中最具竞争力的国家之一，其装备制造业全球领先。由于受全球经济竞争的影响，德国制造业在 20 世纪 90 年代出现了一定程度的衰退。为此，德国政府出台了"制造 2000"的制造业战略计划，使德国制造业出现较好的复苏。到 2004 年德国机械制造业产值达 1360 亿欧元，夺得了当年世界机械产品市场份额第一和出口第一的宝座。当国际社会提出工业互联网、智能制造、云制造等新理念时，德国人认为德国也需要拥有未来制造业发展的新理念，为此于 2011 年提出了"工业 4.0"概念，以抢占未来发展理念上的优势，使德国制造业继续处于世界领先地位。

3. 日本

第二次世界大战后日本制造业迅猛发展，20 世纪 60 年代的工业年均增长率高达 13%。到 20 世纪 70 年代，日本基本实现了工业现代化。到 20 世纪 80 年代，日本制造业超越了欧洲几个工业大国，而且在汽车、半导体等产业超过美国，成为世界第二制造大国。

20 世纪 90 年代后，日本经济进入了长达 20 年的衰退停滞期，但这并没有影响到该国先进制造业的发展。日本政府历来主张通过政府干预，用产业政策来引导和鼓励高新技术产业的发展。早在 1980 年就颁布了"推进创造性科学技术规划"，1985 年又制定了"促进基础技术开发税制"，实行税金扶持政策。1995 年日本政府提出了"科技创新立国"战略，颁布了日本有关科技的根本大法，即《科学技术基本法》。这些发展策略和法规使得日本政府和地方机构在制订高新技术产业政策时有法可依，具有很强的法律制度保证，依靠法律的强制性和激励性来推动先进制造业的发展。

日本在发展先进制造业最为成功之处是生产模式的创新，创建了诸如精益生产、作业站生产以及以人为本等生产经营管理模式，其中的精益生产模式打破了传统的福特批量化生产的传统模式，综合了单件生产与批量生产的优势，既避免了前者的高生产成本，又克服了后者的生产流程的僵硬化。

4. 中国

进入 21 世纪以来，我国制造业得到快速发展。2010 年中国制造业产出超越美国，成为全球第一的制造大国，2017 年我国制造业产值为 35960 亿美元，约占全球的 30% 左右。在许多重点领域掌握了一大批基础研究成果和长期制约我国产业发展的制造技术，如机器人技术、感知技术、工业通信网络技术、控制技术、可靠性技术、新制造工艺技术、数控与数字化制造、复杂制造系统、智能处理技术等，攻克了诸如盾构机、自动化控制系统、高端加工机床等一批长期严重依赖国外技术并影响我国安全的核心高端装备。

但也必须清醒看到，我国目前仅仅是一个制造大国，还远非为制造强国。迄今为止，我国还没有完成工业化过程，部分企业还刚刚摆脱手工生产，尚需补充机械化进程；大部分企业正处于机械化阶段，需要提升其自动化水平；仅有少部分企业实现了自动化，尚需在国家政策引领下向着高端制造业转型。

当前，我国制造业正面临巨大的压力。低成本的劳动力红利时代即将结束，中低端制造业市场将被人力成本和资源成本更低的发展中国家所接纳；全球金融危机后，曾视制造业为"夕阳产业"的西方工业国家利用大数据、工业互联网等高新科技重新回归实体经济，正在发起新一轮工业化变革，力图持续占领高端制造业的制高点；制造业产业结构不甚合理，自主创新能力薄弱，核心技术对外依存度高，急需进行产业结构的调整，促进产业的转型升级。

　　为此，中国政府先后出台了一系列产业政策，促进先进制造技术和先进制造业的发展，促进传统制造业的转型升级。例如，1999 年我国开展了"支持产品创新先进制造技术若干基础性研究"；在"国家 863 高技术研究发展计划"中将先进制造技术作为其支持的重点对象之一；在德国提出工业 4.0 等发展新理念之后，中国政府相继提出了"中国制造 2025"发展规划，以促进中国制造业的转型升级和创新发展。

1.3 ■ 先进制造技术结构体系与分类

1.3.1　先进制造技术的体系结构

　　先进制造技术所涉及的学科门类繁多，包含的技术内容十分广泛，在不同的国家、不同的发展阶段，先进制造技术有不同的技术内容和结构体系。即使是同一个国家，从不同的视角所构造的体系结构也不尽相同。例如，美国联邦科学、工程和技术协调委员会（FCCSET）提出了三位一体的先进制造技术体系结构（图 1-4），而美国机械科学研究院（AMST）提出的是三层次体系结构（图 1-5）。

　　1. FCCSET 先进制造技术体系结构

　　如图 1-4 所示，FCCSET 将先进制造技术分为主体技术群、支撑技术群和基础技术群三大组成部分。这三个技术群相互独立，又相互联系，组成一个完整的体系。其中主体技术群是先进制造技术的核心，包含了设计与制造工艺两个子技术群；支撑技术群包含了诸如接口通信、决策支持、人工智能、数据库等技术，它是主体技术群赖以生存并不断取得发展进步的相关技术；基础技术群中的相关技术是使先进制造技术适用于具体企业的应用环境，是先进制造技术赖以生长的机制和土壤。FCCSET 这种体系结构，从宏观的角度描述了先进制造技术的结构组成以及其各组成部分在制造过程中的作用。

主体技术群	设计技术群 ①产品、工艺设计 　计算机辅助设计 　工艺规程设计 　工艺过程仿真 　系统工程集成 　工作环境设计 ②快速成型技术 ③并行设计	制造工艺技术群 材料生产工艺 加工工艺 联接和装配 测试和检验 环保技术 维修技术 其他技术
支撑技术群	①信息技术 　接口通信　数据库 　集成框架　软件工程 　人工智能　决策支持 ③机床和工具技术	②标准和框架 　数据标准　工艺标准 　检验标准　接口框架 　产品定义标准 ④传感器和控制技术
基础技术群	①质量管理 ③工作人员培训和教育 ⑤技术获取和利用	②用户/供应商交互作用 ④全国监督和基准评测

图 1-4　FCCSET 先进制造技术体系结构

2. AMST 先进制造技术体系结构

AMST 提出的三层次先进制造技术体系结构（图 1-5），是由里到外包含基础制造技术、单元制造技术和系统集成技术三个不同的层次，反映了先进制造技术由基础到单元，再到系统集成的发展过程。

1）基础制造技术层。这个层次的技术是先进制造技术的基础和核心，包含了在机械加工、铸造、锻压、焊接、热处理、表面保护等领域至今仍在大量应用的成熟实用的制造技术，包括洁净铸造、精密锻造、精密加工、精密测量、表面强化、优质高效连接、功能型防护涂层等。这些基础制造技术经过优化和提炼，保证了制造系统优质、高效、低耗、清洁环保的生产。

2）单元制造技术层。传统制造技术与电子、信息、新材料、新能源、环境科学、系统工程、现代管理等高新技术的结合，形成了一个个新型单元制造技术，如 CAD/CAM 技术、数控技术、机器人技术、系统管理技术、柔性制造单元、新材料成型技术、高能束加工技术等。这些单元制造技术大大提高了不同领域、不同生产过程的自动化程度，简化了生产过程，提高了生产效率，降低了资源消耗。

3）系统集成技术层。应用信息技术、网络通信技术以及系统管理等技术，将一个个单元制造技术进行有效的集成，形成集成的制造大系统，以最大程度发挥制造系统的综合效益，如计算机集成制造系统（CIMS）、敏捷制造系统（AMS）等。

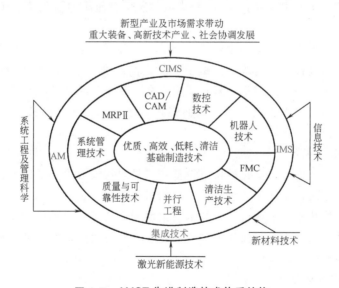

图 1-5　AMST 先进制造技术体系结构

1.3.2 先进制造技术分类

根据先进制造技术的功能和研究对象，结合国家"中国制造 2025"发展规划，并利于组织教学和自我学习的需要，本书将先进制造技术归纳为如下几个大类。

1. 现代设计技术

现代设计技术是根据产品功能要求，应用现代科学知识与技术，制定设计方案并使方案付诸实施的技术，其重要性在于使产品设计建立在科学基础之上，促使产品由低级向高级转化，促进产品功能不断完善，产品质量不断提高。

现代设计技术包括现代设计方法、设计自动化技术以及产品可信性设计等内容。其中现代设计方法包含优化设计、价值工程、模糊设计、反求工程、并行设计、绿色设计等；设计自动化技术是用计算机软硬件工具帮助设计者完成产品的设计过程，包括产品的造型设计、工艺设计、工程图绘制、有限元分析、优化设计、模拟仿真等技术；所谓产品可信性是指产品可用性和产品可靠性的综合，产品可信性设计包括产品可靠性设计、安全性设计、动态分析、防断裂设计、防疲劳设计、耐环境设计、健壮设计、维修保障等设计内容。

2. 先进制造工艺技术

先进制造工艺技术是先进制造技术的核心和基础，是将原材料转化为成品或半成品所涉及的所有技术，包括高效精密成形技术、高速高精密切削加工技术、特种加工技术、表面改性技术等。

高效精密成形是局部或全部无余量或少余量产品生产工艺的统称，包括精密洁净铸造成形技术、精确高效塑性成形技术、优质高效焊接及切割技术、优质低耗洁净热处理技术、增材制造技术等。

高速高精密切削加工包括精密和超精密加工、高速切削和磨削加工、复杂型面的数控加工、游离磨粒的高效加工等。

特种加工工艺是指非常规的加工工艺方法，如高能束（电子束、离子束、激光束）加工、电加工（电解加工和电火花加工）、超声波加工、高压水射流加工、多种能源的复合加工、微纳米加工等。

表面改性技术是利用物理学、化学、金属学、高分子化学、电学、光学和机械学等技术及其组合对产品表面进行加工与改性，赋予产品表面耐磨、耐蚀、耐/隔热、耐辐射、抗疲劳的特殊功能，从而提高产品质量、延长使用寿命、赋予产品新性能技术的统称，包括化学镀、非晶态合金技术、表面涂装技术、表面强化处理技术、热喷涂技术、激光表面熔覆技术、等离子气相沉积技术等。

3. 制造自动化技术

制造过程自动化是借用自动化的机电设备和工具取代或放大人的体力，甚至取代和延伸人部分智力，自动完成特定作业的过程，包括物料的存储、运输、加工、装配、检验等各个生产环节，涉及数控技术、工业机器人技术、柔性制造技术、自动检测技术、信号处理及反馈控制技术等，其目的在于减轻操作者的劳动强度，提高生产效率，减少在制品数量，节省能源消耗，降低生产成本。

4. 企业信息化管理技术

企业信息化管理技术是应用计算机网络和信息技术从事从市场开发、产品设计、生产制造、质量控制到销售服务等一系列企业生产经营活动，使企业制造资源（如材料、设备、能源、技术、人力、供应商及用户等）得到优化配置和充分利用，以获取企业最佳综合效益（涉及质量、成本、交货期等）的各种计划、组织、控制及协调方法和技术的总称。

企业信息化管理技术是先进制造技术体系中的一个重要组成部分，包括企业经营决策管理、企业制造资源管理、产品全生命周期管理、制造执行管理、供应链管理、客户关系管理等。

5. 先进制造模式

先进制造模式是面向企业生产经营全过程，从总体策略、组织机构、管理模式等方面将先进的信息技术与生产技术相结合，而产生的先进企业生产经营管理模式和控制方法，其功能覆盖企业生产经营活动中的生产预测、产品开发、加工装配、信息与资源管理、产品营销以及售后服务的各项生产活动。

目前比较流行的先进制造模式有计算机集成制造（CIM）、并行工程（CE）、精益生产（LP）、敏捷制造（AM）、智能制造（IM）等。

1.4 ■ 当前制造业主要发展战略与对策

随着科学技术的快速发展，全球性市场竞争更趋激烈，寻求一种新的经济增长模式，是当今世界经济发展的必由之路。在此背景下，国际社会掀起了新一轮工业革命浪潮，世界工业大国纷纷提出了各自的发展战略与对策，以迎接新一轮制造业变革的到来。例如，德国"工业 4.0"、美国"工业互联网"、英国"工业 2050"、日本"无人化工厂"以及我国"中国制造 2025"等，这些制造业发展战略与对策必将影响着全球范围内制造业的未来发展和产业结构。

1.4.1 工业 4.0

"工业 4.0"发展战略是由德国人于 2011 年提出，并由德国联邦教研部与经济技术部于 2013 年正式发布了"工业 4.0 战略计划实施建议"。"工业 4.0"旨在通过互联网的推动以形成第四次工业革命的雏形，支持工业领域新一代技术的研发与创新，描绘了制造业的未来发展愿景。

"工业 4.0"主要内容可以概括为一个网络、双重策略、三项集成和八项举措。

（1）一个网络——信息物理系统　信息物理系统（Cyber Physical System，CPS）是一个将计算（Computing）、通信（Communication）、控制（Controlling）的 3C 技术进行有机融合和深度协作，实现工程系统的实时感知、动态控制和信息服务的网络化物理设备系统，如图 1-6 所示。在 CPS 网络环境下，应用数字化技术将物理实体抽象为数字对象，通过一系列计算进程和物理进程的融合和反馈循环，实现系统对象间的相互通信与操作控制，使系统具有计算、通信、控制、远程协作和自治管理的功能。

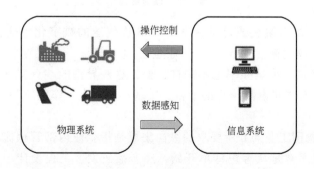

图 1-6　信息物理系统 CPS

CPS是实现工业4.0的重要基础。工业4.0通过CPS可将生产制造过程的物理世界与信息软件中的虚拟世界建立交互关系,实现生产过程与信息系统的融合,可使系统中人员、设备与产品实时连通、相互识别和有效交流,以高度灵活、个性化和数字化的智能制造模式实现工业全方位的变革。

(2) 双重策略——领先的市场和供应商　通过领先的市场和领先的供应商这种双重策略,使工业4.0成为德国用于撬动市场潜力的杠杆,以增强德国装备制造业。

工业4.0从设备供应商视角寻找能够发挥信息技术潜力的解决方案,用以管理日益复杂的全球市场的运作过程,并通过适应市场快速转换的能力挖掘新的市场机会,使德国供应商成为CPS技术的市场先导者。制造业是工业4.0的主导市场,为了形成并成功扩展这一主导市场,工业4.0计划在德国企业内配置CPS系统,通过CPS使德国各企业之间建立更加密切的合作关系,使德国制造业继续保持工业系统中大批中小企业和少数大型企业结构上平衡的优势。

(3) 三项集成

1) 横向集成。即通过CPS价值链,实现企业间的资源整合,以提供实时的产品与服务,推动企业间的研产供销、经营管理与生产控制、业务与财务流程的无缝衔接和综合集成,实现在不同企业间的产品开发、生产制造、经营管理等信息共享和业务协同,如图1-7所示。

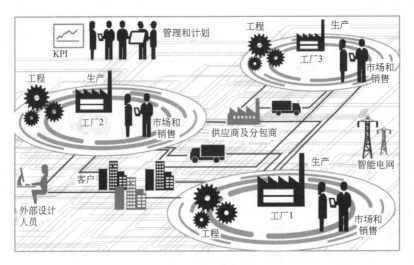

图 1-7　横向集成

2) 端到端集成。端对端集成是贯穿整个CPS价值链的数字化集成,即将所有该连接的端点都予以互联集成起来。由于整个产业生态圈中的每一个端点所用语言及通信协议不一样,数据采集格式、采集频率也不一样,要让这些异构的端点实现互联互通、相互感知,需要一个能够做到"同声翻译"的平台,实现"书同文、车同轨",以解决集成的最大障碍。

3) 纵向集成。德国工业4.0所要求的纵向集成是指企业内部管理流程的集成。一个制造型企业的业务流程通常是从客户订单开始,经产品研发、工程设计、工艺规划、加工检验、营销服务,从而形成一个完整的产品生命周期链。纵向集成就是要求在企业整个产品生命周期链的所有环节实现其信息流、资金流和物料流的集成。

（4）八项举措　工业 4.0 是一项中长期的发展规划，目前德国将在如下的八大关键领域优先执行。

1）标准化和参考框架。工业 4.0 是通过价值网络将合作伙伴进行联网和集成，这就要求各自遵守一套单一共同的标准，实现相互之间信息的共享和交换。为此，需要建立一个参考框架为这些共同标准提供技术说明和相关规定的执行，并要求该参考架构适用于所有合作伙伴公司的产品和服务。

2）复杂系统的管理模型。随着产品和制造系统日趋复杂，工业 4.0 需要通过一种合适的模型来管理这些日益复杂的系统。工业 4.0 建模要有整体全局的观念，要综合考虑到不同行业的产品及其相关的制造工艺过程。

3）一套综合的工业宽带网基础实施。可靠、全面和高质量的通信网络是工业 4.0 的一个必要条件，需要在德国以及与其伙伴国家之间大规模地扩展建设宽带互联网基础设施。

4）安全和保障。安全和保障是工业 4.0 成功的重要因素。一方面要确保生产实施和产品本身不能对人和环境构成威胁；另一方面要对生产实施和产品所包含的数据和信息加以保护，防止盗用和未经授权的获取。

5）工作的组织和设计。工业 4.0 将使员工的工作内容、工作流程、工作环境以及所担负的角色发生改变，这就需要更新现有工作组织和设计模型，使员工的高度个人责任感和自主权与分散的领导和管理方法相适应，让员工拥有更大的自由度做出自我决定，更多地参与和调节他们自身的工作内容和工作负荷。

6）培训和持续的职业发展。工业 4.0 将极大地改变员工的工作和应有的技能，需要以一种促进学习和实施适当培训策略组织工作，使员工保持终身学习和以工作场所为基础的持续专业发展的计划。

7）制度与法规。虽然工业 4.0 没有完全涉足目前未知的法律监管领域，但也需要调整现行的制度与法规，以确保创新技术符合政府法律和监管框架，包括企业数据保护、职责承担、个人数据处理和贸易限制等。这不仅需要政府立法，也需要代表企业的其他监管措施，包括实施准则、示范合同和公司协议等。

8）资源利用效率。制造业是工业化国家最大的原材料消费者，也是能源和电力的主要消费者，必然会导致对环境和供应安全的风险。工业 4.0 需要通过技术改进和相关法规，以提高单位资源的生产率和有限资源的利用率，使其带来的风险最小化。

总之，工业 4.0 战略核心就是通过 CPS 网络实现人、设备与产品的实时连通、相互识别和高效交流，从而构建一个高度灵活的个性化和数字化的智能制造模式。

1.4.2　工业互联网

工业互联网是由美国通用电气（GE）为首的企业联盟倡导的未来制造业发展新模式，强调通过智能机器间的连接，结合软件和大数据技术来重构全球制造业。

（1）工业互联网战略目标　随着新一轮工业革命的爆发，美国将互联网与工业融合，作为抢占发展先机的切入点，以重塑制造业竞争优势，推动以工业互联网为代表的先进制造业的发展。

工业互联网概念是于 2012 年由美国 GE 率先提出，并于 2014 年与 IBM、思科、英特尔、微软共五家行业龙头企业联手组建了美国工业互联网联盟（IIC）。至今，该联盟已汇聚了33个国家/地区近300家成员单位。目前，IIC正在致力发展一个"通用蓝图"，即一套工业互联网通用标准。一旦该标准建立起来，将有助于硬件和软件开发商来创建与工业互联网完全兼容的产品，借此可以打破不同公司产品的技术壁垒，可使各厂商的设备实现数据共享，更好地促进物理世界和数字世界的融合。

工业互联网的核心内容，是充分发挥互联网、数据采集、大数据和云计算的作用，为基于互联网的工业应用打造一个稳定、可靠、安全、实时、高效的全球工业互联网络，将智能化的机器与机器之间以及机器与人之间进行连通，帮助人类和机器设备做出智能化分析和决策，推动整个工业产业链的工作效率全面提升。

（2）工业互联网与工业4.0相似点　美国工业互联网与德国工业4.0都是在当前制造业发展所呈现的智能化、网络化、服务化大趋势下提出的，两者之间必然存在诸多共同点。

1）需求升级是共同的诱因。工业4.0的本质内涵是针对市场个性化消费需求自然产生的新一代智能制造的生产模式，代表着未来工业发展的方向；而工业互联网概念也是针对当前全球广泛存在的高投入、高消耗、高排放传统产业模式的转型升级需求提出的。

2）CPS是相同的内核。CPS是工业4.0的基础和核心，而CPS源于美国，其内涵和功能已内化在工业互联网概念之中，GE将工业互联网直接界定为"大数据+物联网"。因此，工业4.0和工业互联网两者内涵具有同源性。

3）融合发展与产业升级是共同的发展方向。产业发展的本质就是一个持续演进与升级的过程。工业4.0和工业互联网概念的提出，正是反映出工业和互联网间的融合，是推动现有生产体系加速转型的主要途径。

4）均将走向智能化制造模式。工业4.0重点是发展智能生产与智能工厂，力图将德国制造业打造成为全球市场智能制造技术的领先供应商；而工业互联网则突出应用大数据挖掘和分析技术，实现设备控制、工艺优化、分析决策等智能化。可见，智能制造是两者最终实现的共同目标，都在于通过互联网与工业技术的融合打造一个万物互联、信息深度挖掘的智能世界。

5）标准和安全是共同突出强调的基础。两者都认为，建立一套通用统一的标准体系是决定新模式扩散速度最为重要的因素，确保设备和数据等各方面的安全则是新模式能否被市场广泛接受的关键因素。

6）企业是推广应用的关键主体。工业4.0和工业互联网的提出与推动都具有典型的"民间"特征，先导的企业和领头的科研院所将起着核心作用，而国家政府仅起着某种协调作用。

（3）工业互联网与工业4.0异同点　因受各自的经济发展、产业比较优势以及国际贸易特征等因素影响，工业4.0和工业互联网在提出背景、模式内涵、实施重点和实现路径等方面必然存在着一定差异。

1）工业互联网概念和内涵比工业4.0更为宽阔。工业4.0概念主要作用于制造业，其战略目标是将德国制造商打造成为智能制造技术的领先供应商；而工业互联网是通用互联网的扩展和延伸，旨在将人、数据和机器连接起来，引导研发、服务等环节新模式、新业态的产生，推动整个产业生态体系的变革。

2）实现路径侧重点不同。美国拥有全球领先的创新实力和比较优势，因而工业互联网侧重于软件、网络和大数据技术，强化"软"实力的渗透带动作用。德国在装备制造业具有全球竞争优势，但在互联网技术创新与应用方面则难以与美国抗衡，为此在工业 4.0 战略推进中则注重将先进的信息通信技术加快融入传统制造领域，实现制造业向智能制造、智慧服务方向转型，更突出提升"硬"制造的实力。

3）强调重点有所差异。工业 4.0 强调生产制造过程本身的智能改造，使整个生产过程从自动化向智能化的演进；工业互联网更强调生产制造的效率目标，关注基于联网设备的数据采集、分析和价值转化，通过传感设备收集数据，并利用大数据分析挖掘技术，提供降低成本、改进效率的决策建议。

4）推进效果已呈现差异化趋势。从实践效果看，工业 4.0 战略虽有政府举旗推动，并在全球范围内已形成很好的舆论氛围，但实际推动效果却不及完全由企业自主推动的工业互联网。美国工业互联网自 2014 年成立开放性的工业互联网联盟以来获得了快速发展，全球各领域龙头企业正在该联盟下逐渐形成聚集态势，如果进一步集结全球各产业领导企业，可能真正建立起企业间互认的各类统一标准。

1.4.3　中国制造 2025

"中国制造 2025"是我国政府应对全球新一轮科技革命和产业革命，提升制造业全球竞争力的一个重要举措，也是着眼于国际国内经济社会发展、产业变革大趋势所制定的一个长期战略性规划。

（1）发展背景

1）全球制造业格局面临重大调整。在新一轮产业变革浪潮中，全球许多国家都在布局制造业，全球制造业格局面临重大调整。欧美发达国家纷纷推出"再工业化"战略，力图抢占国际竞争的制高点；与此同时，如印度、越南等新兴经济体国家也不甘落后，希望利用后发优势和低成本优势实现工业强国的目标。当前，我国制造业发展面临发达国家和发展中国家的"双重竞争"，这就要求中国制造业必须放眼全球，积极应对，努力在新的竞争格局中找准定位，把建设制造强国作为提高全球竞争力的关键举措。

2）我国经济发展环境发生重大变化。虽然我国制造业在 2010 年超过美国成为全球制造业第一大国，但大而不强的特点十分突出。在创新方面，自主创新能力不强，关键核心技术缺失，处于全球价值链的中低端；在矿产资源方面，原油、铁矿石等重要矿产资源的对外依存度超过 50%，资源环境日益成为制约我国制造业发展的关键因素；在人力资源方面，自 2012 年我国劳动年龄人口首次出现下降以来，已经连续六年在减少。随着我国经济发展进入以增速换档、结构转型和动力转换为主要特征的新常态，传统制造业发展模式已经难以为继，打造新的竞争优势，建设制造强国已别无选择，势在必行。

3）建设制造强国任务艰巨而紧迫。目前，我国制造业门类齐全，已建立起完整的制造体系，具备了建设工业强国的基础和条件，但与先进国家相比还存在较大差距，其自主创新能力弱、产品档次不高、产业结构不合理、关键技术与高端装备对外依存度高。在产业发展阶段上，如德国"工业 4.0"是在顺利完成"工业 1.0""工业 2.0"和基本完成"工业 3.0"之后提出的发展战略，是一种自然式的"串联式"发展。而我国制造业尚处于"工业 2.0"和"工业 3.0"并行发展阶段，必须走"工业 2.0"补课、"工业 3.0"普及、"工业 4.0"示范的"并联式"发展道路。可见，我国的制造强国建设任务更为复杂和艰巨。

（2）**战略目标**　"中国制造2025"是以信息化与工业化深度融合为主线，以"创新驱动、质量为先、绿色发展、结构优化、人才为本"为发展方针，完成要素驱动向创新驱动转变、低成本竞争优势向质量效益竞争优势转变、由资源消耗大、污染物排放多的粗放型制造向绿色制造转变、由生产型制造向服务型制造转变的四大转变任务，最终实现由制造大国迈向制造强国的宏伟目标。

1）制造强国特征。国际上现有制造强国的主要特征表现为：①雄厚的产业规模，成熟健全的现代产业体系，在全球制造业中占有相当的比重，反映出制造业发展的实力基础；②优化的产业结构，拥有众多较强竞争力的跨国企业；③良好的质量效益，世界领先的生产技术水平，体现出制造业发展质量和国际地位；④具有较强的自主创新能力，体现高端化发展能力和长期发展潜力。

对照上述特征，并按照国际社会对制造强国评价体系，目前我国位列全球制造强国的第四位，其中美国为第一方阵，德国、日本为第二方阵，我国尚处于第三方阵的前列，见表1-2。

表1-2　2016年世界制造强国综合指数值

美国	德国	日本	中国	韩国	法国	英国	印度	巴西
172.28	121.31	112.52	104.34	69.87	67.72	63.64	42.77	34.26

2）三步走战略。针对我国国情和现实，"中国制造2025"采用三步走战略，以实现制造强国的宏伟目标，如图1-8所示。

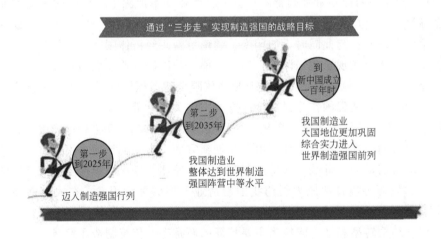

图1-8　"中国制造2025"三步走战略

第一步：到2025年基本实现工业化，使中国制造业迈入制造强国行列，综合指数接近德国、日本，实现工业化时代的制造强国水平。在创新能力、全员劳动生产率、两化融合、绿色发展等方面迈上新台阶，形成一批具有较强国际竞争力的跨国公司和产业集群，在全球产业分工和价值链中的地位明显上升。

第二步：到2035年成为名副其实的工业强国，综合指数达到世界制造强国阵营中的中等水平，创新能力大幅提升，优势行业形成全球创新引领能力，制造业整体竞争能力显著增强。

第三步：到新中国成立一百年时进入世界强国第一方阵，建成全球领先的技术体系和产业体系，成为具有全球引领影响力的制造强国。

（3）核心内容　"中国制造 2025"的核心内容是加快推动新一代信息技术与制造技术融合发展，把智能制造作为两化深度融合的助攻方向，着力发展智能装备和智能产品，推进生产过程智能化，培育新型生产方式，全面提升企业研发、生产、管理和服务的智能化水平。具体包括：

1）研究制定智能制造发展战略。编制智能制造发展规划，明确发展目标、重点任务和重大布局。加快制定智能制造技术标准，建立完善智能制造和两化融合管理标准体系。强化应用牵引，建立智能制造产业联盟，协同推动智能装备和产品研发、系统集成创新与产业化。促进工业互联网、云计算、大数据在企业研发设计、生产制造、经营管理、销售服务等全流程和全产业链的综合集成应用。加强智能制造工业控制系统网络安全保障能力建设，健全综合保障体系。

2）加快发展智能制造装备和产品。组织研发具有深度感知、智慧决策、自动执行功能的高档数控机床、工业机器人和增材制造装备等智能制造装备以及智能化生产线，突破新型传感器、智能测量仪表、工业控制系统、伺服电动机及驱动器和减速器等智能核心装置，推进工程化和产业化。

3）推进制造过程智能化。在重点领域试点建设智能工厂、数字化车间，加快人机智能交互、工业机器人、智能物流管理、增材制造等技术和装备在生产过程中的应用，促进智能工艺的仿真优化、数字化控制、状态信息实时监测和自适应控制。

4）深化互联网在制造领域的应用。制定互联网与制造业融合发展的路线图，明确发展方向、目标和路径。发展基于互联网的个性化定制、众包设计、云制造等新型制造模式，推动形成基于消费需求动态感知的研发、制造和产业组织方式。建立优势互补、合作共赢的开放型产业生态体系。加快开展物联网技术研发和应用示范，培育智能监测、远程诊断管理、全产业链追溯等工业互联网新应用。实施工业云及制造业大数据创新应用试点，建设一批高质量的工业云服务和制造业大数据平台，推动软件与服务、设计与制造资源、关键技术与标准的开放共享。

5）加强互联网基础设施建设。加强工业互联网基础设施建设规划与布局，建设低延时、高可靠、广覆盖的工业互联网。加快制造业集聚区光纤网、移动通信网和无线局域网的部署和建设，实现信息网络宽带升级，提高企业宽带接入能力。

（4）十大重点发展领域

1）新一代信息技术产业。包括集成电路及专用装备、信息通信设备、操作系统及工业软件产业等，着力提升我国集成电路设计水平，掌握新型计算、高速互联、先进存储、体系化安全保障等核心技术，突破关系国家信息与网络安全及电子整机产业发展的核心通用芯片，研发高端服务器、大容量存储、新型路由交换设备等，开发安全领域操作系统、自主可控的高端工业平台软件以及重点领域的应用软件，推进自主工业软件体系化发展和产业化应用。

2）高档数控机床和机器人。开发一批精密、高速、可靠的高档数控机床产品与基础制造装备，着力研发高档数控系统、伺服电动机、轴承、光栅等主要功能部件及关键应用软件。根据市场对工业机器人、特种机器人及服务机器人应用需求，积极研发新产品，促进机器人标准化、模块化发展，突破机器人本体、减速器、伺服电动机、控制器、传感器与驱动器等关键零部件及系统集成设计制造等技术瓶颈。

3）航空航天装备。在航空装备方面，加快大型飞机研制，适时启动宽体客机、重型直升机研制，突破高推重比、先进涡桨发动机及大涵道比涡扇发动机技术，建立发动机自主发展工业体系。在航天装备方面，发展新一代运载火箭、重型运载器，加快推进国家民用空间基础设施建设，发展新型卫星等空间平台与有效载荷、空天地宽带互联网系统，推动载人航天、月球探测工程，适度发展深空探测。

4）海洋工程装备及高技术船舶。大力发展深海探测、资源开发利用、海上作业保障装备及其关键系统和专用设备。推动深海空间站、大型浮式结构物的开发和工程化。形成海洋工程装备综合试验、检测与鉴定能力，提高海洋开发利用水平。突破豪华邮轮设计建造技术，全面提升液化天然气船等高技术船舶国际竞争力，掌握重点配套设备集成化、智能化、模块化设计制造核心技术。

5）先进轨道交通装备。加快新材料、新技术和新工艺的应用，重点突破体系化安全保障、节能环保、数字化智能化网络化技术，研制先进可靠适用的产品和轻量化、模块化、谱系化产品。研发新一代绿色智能、高速重载轨道交通装备系统，围绕系统全寿命周期向用户提供整体解决方案，建立世界领先的现代轨道交通产业体系。

6）节能与新能源汽车。继续支持电动汽车、燃料电池汽车发展，掌握汽车低碳化、信息化、智能化核心技术，提升动力电池、驱动电动机、高效内燃机、先进变速器、轻量化材料、智能控制等核心技术的工程化和产业化能力，形成从关键零部件到整车的完整工业体系和创新体系，推动自主品牌节能与新能源汽车同国际先进水平接轨。

7）电力装备。推动大型高效超净排放煤电机组产业化和示范应用，进一步提高超大容量水电机组、核电机组、重型燃气轮机制造水平，推进新能源和可再生能源装备、先进储能装置、智能电网用输变电及用户端设备发展，突破大功率电力电子器件、高温超导材料等关键元器件和材料的制造及应用技术。

8）农机装备。重点发展粮、棉、油、糖等大宗粮食和战略性经济作物生产过程使用的先进农机装备，加快发展大型拖拉机及其复式作业机具、大型高效联合收割机等高端农业装备及关键核心零部件，提高农机装备信息收集、智能决策和精准作业能力。

9）新材料。以特种金属功能材料、高性能结构材料、功能性高分子材料、特种无机非金属材料和先进复合材料为发展重点，加快研发先进熔炼、凝固成型、气相沉积、型材加工、高效合成等新材料制备关键技术和装备，高度关注颠覆性新材料对传统材料的影响，做好超导材料、纳米材料、石墨烯、生物基材料等战略前沿材料提前布局和研制，加快基础材料升级换代。

10）生物医药及高性能医疗器械。发展针对重大疾病的化学药、中药、生物技术药物新产品，重点包括新机制和新靶点化学药、抗体药物、抗体偶联药物、全新结构蛋白及多肽药物、新型疫苗、临床优势突出的创新中药及个性化治疗药物。提高医疗器械的创新能力和产业化水平，重点发展影像设备、医用机器人等高性能诊疗设备，全降解血管支架等高值医用耗材，可穿戴、远程诊疗等移动医疗产品。

（5）"中国制造 2025"与工业 4.0、工业互联网三者比较　三者都是针对当前制造业所面临的变革并根据本国产业特点所提出的发展战略，相互间有共同点也有不同点，见表 1-3。

表 1-3 "中国制造 2025" 与工业 4.0、工业互联网比较

指标		工业互联网	工业 4.0	"中国制造 2025"
相同点	目标	均针对各自国家产业发展所提出的先进制造业发展战略		
	技术	均将 CPS 作为未来制造业发展核心，注重信息化、网络化、智能化等方面的创新研究		
不同点	特点	倡导人、数据和机器间的连接	制造业与信息化融合	信息化与工业化深度融合
	愿景	保持制造技术领先地位，解决全球所面临的资源短缺、能源利用效率及人口变化等问题	保持未来制造业领导地位，实现先进制造业创新，开拓新产业，引领全球制造业走向	跻身世界制造强国，提升信息化水平，优化产业结构，提高产品质量，增多著名世界品牌
	技术领域	注重生产模式、生产管理、生产安全等高层面的制造理念，达到以网络化、智能化为特征的新工业革命生产模式	注重制造业中的先进传感、先进控制和平台系统，注重虚拟化、信息化和数字化制造，致力于 CPS 具体化实施	关注制造技术、制造业结构、制造水平提升，注重航空航天、船舶、轨道交通、电力、农机、医疗器械等领域的高端制造装备
	行动路径	以"软"服务为主，应用软件、网络、大数据等信息技术重塑工业格局	通过 CPS 价值网络实现横向集成、端到端集成以及企业内部纵向集成改造制造业	通过智能制造，带动产业数字化和智能化水平的提高
国情	工业发展进程	信息产业与先进制造业独占鳌头，完成"工业 2.0""工业 3.0"	装备制造业全球领先，信息技术地位显著，完成"工业 2.0"，基本完成"工业 3.0"	创新能力不强，核心技术缺乏，产业结构不甚合理，处于"工业 2.0"和"工业 3.0"并行发展阶段

本章小结

制造是将原材料转变为社会产品的生产过程。制造业是所有与制造相关的生产和服务型企业群体的总称。制造业是国民经济的支柱性产业，是一个国家综合国力的重要体现。自第一次工业革命以来，无论在生产方法、制造技术还是在资源配置等方面，制造业均取得了巨大的发展和进步。

先进制造技术是在激烈市场竞争、科学技术进步及可持续发展背景下，于 20 世纪 80 年代末由美国首先提出的，并得到众多工业国家的积极响应。自先进制造技术概念提出以来，制造业得到了快速的发展。

先进制造技术体系结构可看成是由基础制造技术、单元制造技术和系统集成三个不同层次的技术组成，反映先进制造技术由基础到单元，再到系统集成的发展过程。

为迎接新一轮工业革命浪潮，世界工业大国纷纷提出了各自的发展战略，其中德国"工业 4.0"、美国"工业互联网"和我国"中国制造 2025"最具代表性，其共同点为：以信息物理系统（CPS）为核心，推动信息化与工业化两化融合，促进制造业信息化、网络化和智能化进程，发展先进制造业，提高市场竞争力。

思考题

1.1 简述制造、制造系统与制造业概念。

1.2 制造业在国民经济中的地位和作用如何？

1.3　简述自第一次工业革命以来的制造技术发展历程。

1.4　先进制造技术是在怎样背景下提出的，其内涵与特征如何？

1.5　分析先进制造技术的体系结构，它包含哪些具体的技术内容？

1.6　简述"工业 4.0""工业互联网""中国制造 2025"的战略目标和侧重点，分析三者之间的共同点和异同点。

1.7　查阅资料，阐述先进制造技术在我国的最新发展。

现代设计技术

第2章

产品设计是制造型企业生产经营过程中最基本的生产活动，其设计技术与手段直接影响着产品的设计效率、设计质量和设计成本。为满足日益苛刻的市场需求和全球市场竞争的需要，近半个世纪来出现了众多先进设计技术与方法，譬如计算机辅助设计、优化设计、可靠性设计、并行设计、模块化设计、价值工程、反求工程、绿色设计、模糊设计等。正是由于这些先进技术的应用，极大提升了产品的设计水平，提高了产品设计质量和效率，降低了设计成本。

内容要点：

本章在对现代设计技术内涵及其体系结构概述基础上，侧重介绍计算机辅助设计、优化设计、可靠性设计、价值工程、反求工程、绿色设计几种常用的现代设计技术与方法，分析各种设计方法的相关概念、技术特征以及涉及的关键技术，并以具体实例辅以说明。

2.1 ■ 现代设计技术概述

2.1.1　现代设计技术内涵

所谓设计技术，即为在设计过程中解决具体设计问题的各种方法与手段。传统设计技术通常是由人们长期工作经验的沉淀和积累，一般表现为手工的、经验的、静态与被动的各种技术方法。现代设计技术则是以满足应市产品的质量、性能、时间、成本、效益最优为目的，以计算机辅助设计技术为主体，以知识为依托，以多种科学方法及技术为手段，研究、改进、创新产品活动过程所用到的技术群体的总称。

现代设计技术是一门在传统设计技术基础上继承、延伸和发展起来，是由多学科、多专业交叉融合，综合性很强的基础技术性科学。若从系统工程角度分析，现代设计技术可认为是由时间维、逻辑维和方法维所构成的集成系统，如图2-1所示。

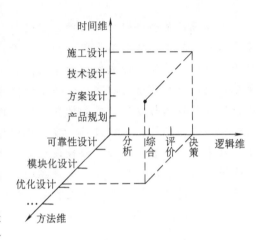

图2-1　现代设计技术的内涵

（1）时间维　在时间轴上，可将设计过程分为产品规划、方案设计、技术设计和施工设计四个设计阶段。产品规划是所有产品设计活动的起点，主要完成需求分析、市场预测、可行性分析、总体参数确定、制定约束条件和设计要求等设计任务；方案设计（或概念设计），是从市场需求出发确定最优的产品功能原理方案，其方案的优劣直接影响到产品的性能质量和运行维护成本；技术设计是将产品的功能原理方案具体化为产品及其零部件的具体结构，是通常产品设计的主体过程，它将决定产品的最终形态和性能；施工设计主要包括零部件工程图和产品总装图绘制、工艺文件编写、设计说明书编制等设计任务。

（2）逻辑维　在逻辑轴上，产品设计过程通常是遵循"分析→综合→评价→决策"这一解决问题的逻辑过程。分析的目的是解决设计问题的前提，是明确设计任务的本质要求；综合是在一定条件下对未知系统探求解决方案的创造性过程，一般是采用"抽象""发散""逆向"等思维方法寻求尽可能多的可行方案；评价是一个筛选过程，即采用科学的方法对多种可行方案进行比较和评定，并针对某方案的弱点和不足进行调整和改进，直至得到比较满意的结果；决策是在对各种设计方案进行综合和评价的基础上，选择综合指标最佳的设计方案。

（3）方法维　这里是指设计过程所采用的各种思维方法和不同的设计工具等。传统设计多采用直觉法、类比法等以经验为主的设计方法，其设计周期长、修改反复多，而现代设计则是采用各种先进的设计理论和设计方法及工具，将产品设计过程提升到一个高效、优质和创新的新阶段。

2.1.2　现代设计技术体系

现代设计技术内容广泛，涉及众多相关的学科门类，如图 2-2 所示。若将现代设计技术体系好比一棵大树，它是由基础技术、主体技术、支撑技术和应用技术四个不同层次的技术集群组成。

(1) **基础技术**　基础技术是指传统的设计理论与方法，包括运动学、静力学、动力学、材料力学、热力学、电磁学、工程数学等基本原理和方法，它不仅为现代设计技术提供了坚实的理论基础，也是现代设计技术发展的源泉。

(2) **主体技术**　现代设计技术的诞生和发展与计算机技术的发展息息相关、相辅相成。可以说，没有计算机科学与计算机辅助技术（如 CAD、有限元分析、优化设计、仿真模拟、虚拟设计和工程数据库等），就没有现代设计技术。为此，计算机辅助设计技术以其独特的数值计算和信息处理能力，使之成为现代设计技术群体的主干。

(3) **支撑技术**　设计方法学、可信性设计、设计试验技术为设计过程中信息处理、加工、推理与验证提供了理论和方法的支撑。设计方法学包括系统设计、功能设计、模块化设计、价值工程、反求工程、绿色设计、模糊设计、面向对象设计等各种现代设计方法；可信性设计主要指可靠性设计、安全性设计、动态设计、防断裂设计、疲劳设计、耐腐蚀设计、健壮设计、耐环境设计等；设计试验技术包括产品性能试验、可靠性试验、数字仿真试验等。

(4) **应用技术**　应用技术是解决各类具体产品设计领域的技术和方法，如汽车、飞机、船舶、机床、工程机械、精密机械、模具等专业领域内的产品设计知识和技术。

现代设计技术已扩展到产品的规划、制造、营销和回收等各个方面。因而，所涉及的相关学科和技术除了先进制造技术、材料科学、自动化技术、系统管理等技术之外，还涉及政治、经济、法律、人文科学、艺术科学等众多领域。

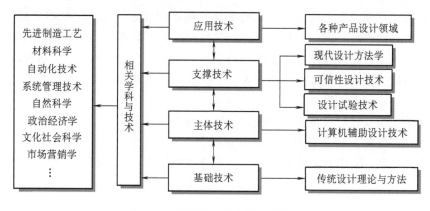

图 2-2　现代设计技术体系结构

2.1.3　现代设计技术特征

由现代设计技术内涵及其技术体系可见，它具有如下特征。

(1) **传统设计技术的继承与延伸**　现代设计技术是在传统设计技术基础上，由静态设计向动态设计延伸，由经验类比的设计方法向精确优化的方法延伸，由确定的设计模型向随机模糊的设计模型延伸，由单维模式向多维模式延伸。传统设计通常仅限于产品的方案设计与技术设计，而现代设计内容和边界已扩展到产品规划、结构设计、工艺设计、验证试验、运行维护直至产品报废回收的全生命周期各个环节的设计。

（2）多种设计技术的交叉与综合　由于应用计算机技术、微电子技术及信息科学技术对工程产品不断渗透、改造和应用，使产品的结构和功能产生很大的变化，现代工程产品正朝着机电一体化，物质、能量、信息集成化方向发展。为此，现代设计技术必然是多学科的融合交叉、多种设计理论、设计方法、设计手段的综合应用，以一种系统的、集成的设计概念设计出符合时代特征和科技发展趋势的新产品。

（3）设计手段的数字化、虚拟化与精确化　由于计算机及相关软件工具的应用，使产品设计进入了数字化时代。所谓数字化，就是将复杂多变的信息转化为可以度量的数据，并依此建立合适的数字化模型进行统一处理，现代产品设计所采用的计算机辅助设计软件系统，将产品的几何信息、工艺信息及管理信息等进行数字化描述，在计算机内部建立三维实体数字化模型，该模型可供制造、运行和维护等产品全生命周期各个环节所应用；所谓虚拟化，即采用虚拟现实技术构建产品的设计环境以及制造、运行环境，对所设计的产品模型进行设计仿真、制造仿真和运行仿真，在产品设计过程便可预测产品的结构性能及其可制造性，可及时修改产品设计中所存在的缺陷和不足，大大提高了产品设计效率和设计质量；精确化，传统产品设计往往采用类比法并以一定安全系数进行设计，设计误差较大，而现代产品设计可借助于有限元分析、动态分析、可靠性分析等设计分析工具，可准确模拟产品或系统的实际工作状态，能够得到符合实际工况的真实解，极大提高了设计的精确化程度。

（4）设计过程的并行化、最优化与智能化　现代设计技术要求在产品设计阶段就综合考虑产品全生命周期的所有因素，包括设计、制造、装配、检验、维护等，强调多学科小组、各有关部门的协同工作，强调对产品设计及其相关过程并行地、集成地、一体化地进行设计，力图使产品设计一次成功。在产品设计过程中，通过优化的理论与技术对产品进行方案优选、结构优选和参数优选，力争实现系统的整体性能最优化，以获得功能全、性能好、成本低、价值高的产品。产品设计是一个创造性的思维、推理和决策过程，由于计算机辅助设计技术的应用，使设计领域产生了深刻的变革，由原来人工完成的设计过程转变为由人机密切配合、共同完成的智能活动，随着人工智能技术的发展和进步，将有越来越多的智能设计系统投入产品设计和开发过程。

综上所述，现代设计技术是以传统设计理论与方法为基础，以计算机广泛应用为标志，具有信息时代特征的一种设计技术。现代设计技术的广泛应用，极大地提高了产品设计质量，缩短设计周期，降低产品开发成本，并有效节约生态资源，创造人类可持续发展的和谐环境。

2.2 ■ 计算机辅助设计技术

计算机辅助设计作为现代设计的主体技术，是应用计算机及其相关软硬件系统辅助完成产品的设计任务。经历半个多世纪的发展与进步，该技术现已广泛应用于制造业的各个领域，已成为现代产品设计不可或缺的工具和手段。

2.2.1 计算机辅助设计系统功能作用

一个创新产品的开发设计通常包括产品的结构设计、工艺设计、加工编程、装配设计、工装夹具设计等设计任务。早先计算机辅助设计系统往往仅能从事计算机辅助绘图以及相关计算等设计作业，而现今计算机辅助设计系统除了可从事产品结构设计之外，还可完成工艺设计、装配设计、工装设计、数控编程、模拟仿真等设计任务，已成为 CAD/CAE/CAPP/CAM/CAFD 一体化集成设计系统，如图 2-3 所示。

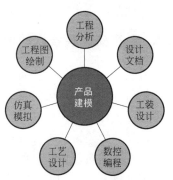

图 2-3 计算机辅助设计
系统功能作用

（1）**产品建模** 所谓产品建模就是对产品结构形状、尺寸大小、装配关系等属性进行描述，按照一定的数据结构进行组织和存储，在计算机内部建立产品三维数字化模型的过程。产品数字化模型的建立是现代产品设计与制造的必要前提，是计算机辅助设计的核心内容和产品信息的源头。建立产品设计模型不仅可使产品设计过程直观、方便，同时也为产品后续的设计和制造过程，如物性计算、工程分析、工程图绘制、工艺规程设计、数控加工编程、性能仿真、生产管理等提供同一的产品信息，保证了产品数据的一致性和完整性。

（2）**工程分析** 工程分析是产品设计过程中的一个重要环节，它按照产品未来工作状态和设计要求对所设计产品的结构、性能及安全可靠性进行分析，根据分析结果评价设计方案的可行性和设计质量的优劣，及早发现设计中的缺陷，证实所设计产品的功能可用性和性能可靠性。设计者可使用计算机辅助设计系统内嵌的工程分析软件模块，也可选用独立的工程分析软件系统，对所建立的产品数据模型进行有限元分析、优化设计、多体动力学分析等，用以分析计算产品设计模型的应力/应变场、热力场、运动学、动力学等性能指标，优化产品结构参数和性能指标。

（3）**工程图绘制** 就目前而言，企业产品的生产过程大多还需要以工程图样和工艺文档作为产品信息媒介在生产过程中使用和传递。因而，计算机辅助设计系统可以方便地将所建立的产品三维数据模型转换为二维工程图，生成符合国家标准的工程图样，并可根据产品模型中零部件组成及其装配关系自动生成产品结构 BOM 表，以供企业生产管理使用。

（4）**工艺设计** 工艺设计是连接产品设计与加工制造的桥梁，计算机辅助设计系统中的工艺规程设计模块（CAPP）可从产品数据模型中提取产品的几何信息及工艺信息，根据成组工艺或工艺创成原理以及企业工艺数据库进行产品的工艺规程设计，生成产品加工工艺路线，完成产品的毛坯设计、工序设计以及工时定额计算等工艺设计任务，并输出所生成的产品工艺文档。

（5）**数控编程** 计算机辅助设计系统中的数控编程模块（CAM）可依据产品数据模型及加工工艺文档，进行产品数控加工时的走刀路线设计、刀具路径计算、后置处理等数控编程设计环节，最终生成满足数控加工设备要求的 NC 控制指令。

（6）**仿真模拟** 仿真模拟是借助计算机辅助设计系统的三维可视化交互环境，对产品的制造过程以及未来运行状态进行仿真试验。在产品投入实际加工生产之前，应用仿真软件模块或系统建立虚拟加工制造环境，按照已制定的工艺规程和 NC 控制指令对所设计产品进行虚拟加工，以检查工艺规程的合理性以及 NC 控制指令的正确性，检查产品制造过程中可能存在的几何干涉和物理碰撞现象，分析产品的可制造性，预测产品的工作性能，尽早发现和暴露产品设计阶段所存在的问题和不足，避免实际加工现场调试所造成的人力和物力消耗，降低制造成本，缩短产品研制周期。

2.2.2 产品建模技术的发展

由上述分析可见，产品建模是计算机辅助设计过程最基础的工作，是产品信息产生的源头。如何进行产品结构建模，采用何种方法对产品信息进行定义，用怎样的数据结构对这些产品信息进行组织和存储，以保证所建立的产品模型准确、完整，便于查询和调用，是计算机辅助设计的关键技术之一。可以说，计算机辅助设计技术也正是伴随产品建模技术的发展而逐渐发展成熟起来的。回顾计算机辅助设计技术的发展历程，产品建模技术（或产品数字化定义技术），经历了二维工程图样、二维工程图样+三维几何模型、基于模型的定义（MBD 模型）的三个发展阶段，如图 2-4 所示。

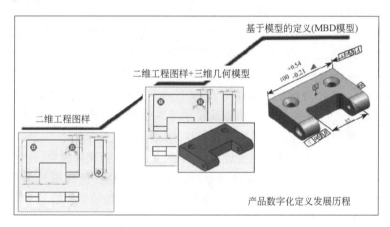

图 2-4 产品数字化定义发展历程

1. 二维工程图样

二维工程图样是 1795 年由法国加斯帕·蒙日提出的，他把某产品放到笛卡儿坐标的第一象限，应用投影几何方法将该产品的结构形状投射到不同的视图平面，然后把这些投影视图布置到同一张图样上，从而形成产品的设计图样。两百多年来，工程图样已经成为全球通用的工程语言，被广为使用。在计算机辅助设计技术发展早期，人们应用交互式计算机辅助绘图系统，把自己"设想产品"应用类似手工设计方法一笔一画地进行二维工程图样的设计，以此完成产品数字化定义过程。

很显然，以二维工程图样对产品进行数字化定义，不仅效率低、不直观，要求工程技术人员具有成熟的工程经验和很强的空间想象力，也难以提供后续的计算机辅助设计环节直接调用与共享。

2. 三维几何模型

由于三维几何模型直观、高效，符合人们产品设计过程的思维习惯，一直受到人们的偏爱和重视。自 20 世纪 70 年代以来，先后推出了线框模型、表面模型、实体模型和特征模型等，这些三维几何建模技术在计算机辅助设计系统中均有成功的应用。

（1）**线框模型**　线框模型是计算机辅助设计系统最早用来定义结构形体的三维几何模型，它是应用棱边和顶点来表示形体结构的一种建模方法，具有结构简单、信息量少、操作简便快捷等特点，可以用来生成三视图、轴测图等不同形式的投影视图。但是，由于线框模型缺少结构形体的面、体等信息，存在不能消隐、不能产生剖视图、不能进行物性计算和求交计算等不足。

（2）**表面模型**　表面模型是在线框模型基础上增加了结构形体的表面信息，使之具有图形消隐、剖面生成、表面渲染、求交计算等图形处理功能。然而，表面模型也缺少结构形体的体信息以及体与面间的拓扑关系，仍不能胜任产品结构的物性计算、工程分析等设计工作。

（3）**实体模型**　实体模型是于 20 世纪 80 年代推出，并很快得到成功应用的三维几何建模技术，它应用诸如长方体、圆柱体、球体以及扫描体、旋转体、拉伸体等简单体素，经并、交、差正则集合运算来构建各种不同的复杂形体，具有较为完整的结构形体的几何信息和拓扑信息，不仅适用于各种三维图形的显示和处理，还可用于各种物性计算、运动仿真、有限元分析等产品设计作业。

实体模型有边界表示法、几何体素构造法、扫描变换法等不同的计算机内部表示方法，可方便进行几何模型信息的查询、存储、运算以及几何图形的显示、求交、剖切处理等作业。

（4）**特征模型**　所谓特征即为从产品对象中概括和抽象后所得到的具有一定工程语义的产品结构功能要素，如柱、块、槽、孔、壳、凹腔、凸台、倒角、倒圆等。特征模型就是通过这些功能要素所构建的产品结构模型，比较符合通常产品设计的习惯，便于产品后续设计环节的调用和集成，目前市场上计算机辅助设计系统普遍采用了特征建模技术。

常用几何建模技术的表示方法及特点见表 2-1。

表 2-1　常用几何建模技术的表示方法及特点

模型类型	模型表示	模型特点	图形示例	功能作用
线框模型	顶点表和棱边表两表结构	结构简单、操作简便，但没有面、体信息，不能消隐，不能生成剖面	（棱边表、顶点表图示）	可生成三视图、轴测图、透视图
表面模型	顶点、棱边和面表三表结构	具有消隐、剖面生成及着色处理功能，但没有体信息	（顶点表、棱边表、面表图示）	面面求交计算、刀具路径生成等设计
实体模型	由基本体素及其集合运算进行模型定义，有边界表示法和几何体素构造法等	具有形体结构完整的几何信息和拓扑信息	（体素集合运算图示）	可满足各种不同的产品设计应用要求

（续）

模型类型	模型表示	模型特点	图形示例	功能作用
特征模型	由各类特征及其集合进行模型定义，结构表示方法如同实体模型	除有完整的几何信息和拓扑信息之外，其模型特征具有工程语义	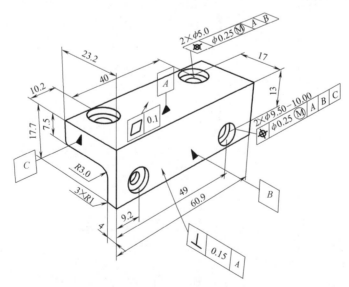	利于后续设计环节调用和集成

　　然而，上述实体模型和特征模型虽然具有完整的产品结构几何信息和拓扑信息，也含有工程结构上一些特征语义，但尚缺少产品加工制造时所需的技术要求、公差配合等制造信息，难以直接用这些几何模型在企业生产环节中直接进行交流和使用，还需要将这些产品的三维几何模型转换为二维工程图样，通过二维工程图样来补充完整所需的产品加工制造信息。

　　为此，该阶段的企业产品数字化定义是同时采用了"二维工程图样+三维几何模型"两种不同的表示形式，其中二维工程图样用于产品的尺寸、公差和技术要求等制造信息的定义，并作为企业制造、管理部门产品信息交流和传递的媒介；而三维几何模型则仅用以描述产品的几何结构信息，主要在产品设计过程起着主导作用，而在产品制造过程仅起着辅助和参考的作用。

　　3. MBD 模型

　　MBD 模型，即基于模型的定义（Model Based Definition，MBD）。它是将产品的所有信息完全由三维实体模型进行定义，将原来由二维工程图样所表示的产品几何形状、尺寸与公差以及技术要求等信息集成定义在三维产品数字化模型上，使产品数字化定义技术跃升到一个新的阶段。

　　如图 2-5 所示，MBD 模型能够更好地表达产品设计思想和意图，它使产品设计与制造过程的信息交换更加直接、高效和准确，最大限度地发挥了三维实体模型的表达优势，彻底

图 2-5　MBD 模型表达的数据集

改变了以二维图样为主，三维几何模型为辅的制造方法，也彻底打破了设计与制造之间的壁垒，实现真正意义上的设计与制造的一体化过程。

2.2.3 基于模型的定义技术

基于模型定义（MBD）技术是将产品所有设计和制造信息通过三维模型的方法进行定义和组织，改变了由三维实体模型来描述几何信息，用二维工程图样来定义尺寸公差和工艺信息的传统产品定义方法。MBD 作为一种先进的产品数字化定义技术，在国外已得到广泛的认同和较为深入的应用，美国波音公司在以波音 787 为代表的新型客机研制过程中，全面采用了 MBD 技术，将产品制造信息与设计信息共同定义到产品的三维模型中，摒弃了二维工程图样，将 MBD 模型作为制造过程的唯一依据，开创了产品数字化制造的崭新模式。近年来，我国国内包括航空、航天和国防等行业已认识到 MBD 技术的优势，并开始应用 MBD 技术进行产品的设计。随着 MBD 技术的成熟以及一个个应用标准规范的制定，MBD 模型将得到日益广泛的应用。

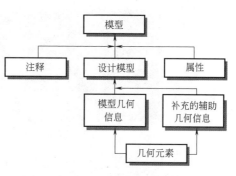

图 2-6 MBD 模型定义的数据内容

1. MBD 模型数据内容

用 MBD 技术所建立的产品数字化模型中，通常包含设计模型、注释和属性三部分内容，如图 2-6 所示。其中的设计模型即为满足产品结构形状要求而构建的拥有尺寸标注的产品三维实体模型，不包括一些标注信息；注释包括尺寸公差、表面粗糙度、焊接符号、材料明细表、技术要求、标题栏及坐标系统等二维工程图常见的一些标注信息，是产品模型中不需要经过任何操作即为可视的信息内容；属性包括零件号、材料、版本、颜色和日期等，是用于产品制造和检验过程的基本信息，属性对产品模型的完整定义起到了补充和完善的作用。属性与注释在某些方面有一定重合，但属性是必须经过人为操作才能将其从产品模型中显示出来。

2. 数字化产品定义规范及 MBD 建模软件平台

2003 年 7 月美国机械工程师协会为解决信息系统传输问题，发布了"数字化产品定义数据实施规程 ASME Y14.41-2003"。2006 年国际标准化组织（ISO）将 ASME Y14.41-2003 作为自己的标准，并发布了 ISO-16792"技术产品文件—数字化产品定义数据实践"。2009 年我国也发布了 GB/T 24734—2009《技术产品文件 数字化产品定义数据通则》标准。这些标准与规程的建立为 MBD 模型的规范化发展和应用起到了引领作用。

目前，如 Dassault、Siemens、PTC 等公司已将上述标准规范应用于自身的 CAD/CAM 软件系统中，为用户提供了各自的 MBD 建模平台。如 CATIA 系统的"三维公差标注和注释（3D Funtion Tolerancing and Annotation）功能模块"，UG NX 系统的"产品制造信息 PMI 模块"以及 SolidWorks 系统的"DimXpert 和 TolAnalyst 模块"等，这些 MBD 建模平台工具有力地支持了产品设计的三维标注，具有较为完备的 MBD 产品数字化定义功能。

3. MBD 模型的数据管理

MBD 模型通常包含产品结构的几何信息和非几何信息。所谓几何信息，即为产品结构中的所有几何元素及其相互间的拓扑关系，在 MBD 模型中被完整地记录在产品的实体模型中，是由计算机辅助设计系统的内部数据结构予以定义和维护。

对于非几何信息的管理，大多 MBD 建模平台则是采用产品特征树方法进行管理，即应用建模过程的特征树对非几何标注特征进行组织和定义。产品设计中的绝大多数标注特征不是单独存在的，而是依附于几何模型特征进行标注的，因而这些标注特征与产品相应的几何特征具有一种内在的关联关系，利用这种关系，在对模型中的几何特征查询时可搜索出所有关联的非几何标注特征；反之，通过标注特征信息也能提示它所依附的几何特征。当用户单击模型中某一几何特征时，与之相关联的所有非几何元素都会被高亮显示，这样用户通过产品特征树可快速准确地查询产品相关的几何信息和非几何信息。产品特征树是伴随产品建模过程逐步生成的，特征树中的不同特征也是按照建模时的先后顺序进行组织和管理，如图 2-7 所示。

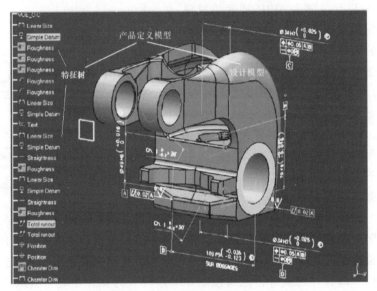

图 2-7　产品 MBD 模型

4. MBD 技术意义与特点

MBD 技术综合了三维建模和二维标注的优势，把两者融合到单一的 MBD 三维模型文件中，彻底打破了传统产品设计与产品制造过程间的壁垒，实现了真正意义上的设计与制造的一体化进程。MBD 技术是全球制造业的一场重要的技术升级，其意义不亚于从手工绘图到计算机绘图的变革。

1) 挑战了二维工程图传统的权威地位。二维工程图作为全球通用的工程语言，行之有效、使用广泛，但由于存在着不够直观、创建和更新费时费力、与三维信息化应用脱节等局限性，已逐渐成为数字化生产制造的瓶颈。MBD 作为产品数字化定义模型，被直接应用于产品设计与制造过程的信息传递和交流，为人们提供了一种更为迅速、经济、准确的新型信息媒介，可避免二维工程图所存在的诸多不便和障碍。

2) 提高了产品数字化定义和应用的效率。有统计表明，设计工程师和制造人员每周大概花费四分之三到三分之一工作时间用于与二维工程图相关的工作，如创建、维护和更新工程图样，理解二维工程图样所表达的设计意图等。MBD 技术将产品相关的制造信息直接定义在三维实体模型上，摒弃了二维工程图样的应用，极大地提高了工作的效率。据有关资料报道，MBD 技术的应用可使产品开发研制周期缩短 30%～50%。

3）MBD 模型定义易于操作、便于理解。随着三维设计软件的广泛应用，工程技术人员已熟练使用常规三维几何建模技术，MBD 建模仅需在此基础上前进一步，直接在产品几何实体模型上标注相关的制造信息，易于操作，便于上手。此外，MBD 模型可以内嵌在广为使用的三维 PDF 文件中，模型使用者通过模型的旋转、缩放和移动操作，可动态读取模型的几何信息和标注信息，很容易理解产品的设计意图。

4）利于建立并行、协调的工作环境。MBD 技术的应用，保证了企业在产品设计、生产制造及经营管理等不同生产环节使用统一的产品定义模型，可并行、协调地开展各自的工作，将大大提高产品开发效率和设计质量，改善产品生产制造环境，提高企业内在的品质和市场竞争力。

2.3 ■ 优化设计

优化设计（Optimal Design，OD）是 20 世纪 60 年代提出的一种重要的现代设计方法，用于解决复杂设计问题时从众多设计方案中求出最佳方案。目前，优化设计技术已较成熟，并在各类工程设计中得到广泛的应用。

2.3.1　优化设计数学模型

优化设计过程主要包含两部分内容：一是优化设计建模，二是优化模型求解。如何将一个具体的设计问题抽象成为优化设计问题，并建立符合实际要求的优化设计数学模型，这是优化设计的关键。优化设计模型建立不仅需要掌握优化设计基本理论方法，更重要的是要具有该领域的设计经验。

通常工程问题的优化设计可表述为，一组优选的设计参数在满足一系列限制条件下，使设计指标达到最优。为此，优化设计的数学模型可由设计变量、目标函数和设计约束三要素组成。

（1）设计变量　在工程设计中，为区别不同的设计方案，通常是用反映设计方案特性的若干不同参数来表示，这些参数被称为设计变量。设计变量可以是表示设计对象的形状、大小、位置等几何量，也可以是表示质量、速度、加速度、力、力矩等物理量，但设计变量必须是一组相互独立的变量，可将其按一定次序排列起来组成一个列阵，即

$$X = \begin{pmatrix} x_1 \\ x_2 \\ \vdots \\ x_n \end{pmatrix} = \begin{pmatrix} x_1 & x_2 & \cdots & x_n \end{pmatrix}^{\mathrm{T}}$$

设计变量的个数 n 称为优化问题的维数，它表示设计的自由度。设计变量越多，该设计的自由度越大，可供选择的方案也越多。但维数越高，优化问题的求解也越复杂，难度也随之增加。为此，优化设计应确定合适的设计变量，尽量减少设计变量的个数，尽可能简化优化设计的数学模型。

通常，将优化设计变量 $n = 2 \sim 10$ 的优化称为小型优化问题，$n = 10 \sim 50$ 称为中型优化问题，$n > 50$ 称为大型优化问题。设计变量可取连续变化量，也可取离散量，离散变量优化问题的求解难度和复杂性均高于连续变量的优化问题。

(2) 目标函数　每一个设计问题都有一个或多个追求的目标，它们可以用设计变量的函数来表示，称为目标函数。目标函数是评价工程设计优化性能的准则性函数，又称评价函数，可表示为

$$F(X) = F(x_1, x_2, \cdots, x_n)^{\mathrm{T}}$$

式中，$X = (x_1 \quad x_2 \quad \cdots \quad x_n)^{\mathrm{T}}$ 为设计变量。

优化设计的目的就是按照给定要求选择所需的设计变量，使目标函数达到最佳值。目标函数的最佳值可能是极大值，也可能是极小值。如求产值最大、效率最高等问题属于求目标函数的极大值问题，记为

$$\max F(X)$$

若求产品的重量最轻、成本最低等问题，即为求目标函数的极小值问题，记为

$$\min F(X)$$

为了优化算法与处理程序的统一，可将目标函数规格化为求极小化问题，即

$$\min F(X) = -\max F(X)$$

在工程优化设计中，所追求的目标可能多种多样。当目标函数只包含一项设计指标时，被称为单目标优化；若目标函数包含多项设计指标，则称为多目标优化。单目标优化设计由于指标单一，易于评价设计方案的优劣，求解过程简单明确；而多目标优化比较复杂，多个指标相互间可能产生冲突，很难或者不可能同时达到极小值。

多目标优化问题的求解，常常是将其中一些优化目标转化为约束函数或通过线性加权方式，使之变为单一目标优化问题，即

$$F(X) = w_1 f_1(X) + w_2 f_2(X) + \cdots + w_q f_q(X)$$

式中，$f_1(X)$，$f_2(X)$，$\cdots$，$f_q(X)$ 为 q 个优化目标；w_1，w_2，$\cdots$，w_q 为各目标量的加权系数。

经上述处理，可将多目标优化转化为单目标优化问题的求解，简化了计算求解的难度。当然，这是以牺牲优化求解的精度为代价的。

正确地建立目标函数是优化设计的一个重要环节，它不但直接影响优化设计的质量，而且对整个优化计算的繁简难易也会有一定的影响。因此，设计人员在建立目标函数时应认真分析设计对象，深入理解设计意图，精通相关的专业知识，不断总结设计经验，使优化目标函数真正反映设计要求。

(3) 设计约束与可行域　优化设计不仅要求优化对象的设计指标达到最佳值，同时还必须满足一些附加的设计条件，限制设计变量的取值范围，这些限制条件被称为设计约束。

设计约束有不等式约束和等式约束两种不同类型。其中不等式约束为

$$g_u(\boldsymbol{X}) \leqslant 0 \quad \text{或} \quad g_u(\boldsymbol{X}) \geqslant 0 \quad u = 1, 2, \cdots, m$$

式中，m 为不等式约束的个数。

等式约束为

$$h_v(\boldsymbol{X}) = 0 \quad v = 1, 2, \cdots, p \quad p < n$$

式中，p 为等式约束个数。

由于设计约束的存在，在整个设计空间范围内被分为可行域和非可行域两个不同的区域。所谓可行域是指设计变量所允许取值的设计空间，在该区域内满足设计约束条件；而非可行域是不允许设计变量取值的空间。如图 2-8 所示，$g(\boldsymbol{X}) = 0$ 曲线将二维设计空间划分为两个区域：$g(\boldsymbol{X}) > 0$ 区域满足设计约束，为可行域；$g(\boldsymbol{X}) < 0$ 区域则不满足设计约束，为非可行域。

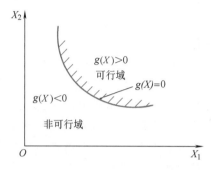

图 2-8 设计空间的可行域

（4）**优化数学模型规格化** 为便于表达和计算的方便，一般将由目标函数、设计变量和设计约束等优化问题三要素组成的数学模型写成如下规格化形式：

目标函数：$\min \boldsymbol{F}(\boldsymbol{X})$

设计变量：$\boldsymbol{X} = \begin{pmatrix} x_1 & x_2 & \cdots & x_n \end{pmatrix}^{\mathrm{T}}$

设计约束：$g_u(\boldsymbol{X}) \leqslant 0 \quad u = 1, 2, \cdots, m$

$\qquad\qquad h_v(\boldsymbol{X}) = 0 \quad v = 1, 2, \cdots, p \quad p < n$

2.3.2 优化设计步骤

优化设计过程通常包括设计对象分析、设计变量和设计约束确定、优化模型建立、计算方法选择及优化计算、优化结果分析等步骤，如图 2-9 所示。

（1）**设计对象分析** 在优化设计作业前，要全面细致地分析优化对象，明确优化设计的需求，合理确定优化目标和范围，以保证所提出的问题能够通过优化设计来实现。对众多的设计要求要分清主次，抓住主要矛盾，忽略一些对设计目标影响不大的因素，以避免优化模型过于复杂、求解困难，不能达到优化的目的。

（2）**设计变量和设计约束确定** 设计变量是优化设计时可供选择的变量，将直接影响设计结果和设计指标。选择设计变量时，应考虑：①设计变量必须是对优化设计指标有直接影响的参数，能充分反映优化问题要求；②合理选择设计变量数目，设计变量过多将使问题的求解难度加大，设计变量过少又会使设计的自由度太低，难以体现优化效果，应在满足优化设计要求的前提下尽量减少设计变量的个数；③各个设计变量应相互独立，相互间不能存在隐含或包容的函数关系。

设计约束是规定设计变量的取值范围。在通常机械设计中，往往要求设计变量必须满足一定的设计准则，满足所需的力学性能要求，规定几何尺寸范围。优化设计所确定的约束条件必须合理，约束条件过多将使优化可行域变得很小，增加了求解的难度，有时甚至难以求解到优化的目标。

（3）目标函数的建立 建立目标函数是优化问题的核心，目标函数的建立首先应选择优化的指标。在机械产品设计中常见的优化指标有最低成本、最小重量、最小尺寸、最小误差、最大生产率、最大经济效益、最优的功率需求等。目标函数应针对影响设计要求最显著的指标来建立。

若优化的目标不止一个，例如对于齿轮传动问题，要求齿轮在重量最轻的前提下实现传动功率最大，这就涉及多目标优化的问题。多目标优化要比单目标优化复杂得多，可以采用多目标优化方法进行计算处理，也可将一些不重要的优化目标转化为约束条件，使之转化为单目标优化来处理，这将大大提高求解的效率。

优化设计模型建立之后，还应注意优化模型规格化问题，包括数学表达式的规格化以及参数变量的规格化。数学表达式的规格化要求将优化模型的三要素以规范的格式书写。参数变量的规格

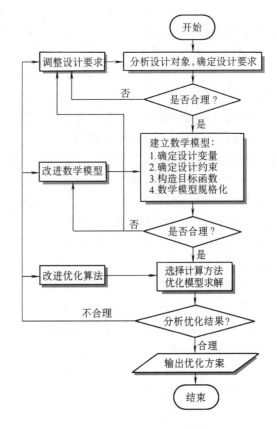

图 2-9 优化设计基本步骤

化应更多地关注数学模型中的参数量纲问题，如果参数量纲之间不能很好地匹配，将影响优化结果的收敛性、稳定性以及参数变量的灵敏度。例如，在目标函数 $F(X) = x_1^2 + 10000x_2^2$ 中，其变量 x_2 在目标函数中反应很灵敏，而 x_1 则不太灵敏，这说明该模型存在病态，若将该目标函数进行变换，设 $y = 100x_2$，使目标函数变换为 $F(x_1, y) = x_1^2 + y^2$，则变量 x_1 与 y 的灵敏度将趋于一致。

此外，不同量纲的参数在优化计算中也会有不同的灵敏比。对此，可对变量进行无量纲化处理，使表达式成为无量纲表达式，以解决量纲灵敏度问题。

（4）优化计算方法选择 当优化模型建立之后，应选择合适的优化计算方法进行优化求解。目前，已有多种成熟的优化计算方法，见表2-2。由该表可见，各种优化计算方法有着各自的特点及适用范围，选用时应考虑：①优化问题规模大小；②设计变量数目和约束特点；③目标函数性质及其复杂程度；④计算精度、经济性以及计算程序的简便性；⑤计算效率以及所占用的存储资源大小等。

表2-2 常用优化计算方法及特点

名　称		特　点
单变量	黄金分割法	简单、有效、成熟的一维直接搜索方法，应用广泛
	多项式逼近法	收敛速度较黄金分割法快，初始点的选择影响收敛效果

（续）

名　称		特　点
无约束非线性规划算法	间接法 梯度法（最速下降法）	需计算一阶偏导数，对初始点的要求较低，初始迭代效果较好，在极值点附近收敛很慢，一般与其他算法配合，在迭代开始时使用
	牛顿法（二阶梯度法）	具有二次收敛性，在极值点附近收敛速度快，但会用到一阶、二阶导数，并且要用到海色（Hesse）矩阵，计算工作量大，所需存储空间大，对初始点的要求很高
	DFP 变尺度法	具有二次收敛性，收敛速度快，可靠性较高，需计算一阶偏导数，对初始点的要求不高，可求解 $n>100$ 的优化问题，是有效的无约束优化方法，但所需的存储空间较大
	直接法 Powell 法（方向加速法）	具有直接法的共同优点，即不必对目标函数进行求导，具有二次收敛性，收敛速度快，适合于中小型优化问题（$n<30$）求解，但程序较复杂
	单纯形法	适合于中小型问题（$n<20$）的求解，不必对目标函数求导，方法简单，使用方便
有约束非线性规划算法	直接法 网格法	计算量大，适合于求解小型优化问题（$n<5$），对目标函数要求不高，易于求得近似局部最优解，也可用于求解离散变量问题
	随机方向法	对目标函数的要求不高，收敛速度较快，可用于中小型优化问题求解，但只能求得局部最优解
	复合形法	具有单纯形法的特点，适合于求解 $n<20$ 的规划问题，但不能求解有等式约束的优化问题
	间接法 拉格朗日乘子法	适合求解等式约束的非线性规划问题，求解时要解非线性方程组
	罚函数法	将有约束问题转化为无约束问题，对大中型问题的求解均较合适，计算效果较好
	可变容差法	可用于求解有约束的规划问题，适合问题的规模与其采用的基本算法有关

　　表 2-2 中的各种优化算法，在 MATLAB 数学计算软件以及其他工程分析软件系统中均有成熟的软件模块可供直接调用。

　　由于工程问题的复杂性，较多工程优化问题难以用简单的数学模型表示，或难以用常规优化计算方法求得全局最优解。为此，人们探索了遗传算法、人工神经网络法、模糊算法、小波变换法、分形几何法等许多先进的优化求解方法，取得较为理想的优化效果。

　　（5）**优化结果分析**　应用所选择的优化求解方法求得优化结果后，还需分析该结果是否符合所期望的优化设计要求，并从实际要求出发根据优化结果选择满意的设计方案。有时优化设计所求得的结果并非可行，还需要对优化设计变量以及目标函数进行调整或修正，直至获得满意的优化结果为止。

2.3.3　优化设计实例

　　例 2.1　如图 2-10 所示，有一对称的两金属管杆桁架结构，已知外部载荷 $2P=300\mathrm{kN}$，桁架跨度 $2L=1500\mathrm{mm}$，桁架高度 $H=900\mathrm{mm}$，管材弹性模量 $E=2.1\times10^{5}\mathrm{MPa}$，管材密度 $\rho=7.85\times10^{3}\mathrm{kg/m^{3}}$，管材屈服强度 $\sigma_{\mathrm{s}}=350\mathrm{MPa}$，管杆结构参数取值范围 $D=25\sim60\mathrm{mm}$，$t=3\sim8\mathrm{mm}$。试优化确定管材直径 D 和壁厚 t，要求在满足强度和稳定性条件下使整个桁架结构的重量最轻。

　　解：（1）确定设计变量　设管杆直径 D 和壁

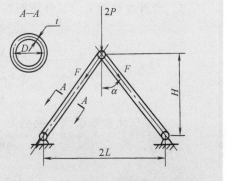

图 2-10　对称的两金属管杆桁架结构

厚 t 为设计变量，即

$$X = \begin{pmatrix} x_1 \\ x_2 \end{pmatrix} = \begin{pmatrix} D \\ t \end{pmatrix}$$

（2）确定目标函数 以该桁架结构重量 W 最轻为优化目标，即

$$\min F(X) = W = 2\pi Dt\rho\sqrt{L^2+H^2} = 0.0578Dt = 0.0578x_1x_2$$

（3）确定约束

1）管杆强度约束。管杆所承受的压应力不能大于材料的屈服强度，即 $\sigma \le \sigma_s$。压应力计算公式为

$$\sigma = \frac{F}{A}$$

式中，F 为管杆所承受的压力，$F = \dfrac{P}{\cos\alpha} = \dfrac{P\sqrt{L^2+H^2}}{H}$；$A$ 为管杆的截面面积，$A \approx \pi Dt$。

则

$$\sigma = \frac{P\sqrt{L^2+H^2}}{\pi DtH} = \frac{62152}{Dt} = \frac{62152}{x_1x_2}$$

为此，$g_1(X) = \sigma - \sigma_s = \dfrac{62152}{x_1x_2} - 350 \le 0$。

2）管杆稳定性约束。管杆所承受的压应力不应大于管杆稳定的临界应力，即 $\sigma \le \sigma_{cr}$。管杆稳定临界应力的欧拉公式为

$$\sigma_{cr} = \frac{\pi^2 EI}{(\mu l)^2 A}$$

式中，E 为管材弹性模量；A 为管材的截面面积，$A \approx \pi Dt$；μ 为管杆长度系数，取 $\mu = 1$；l 为管杆长度，$l = \sqrt{L^2+H^2}$；I 为管杆截面惯性矩，$I = \dfrac{\pi(D_1^4 - D_2^4)}{64} \approx \dfrac{\pi D^3 t}{8}$。

则

$$\sigma_{cr} = \frac{\pi^2 ED^2}{8(L^2+H^2)} = 0.189D^2 = 0.189x_1^2$$

为此，$g_2(X) = \sigma - \sigma_{cr} = \dfrac{62152}{x_1x_2} - 0.189x_1^2 \le 0$。

3）管杆参数约束。管杆结构参数应在给定的取值范围，即

$$\left.\begin{array}{l} g_3(X) = t - 3 = x_1 - 3 \ge 0 \\ g_4(X) = 8 - t = 8 - x_1 \ge 0 \\ g_5(X) = D - 25 = x_2 - 25 \ge 0 \\ g_6(X) = 60 - D = 60 - x_2 \ge 0 \end{array}\right\}$$

（4）规范化数学模型 模型为

$$\min F(X) = 0.0578x_1x_2$$

$$\text{s. t.} \quad g_1(X) = \frac{62152}{x_1x_2} - 350 \le 0$$

$$g_2(X) = \frac{62152}{x_1 x_2} - 0.189 x_1^2 \leqslant 0$$

$$g_3(X) = 3 - x_1 \leqslant 0$$

$$g_4(X) = x_1 - 8 \leqslant 0$$

$$g_5(X) = 25 - x_2 \leqslant 0$$

$$g_6(X) = x_2 - 60 \leqslant 0$$

（5）优化求解　本优化问题为两设计变量，六个不等式约束，属于非线性约束优化，可采用 MATLAB 优化工具箱所包含的 fmincon（）函数或其他优化软件模块进行求解。函数fmincon（）能够求解线性和非线性、等式和不等式多重约束优化问题，其求解结果为

$$x_1 = D = 42.7409\text{mm}, \quad x_2 = t = 4.1547\text{mm}$$

桁架的最轻重量为 $W = 10.2640\text{kg}$。

2.4 ■ 可靠性设计

可靠性（Reliability）是产品的重要性能特征。可靠性设计作为一个重要的现代设计方法和手段起源于 20 世纪 50 年代。经半个世纪的发展，无论是电子产品还是机械产品的可靠性设计技术已趋成熟，许多机械标准件以及机械产品的设计相继引入了可靠性指标。

2.4.1　可靠性定义及常用可靠性指标

1. 产品可靠性定义
产品可靠性通常是指产品在规定条件和规定时间内完成规定功能的能力。其中，"规定条件"包括环境条件、储存条件及受力条件等；"规定时间"是指一定的时间范围，因产品经稳定使用或储存一定时间后，其可靠性水平也会随之下降，时间越长其故障失效率将越高；"规定功能"是指产品应具备功能的全部，而不是其中的一部分。

产品的可靠性与产品的设计、制造、使用和维护过程密切相关。从本质上讲，产品可靠性水平是在产品设计阶段奠定的，它取决于产品的设计结构、材料选用、安全保护措施及维护适应性等因素；产品的制造过程是保证产品可靠性指标的实现；产品使用过程是对产品可靠性的检验；产品维护是对其可靠性的保持与恢复。

2. 常用可靠性指标
产品可靠性往往是一个抽象、定性的概念。可靠性设计需要借助于一些定量的可靠性指标来指导产品的设计过程。根据产品结构、功能以及对可靠性要求的不同，有各种不同的可靠性指标可供使用，如产品工作能力、可靠度、失效率、平均无故障时间、首次无故障时间、平均工作寿命等，其中可靠度、失效率及平均工作寿命最为常用。

（1）可靠度　可靠度是指产品在规定的工作条件和规定的时间内完成规定功能的概率。其可靠度越高，说明该产品能够完成规定功能的可靠性越大，工作越可靠。

产品可靠度通常是累积分布的时间函数，表示在规定的时间内圆满工作的产品数占全部参与

工作产品数累积起来的百分数，可用 $R(t)$ 表示。设有 N 个相同产品在相同的条件下工作，到某个给定工作时间 t 时，累积有 $N_f(t)$ 个产品失效。那么，该产品在时间 t 段的可靠度 $R(t)$ 为

$$R(t) = \frac{N - N_f(t)}{N} = 1 - \frac{N_f(t)}{N}$$

由于 $0 \leqslant N_f(t) \leqslant N$，因而 $0 \leqslant R \leqslant 1$。

（2）失效率　失效率又称故障率，表示产品工作到某时刻 t 后，在单位时间内发生故障的概率，失效率越低，产品越可靠，可用 $\lambda(t)$ 表示。其数学表达式为

$$\lambda(t) = \lim_{\Delta t \to 0} \frac{n(t+\Delta t) - n(t)}{[N - n(t)]\Delta t} = \frac{\mathrm{d}n(t)}{[N - n(t)]\mathrm{d}t}$$

式中，N 为产品总数；$n(t)$ 为 N 个产品到 t 时刻的失效数；$n(t+\Delta t)$ 为 N 产品工作到 $t+\Delta t$ 时刻的失效数。

由上述定义可知，失效率 $\lambda(t)$ 是衡量产品在单位时间内失效次数的数量指标，如 $\lambda(t) = 0.25 \times 10^{-5}/\mathrm{h}$ 表示每 10 万件产品中每小时仅允许有 0.25 个产品失效。若所考察的时间区段相同，产品的失效率 $\lambda(t)$ 与可靠度 $R(t)$ 两者关系为：$\lambda(t) + R(t) = 1$。

失效率 $\lambda(t)$ 是时间的函数，可用一条二维曲线表示，又称失效率曲线，如图 2-11 所示。不同产品其失效率曲线不尽相同，即使同样的产品由于使用条件不同其失效率曲线也可能不同。即便如此，失效率曲线通常可由三部分组成：一是早先失效期，该部分曲线往往是由于制造工艺的缺陷使部分元件很快失效，表现为较高的失效率；二是正常使用期，当存有缺陷的元件被淘汰后，产品失效率明显降低并趋于稳定，仅仅由于工作过程中一些不可预

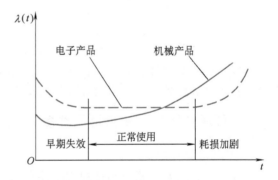

图 2-11　典型的失效率曲线

测的因素而导致产品的失效；三是耗损加剧期，产品元件经过较长时间稳定工作后，进入老化疲劳阶段，随着时间延长其耗损加剧，失效率明显提高。

（3）平均工作寿命　平均工作寿命对于可修复产品和不可修复产品有着不同的含义：对于可修复产品，其平均工作寿命是指两次故障之间的平均工作时间，记为 MTBF（Mean Time Between Failure）；对于不可修复产品，其平均工作寿命则是指从开始工作到发生失效前的平均工作时间，记为 MTTF（Mean Time To Failure）。

将 MTBF 和 MTTF 统称为平均工作寿命，记为 θ。其计算公式为

$$\theta = \frac{1}{N} \sum_{i=1}^{N} t_i$$

式中，N 对可修复产品为总故障次数，而对不可修复产品为试验品数；t_i 对可修复产品为第 i 次故障前的无故障工作时间，对不可修复产品为第 i 个产品失效前工作时间。

2.4.2　"应力-强度"可靠性设计模型

产品可靠性设计的基本任务是在研究分析故障现象的基础上，结合可靠性试验以及概率

统计分析，建立可靠性设计模型及评估方法。由于机械产品故障形式的多样性和复杂性，因而其可靠性设计模型及可靠性评估方法也是多种多样。然而，机械零部件结构强度的可靠性是机械产品设计的最基本目标，即在保证产品一定可靠前提下要求其危险断面上的最小强度不低于所作用的最大应力，否则将导致机械产品的失效。

从可靠性角度考虑，可将机械产品结构故障归结为"应力"和"强度"两个主要影响因素，从而可建立机械产品"应力-强度"可靠性设计模型。从广义上，将作用于机械零件上的应力、温度、湿度、冲击力等物理量统称为所受应力，以 Y 表示；将零件承受这类应力的能力称为强度，以 X 表示。如果零件强度 X 小于所作用应力 Y，该零件将失效，不能完成所规定的功能。若使零件在规定的时间内能够安全可靠地工作，必须满足

$$Z = X - Y \geqslant 0$$

设零件强度 X 和应力 Y 均为若干相互独立随机变量的函数，即

$$X = f_X(X_1, X_2, \cdots, X_n)$$
$$Y = g_Y(Y_1, Y_2, \cdots, Y_m)$$

其中，影响零件强度 X 的随机变量包括材料性能、结构尺寸、表面质量等，影响应力 Y 的随机变量有载荷分布、应力集中、润滑状态、环境温度等，两者具有相同的量纲。

将零件强度 X 和应力 Y 概率密度函数表示在同一坐标系中，如图 2-12 所示。由此图可见，在两者概率密度曲线之间有一个相互搭接的干涉区域，在该干涉区域内机械零件将会出现失效现象。干涉区域面积大小可表示零件失效率的高低，其面积越大失效率越高，可靠性越低；反之，失效率则越低，可靠性越高。这就是所谓

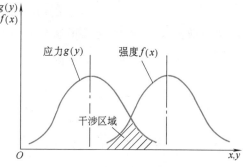

图 2-12　应力-强度概率密度分布曲线

"应力-强度"机械产品可靠性设计模型，也称为应力-强度干涉模型，依据该模型可计算零件或机械产品的失效率或可靠度。

设零件强度 X 和应力 Y 的概率密度函数分别为 $f(x)$ 和 $g(y)$，$Z = X - Y$ 为干涉随机变量，X、Y 取值分布区域均为 $(0, \infty)$。由概率论的卷积公式可得干涉随机变量 Z 的概率密度函数为

$$h(z) = \int_y f(z + y) g(y) \, \mathrm{d}y$$

若零件强度 X 取可能的最小值，即 $X = 0$，则上式积分下限为 $Z = -Y$；由于 X、Y 的上限均为 ∞，其积分上限为 $Z = \infty$。于是可得

$Z \geqslant 0$ 时

$$h(z) = \int_0^\infty f(z + y) g(y) \, \mathrm{d}y$$

$Z < 0$ 时

$$h(z) = \int_{-y}^0 f(z + y) g(y) \, \mathrm{d}y$$

实质上，干涉随机变量 $Z \geqslant 0$ 概率即为零件可靠度，$Z < 0$ 概率为失效率。那么，零件的可靠度 R 和失效率 λ 分别为

$$R = \int_0^\infty h(z)\,dz = \int_0^\infty \int_0^\infty f(z+y)g(y)\,dz\,dy$$

$$\lambda = \int_{-\infty}^0 h(z)\,dz = \int_{-\infty}^0 \int_{-y}^0 f(z+y)g(y)\,dz\,dy$$

在上两式中，若已知零件强度 X 及应力 Y 的概率分布，便可计算出相应零件的可靠度 R 和失效率 λ。现设零件强度 X 和应力 Y 均服从正态分布，其概率密度函数分别为

$$g(x) = \frac{1}{\sqrt{2\pi}\,\sigma_x}e^{-\frac{(x-\mu_x)^2}{2\sigma_x^2}}, \quad -\infty < x < \infty$$

$$g(y) = \frac{1}{\sqrt{2\pi}\,\sigma_y}e^{-\frac{(y-\mu_y)^2}{2\sigma_y^2}}, \quad -\infty < y < \infty$$

式中，μ_x、μ_y 及 σ_x、σ_y 分别为 X 及 Y 的均值和标准差。

则干涉随机变量 $Z = X - Y$ 的概率密度函数为

$$h(z) = \frac{1}{\sqrt{2\pi}\sqrt{(\sigma_x^2+\sigma_y^2)}}e^{-\frac{[z-(\mu_x-\mu_y)]^2}{2(\sigma_x^2+\sigma_y^2)}}, \quad -\infty < z < \infty$$

可见，随机变量 Z 也服从正态分布（图 2-13），其均值为 $\mu_z = \mu_x - \mu_y$，标准差 $\sigma_z = \sqrt{(\sigma_x^2+\sigma_y^2)}$。那么，零件的失效率则为

$$\lambda = P(z < 0) = \int_{-\infty}^0 h(z)\,dz = \int_{-\infty}^0 \frac{1}{\sqrt{2\pi}\,\sigma_z}e^{-\frac{(z-\mu_z)^2}{2\sigma_z^2}}\,dz$$

将上式正则化，令标准正态变量 $u = \dfrac{z-\mu_z}{\sigma_z}$，则 $dz = \sigma_z du$。当 $z = 0$ 时，$u = u_p = -\dfrac{\mu_z}{\sigma_z}$；当 $z = -\infty$ 时，$u = -\infty$。由此可得

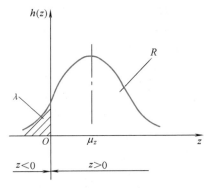

图 2-13　Z 概率正态分布

$$\lambda = \frac{1}{\sqrt{2\pi}}\int_{-\infty}^{u_p} e^{-\frac{u^2}{2}}\,du = \frac{1}{\sqrt{2\pi}}\int_{-\infty}^{-\frac{\mu_z}{\sigma_z}} e^{-\frac{u^2}{2}}\,du = \phi(u_p)$$

式中的积分上限 u_p 为

$$u_p = -\frac{\mu_z}{\sigma_z} = -\frac{\mu_x-\mu_y}{\sqrt{(\sigma_x^2+\sigma_y^2)}}$$

u_p 为零件可靠性设计的基本公式，可反映零件强度 X、应力 Y 与失效概率间的关系，也称为失效率系数。

同样，可求得零件的可靠度

$$R = 1 - \lambda = 1 - \phi(u_p) = \frac{1}{\sqrt{2\pi}}\int_{u_p}^\infty e^{-\frac{u^2}{2}}\,du = \frac{1}{\sqrt{2\pi}}\int_{-\frac{\mu_z}{\sigma_z}}^\infty e^{-\frac{u^2}{2}}\,du$$

由于正态分布是对称分布，可将上式变换为

$$R = \frac{1}{\sqrt{2\pi}}\int_{-\infty}^{\frac{\mu_z}{\sigma_z}} e^{-\frac{u^2}{2}}\,du = \varphi(u_R)$$

式中，$u_R = \dfrac{\mu_x - \mu_y}{\sqrt{(\sigma_x^2 + \sigma_y^2)}}$ 称为可靠度系数。

当零件应力和强度服从其他分布形式时，同样也可推导出相应的零件失效概率和可靠度计算公式。

例 2.2　某受拉钢丝绳，已知钢丝绳承受载荷能力以及所受载荷均服从正态分布，其承载能力为 Q（$\mu_Q = 907200$N，$\sigma_Q = 136000$N），所受载荷为 F（$\mu_F = 544300$N，$\sigma_F = 113400$N）。求钢丝绳的失效率。

解：由于钢丝绳承载能力 Q 与所受载荷 F 均服从正态分布，则

$$u_p = -\frac{\mu_x - \mu_y}{\sqrt{(\sigma_x^2 + \sigma_y^2)}} = -\frac{907200 - 544300}{\sqrt{136000^2 + 113400^2}} = -2.0494$$

查取正态分布表，可得该钢丝绳失效率为

$$\lambda = 0.02018 = 2.018\%$$

同样求得的可靠度为

$$R = 1 - \lambda = 0.97982 = 97.982\%$$

假设钢丝绳生产企业提高了钢丝绳品质，使其承载能力的标准差由 $\sigma_Q = 136000$N 降低到 $\sigma_Q = 90700$N，则

$$u_p = -\frac{\mu_x - \mu_y}{\sqrt{(\sigma_x^2 + \sigma_y^2)}} = -\frac{907200 - 544300}{\sqrt{90700^2 + 113400^2}} = -2.50$$

重新计算得到钢丝绳的失效率和可靠度分别为

$$\lambda = 0.0062 = 0.62\%$$
$$R = 1 - 0.0062 = 0.9938 = 99.38\%$$

可见，在同样的承载条件下，由于钢丝绳强度的一致性较好，标准差降低，使得钢丝绳的可靠性有了明显提高。

若采用传统安全系数法设计，由于平均安全系数 n 计算公式为

$$n = u_Q / u_F$$

对于上述两种不同的钢丝绳：$u_{Q1} = u_{Q2}$，则得出两种钢丝绳的安全性能相同的结论。

显然，可靠性设计比传统安全系数设计法更能准确地反映设计方案、参数特性及其变化规律对产品可靠性的影响。

应力-强度干涉模型是机械产品可靠性设计的一种方法，使用该模型必须已知零件强度和作用应力的分布状态。若不能获知这些随机变量，则难以使用该干涉模型，必须探索其他可靠性设计方法。

2.4.3　系统可靠性预测

系统可靠性预测是产品可靠性设计的一个重要环节，它是在系统可靠性模型以及基础单元可靠性分析基础上计算预报系统的可靠性。其目的为：①检验设计参数是否能满足所设定

的产品可靠性要求；②比较方案优劣，选择最佳设计方案；③发现影响产品可靠性的主要因素，找出薄弱环节，采取改进措施等。

任何产品或系统都是由一定数量的独立单元组成，系统的可靠性往往取决于各个单元的可靠性以及它们的组成形式。若系统各组成单元可靠度已知，则可借助于系统各单元可靠度预测系统的可靠度，计算系统的可靠性指标。

系统通常有串联、并联或混合型等不同的单元组织形式，即使各系统单元有相同的可靠度，由于其组成形式的不同，其系统可靠度可能差异很大。

1. 串联系统可靠性预测

如图 2-14 所示，若有 n 个单元组成的系统中，只要有一个单元失效，则系统就不能实现规定的功能，称这样的系统为串联系统。例如，齿轮减速器是由齿轮、传动轴、传动键、轴承和箱体等零部件组成的，从其功能关系看出，它们之中任何一个零件失效都将导致减速器不能正常工作。

图 2-14　串联系统可靠度计算框图

设在由 n 个单元组成的串联系统中，各单元的失效事件是相互独立的，各单元可靠度分别为 R_1、R_2、$\cdots$、R_n，由概率乘法定理可计算串联系统的可靠度 R 为

$$R_s = R_1 R_2 \cdots R_{n-1} R_n = \prod_{i=1}^{n} R_i$$

可见，串联系统的可靠度 R_s 与串联单元的数量 n 以及各单元的可靠度 R_i 有关。由于各个单元的可靠度均小于 1，所以串联系统的可靠度比系统中最不可靠单元的可靠度还低，并且随着单元可靠度的减小和单元数量的增加，串联系统的可靠度迅速降低。例如，一个串联系统有三个单元元件组成，其可靠度分别为：$R_1 = 0.99$，$R_2 = 0.90$，$R_3 = 0.85$，则系统的可靠度为

$$R_s = R_1 R_2 R_3 = 0.99 \times 0.90 \times 0.85 = 0.757$$

为此，为保证系统的可靠度，应尽量减少串联系统单元数，并尽可能提高各个单元的可靠度。

2. 并联系统可靠性预测

如图 2-15 所示，在由 n 个单元组成的系统中，只有所有单元全部失效的情况下系统才会失效，那么称该系统为并联系统，或冗余系统。例如，为了提高战斗机的可靠性，其动力系统往往配置有两台发动机，当其中一台发动机发生故障后另一台发动机可继续工作，这种战斗机的动力系统就是典型的并联系统。

同样，由概率乘法定理可计算并联系统的可靠度，即

$$R_s = 1 - \prod_{i=1}^{n} (1 - R_i)$$

若 $R_1 = R_2 = \cdots = R_n = R$ 时，则

$$R_s = 1 - (1 - R)^n$$

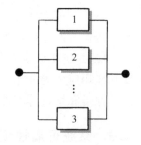

图 2-15　并联系统可靠度计算框图

设 $R = 0.95$，$n = 5$ 时，有

$$R_s = 1 - (1 - R)^n = 1 - (1 - 0.95)^5 = 0.9999996875$$

由上例可知，并联系统的单元数越多，系统可靠性越高，但系统的体积、重量及成本也随之增加。在实际的机械系统中，只有极其重要的产品或部件才采用这种纯并联系统，通过冗余单元的设置可使系统的可靠性或安全系数得到大大提高，可保证在极限条件下系统仍能可靠地工作。

3. 混合系统可靠性预测

所谓混合系统即由串联系统及并联系统组合而成的系统。混合系统的可靠度计算，可将系统中纯并联的同组单元转化为一个等效串联单元，然后再按照串联系统的可靠度进行计算。

如图 2-16 所示的 2K-H 行星齿轮减速器是一个典型的混合系统，其中的三个行星轮其结构和功能相同，可看作是一个小并联系统串联在其他传动元件中。若不考虑传动轴、轴承和传动键等零件的可靠度，可将该行星减速器简化为图 2-17 所示的混合系统。

在图 2-17 中，先计算由三个行星轮所构成的并联系统可靠度，即

$$R_{222} = 1 - (1 - R_2)^3$$

然后，将图 2-17 简化得到等效串联系统（图 2-18），再计算该等效串联系便可得到行星齿轮减速器的可靠度为

$$R_s = R_1 R_{222} R_3 = R_1 \left[1 - (1 - R_2)^3 \right] R_3$$

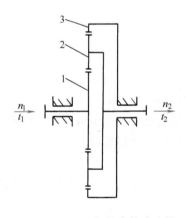

图 2-16　2K-H 行星齿轮减速器

1—中心轮　2—行星轮　3—固定齿轮

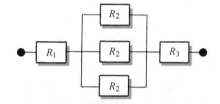

图 2-17　混合系统可靠度计算框图

图 2-18　等效串联系统可靠度框图

值得指出的是，大多实际机械工程系统往往比较复杂，不能用上述简化方法计算得到系统的可靠度，对此只能通过可靠性试验，分析其可靠度或失效率状态布尔真值表来计算系统的可靠度，这里不予详述。

2.4.4　系统可靠性分配

可靠性分配是将系统规定的可靠性指标按照一定要求分配给各个组成单元，以确定每一个组成单元的可靠度或失效率，从而使整个系统的可靠性指标得到保证。

系统可靠性分配需根据可靠性设计要求，遵循一定原则进行分配。例如：技术成熟的组成单元所分配的可靠度应高些；在系统中功能作用大、重要性高的组成单元应分配较高的可

靠度；具有同等重要性单元所分配的可靠度也应相同；根据组成单元的结构复杂程度、可维修性、工作环境优劣等因素应合理分配合适的单元可靠度等。

系统可靠性分配有等分配法、相对失效率分配法、拉格朗日乘数法等多种不同的分配方法，这里仅简要介绍等分配法、相对失效率分配法这两种最常用的分配方法。

1. 等分配法

等分配法是将系统的所有单元予以相同的可靠度进行分配，这是一种最简单的可靠性分配方法。

(1) 串联系统等分配法　设由 n 个相互独立单元组成的串联系统，若系统可靠度为 R_s，采用等分配法使各单元可靠度均为 R_i，由下式

$$R_s = \prod_{i=1}^{n} R_i = R_i^{n}$$

可得到各单元可靠度 R_i 为

$$R_i = R_s^{1/n}$$

(2) 并联系统等分配法　设由 n 个相互独立单元组成的并联系统，若系统可靠度为 R_s，采用等分配法使各单元可靠度均为 R_i，由下式

$$R_s = 1 - (1 - R_i)^{n}$$

可得到

$$R_i = 1 - (1 - R_s)^{1/n}$$

等分配法单元可靠度计算方法简单，其不足之处是没有考虑各单元在系统中的功能作用、结构特点及维护难易性等因素。

2. 相对失效率分配法

相对失效率分配法是以单元预测失效率为依据，将分配给每个组成单元的允许失效率正比于单元预测失效率。预测失效率越大，所分配得到的单元失效率也越高。具体分配步骤为：①根据现有可靠性数据资料，推测各组成单元的预测失效率；②由单元预测失效率计算确定各单元分配权系数；③按给定的系统可靠度指标及各单元的权系数，计算各单元的允许失效率。

相对失效率分配法考虑了各组成单元的原有失效率水平，相对于等分配法更为合理。

2.4.5　系统可靠性试验

可靠性试验是研究系统可靠性不可缺少的方法手段，也是可靠性设计的一个重要环节。通过可靠性试验可验证系统或产品是否达到可靠性设计要求，定量评价系统的可靠性指标，通过对样品失效试验分析，可揭示系统的失效原因及其薄弱环节，制定相应措施以进一步提高系统的可靠性。

系统可靠性试验通常有如下几种不同的类型。

(1) 可靠性环境试验　对系统环境温度、湿度、冲击、振动、含尘量、腐蚀介质等环境条件进行可靠性影响试验，以确定系统环境可靠性指标。这种试验常用于一些作业条件十分苛刻的机械系统或产品，如采挖机械、矿山机械、粮食加工机械、运输机械等。

(2) 寿命试验　寿命试验是在实验室条件下模拟系统或产品的实际工况，试验确定系统的平均寿命，测定系统的应力-寿命等特征曲线。寿命试验不但可以用来推断、估计系统

在实际使用条件下的寿命指标，还可以分析系统失效机理，考核产品结构的可靠性和制造工艺水平。

（3）现场使用验证试验　为了尽量使试验条件与实际使用状态相同，常常在现场条件下对产品进行可靠性验证，以验证产品的寿命数据，尽量创造最恶劣现场条件来考验系统的工作能力。例如，汽车样车在批量投产前，专门挑选甚至在特意修筑的恶劣道路上进行试车试验。

2.5 ■ 价值工程

价值工程（Value Engineering，VE）是以功能分析为核心，以提高产品价值为目的的一种有组织的科学分析现代设计方法，对不断降低产品成本、改善产品品质有极大启迪和引导作用。

2.5.1　价值工程内涵与特征

价值工程自 20 世纪 40 年代由美国通用电气公司提出以来，在工程设计、产品研发、工业生产和企业管理等方面得到广泛的应用，产生了巨大的经济效益和社会效益。

价值工程是以产品功能分析为核心，以提高产品价值为目的，力求以最低寿命周期成本实现产品必要功能的一种创造性设计方法。价值工程的基本思想是以最少的产品成本换取所必需的产品功能。

价值工程涉及产品价值 V、产品功能 F 以及产品寿命周期成本 C 三个基本要素，三者之间关系为

$$V = F/C$$

即某产品价值为该产品所具有的功能与获得该功能的全部费用之比。

在上述价值工程三要素中，产品价值是评价某产品有益程度的一种尺度，价值高说明该产品好处多、效益大，通俗一点也意味着"合算不合算"或"值得不值得"。树立这样一种产品价值观念，使企业能够正确处理产品质量与成本间的关系，能够生产适销对路的产品，不断提高产品的价值，使生产者和消费者都能受益。

价值工程中的功能要素，就是产品所担负的职能或所起的作用，可解释为是产品的功用、作用、效能、用途、目的等。对企业而言，产品功能就是为社会所提供的产品效用，是满足社会某种需求的一种属性，是产品使用价值的具体表现。

价值工程中的成本要素，是指实现产品功能所支付的全部费用，是以功能为对象而进行的成本核算。一个产品往往包含许多零部件，各个零部件又有各自的功能，这就需要把零部件的成本转换成产品的功能成本。这里所谓的功能成本与一般财会工作中的计算成本是有差别的，财会计算成本是用零部件数量乘以成本单价得到一个零部件的成本，再将各种零部件成本额相加以求得产品总成本。而价值工程中的功能成本，则是把每一零部件按不同功能的重要程度进行分组后累加计算的。

可见，价值工程的实质是将技术与经济、功能与成本、企业利益与用户要求结合起来进行定量分析的一种现代设计方法，以达到提高产品使用价值的目的。其主要特征有：

1）价值工程将产品价值、功能与成本三要素有机结合，尽可能提高产品功能和价值，

降低产品成本。

2) 由于影响产品价值因素较多，产品功能难以准确界定，产品价值不易定量计量，因此价值工程是一种以功能分析为核心的现代设计方法。

3) 价值工程是以市场需求、功能指标和产品成本等已有资料为基础，以产品不断改进和创新为其根本目标。

4) 通过"价值等于单位成本的功能"定义，价值工程将技术和经济两者有机结合，克服传统设计方法普遍存在的技术与经济相互脱节的缺陷。

5) 价值工程涉及面较广，需要不同部门以及不同专业人员相互配合，准确进行产品的功能评价和成本计量，以降低产品单位成本。因此说，价值工程是一种有组织的现代设计方法。

2.5.2　价值工程实施程序

价值工程的实施，实际上是一个不断发现矛盾、分析矛盾和解决矛盾的过程，通常围绕如下七个逻辑问题展开：①这是什么？②它是干什么用的？③它的成本是多少？④有没有实现同样功能的新方案？⑤新方案能满足功能要求吗？⑥新方案成本是多少？⑦新方案价值怎样？

价值工程的实施程序和步骤，就是按照顺序回答和解决上述七个逻辑问题的过程，包括选定对象、收集资料、进行功能分析、提出改进方案、分析和评价新方案、实施新方案、评价活动成果等一系列过程。

1. 对象的选择

价值工程分析对象的选择是实施价值工程的第一步，是回答"这是什么？"问题，能否从众多规格品种的产品中准确地选择分析对象，直接关系到价值工程的实施效果。

（1）分析对象选择原则

1) 从产品功能考虑，应选择：①用户意见突出、反映强烈，不能很好满足用户要求的产品；②效率低、耗能大、噪声高的产品；③结构复杂、体积质量大、不易操作、可靠性低、可维护性差的产品；④技术落后，应用新技术可以更新换代的产品；⑤新研制功能尚不完善的产品。

2) 从产品成本考虑，应选择：①所需原材料昂贵、消耗量大的产品；②加工成本高、生产周期长的产品；③所使用材料短缺，供货难以得到保证的产品。

3) 从企业外部环境考虑，应选择：①市场需求量大，发展前景好的产品；②属于国家重点发展行业，对国民经济有重大影响，可以填补领域空白的产品；③国际市场需求量大，创汇额高的产品；④能够采用新技术，实现产品改造升级的产品。

（2）分析对象选择方法

1) 综合加权评分法。基本过程为：①对所有产品对象进行分析，找出影响产品价值的有关因素，对不同因素所构建的不同产品方案进行评分；②根据对产品价值的影响程度，确定产品方案中各因素的权重；③将不同产品方案中各因素得分与其权重相乘，计算不同产品方案的加权评分值；④以各产品方案总分值大小作为价值分析对象选择的依据。

2) ABC 分类法。当企业没有能力也没有必要对所有产品零件逐一进行价值分析时，可将产品零件分为 ABC 三类，其中 A 类零件占产品零件总数的 10%～20%，而成本却占总成本的 60%~70%；B 类零件占产品零件总数的 60%~70%，而成本仅占总数 10%~20%；其余零件为 C 类零件，其数量比例与成本比例基本相当。为此，应关注节约成本期望值最大的 A 类零件作为价值分析的对象。

3）价值系数分析法。以各零件价值系数 v_i 作为选择分析对象的依据，即

$$v_i = \frac{f_i}{c_i}$$

式中，f_i 为该零件功能系数；$c_i = C_i / \sum C_i$ 为成本系数，其中 C_i 为该零件成本，$\sum C_i$ 为产品总成本。

2. **功能分析**

功能分析是价值工程的核心，其分析结果将作为提出创新方案的依据。功能分析任务包括：①分析所选择对象的功能并将其量化；②分析各对象功能与成本之间的关系；③确定分析对象的价值高低以及改善期望值的大小。

功能分析过程又可细分为功能定义、功能整理及功能评价三个步骤。

（1）**功能定义**　功能定义就是用简明的语言对分析对象功能进行表述，说明其功能实质、功能限定范围以及与其他产品功能区别等，是回答价值工程"它干什么用的？"的问题。产品的功能具有多样性，可从不同的角度对其加以分类。

1）按功能重要程度分。有基本功能和辅助功能，所谓基本功能是产品主要、必不可少的功能，例如手表基本功能是显示时间，洗衣机基本功能为漂洗衣物；辅助功能是使产品功能更加完善或增加其特色，例如手表的夜光功能可方便人们夜晚观察时间，洗衣机的自动报警功能提醒操作者注意等。

2）按功能性质分。有使用功能和外观功能，使用功能是直接满足用户使用要求的功能，也是产品的基本功能；外观功能是对产品起美化、装饰的作用。良好的外观功能可刺激顾客购买的欲望，如和谐的造型、色彩、质地、包装等。

3）按用户需要分。有必要功能和不必要功能，凡用户需要的功能都是必要功能，否则为不必要功能，或多余功能和过剩功能，不是根据实际需要，而是盲目照搬照抄的功能。

（2）**功能整理**　功能整理是建立在功能定义及功能分类基础上进行的，其任务包括：确定产品的必要功能，兼顾辅助功能，同时考虑使用功能和外观功能，去除多余功能，调整过剩功能，明确提高产品价值的功能区域，改善对象的价值等级。

（3）**功能评价**　功能评价是回答"成本是多少？"及"价值如何？"的问题，其目的是寻求最低的功能成本，用量化手段来描述功能的重要程度和价值，找出高价值区域，确定与功能的重要程度相对应的功能成本。功能评价步骤为：①确定功能的现实成本；②采用某种方式使功能量化；③计算功能的价值；④确定功能改善的幅度；⑤按价值大小对功能对象进行排序，确定价值工程活动的首选对象。

3. **方案创新与评价**

创建新方案是回答"有没有实现同样功能的新方案？"的问题。为了改进设计，就必须提出改进方案。价值工程创始者 L. D. Miles 曾说过，要得到价值高的设计，必须有 20~50 个可选方案。提出实现某功能的各种各样的设想，逐步使其完善和具体化，形成若干在技术和经济上比较完善的新方案。

提出改进方案也是产品创新的过程，在创建新方案时应注意：①敢于打破框框，不受原

设计的束缚，完全根据功能定义从各种不同角度设想实现功能的手段；②组织不同学科、不同经验的人在一起提出改进方案，互相启发，相互触动灵感；③允许"奇思怪想"，把不同想法集中，努力使之成为创新方案，并逐步使其完善。

对所创建的新方案必须进行评价与分析，回答"新方案成本是多少？"的问题。在产品改进阶段，所形成的若干改进新方案不可能十分完善，必然有好有坏。因此，要使方案具体化，分析其优缺点，最后选出最佳方案。

方案评价要从两方面着手，从技术方面要满足用户需求、保证设计功能的实现，从经济方面要尽可能减少费用、降低制造成本。最根本的评价原则是，新方案能否提高产品价值，降低产品成本，增加经济效益。

产品成本是由产品全寿命周期各阶段成本构成，见表 2-3。不同类型的产品其成本构成比例并不相同，应根据实际情况寻求性能适宜、总成本最低、价值最优的设计方案。

表 2-3　产品成本的构成

产品寿命周期	各阶段成本	产品寿命周期	各阶段成本
设计	设计成本	装配	装配成本
加工	生产准备成本	运行	运行成本
	材料成本	维护	维护成本
	加工成本（工资、能源、折旧）		

产品设计方案对产品成本有决定性的影响，这是由于设计方案决定了产品的工作原理、结构尺寸、零部件数量和材料类型，同时也决定了产品的加工方法、工装设备和使用性能。因而，对新方案评价应注重考虑如何降低产品成本。

降低产品成本的措施包括：①精心选择产品设计方案；②在满足产品性能前提下，尽量选用价廉的材料；③遵循零件标准化、部件通用化、产品系列化原则，努力减少零件种类，扩大批量，降低生产成本；④设计合理的产品结构，以降低加工及装配成本。

4. 验证和定案

创新方案确定后，还需回答"新方案能否满足要求？"的问题，即对新方案进行验证，检验新方案的规格和条件是否合理、恰当，对新方案优缺点评价是否确切，所存在的问题有无进一步解决措施等。一旦通过对新方案验证，即可对新方案进行定案并组织方案的实施。

2.5.3　价值工程应用案例

例 2.3　某街道企业生产的台虎钳，有 100mm、125mm、150mm 和 200mm 四种不同规格。因市场竞争和原材料涨价等因素，使该企业盈利水平呈下降趋势。为此企业决定利用价值工程对现有产品进行改进设计。

（1）现有产品基本情况分析　现有台虎钳产品基本情况见表 2-4，分析可知：①该产品实际夹持力远高于部颁标准；②125mm 和 150mm 两种产品规格最大实际夹持力基本相近，说明产品规格系列设置不合理；③原材料成本占产品成本平均比例达 60% 左右，说明产品结构不太合理，耗材太多。

表 2-4　现有台虎钳产品基本情况

规格/mm	最大夹持力/N		重量/kg	成本构成比例(%)			出厂价格/元
	部颁标准	实际		材料	企业管理费用	工资	
100	20000	35000	11	61.94	22.30	15.75	40.40
125	25000	45000	21	61.24	23.25	15.50	50.40
150	30000	47000	31	59.08	25.81	15.10	70.00
200	50000	—	—	—	—	—	—

因此，可以从减少材料消耗入手对产品进行改进设计，以提高产品价值。

（2）选择分析与改进对象　经分析，目前产品总体设计尚属合理。根据产品结构可知，台虎钳 80% 以上材料是消耗在活动钳体和固定钳体上。因此，可将两钳体作为分析与改进设计对象。从产品使用调查表明，台虎钳体几乎从未出现过损坏现象，而虎脖子处则常常发生断裂，这说明产品各零件寿命不相匹配，两钳体寿命过剩。改进设计，适当降低两钳体的强度和刚度，并改进虎脖子结构，提高该处的强度和刚度，与之同时对传动丝杠也进行适当改进，以保证其强度。改进后台虎钳产品的基本情况见表 2-5。

表 2-5　改进后台虎钳产品的基本情况

规格/mm	最大夹持力/N		重量/kg	成本构成比例(%)			出厂价格/元
	部颁标准	实际		材料	运输费	工资	
100	20000	30000	9	22.66	21.76	20.50	37.50
125	25000	35000	14	33.19	26.38	23.20	47.50
150	30000	48000	20	36.06	27.14	30.64	67.00
200	50000	65000	40	—	—	—	116.00

（3）产品改进评价　产品改进设计后，在保证必要功能前提下减少了材料消耗和各项支出，降低了产品成本：①出厂价格平均降低 3 元，以年产 6 万台计算，可为用户减少支出 18 万元，提高了产品竞争力；②减少了原材料消耗和运输费用，据统计当年为企业节约费用达 55.3 万元之多。经济数据表明，该产品的改进设计是成功的。

2.6 ■ 反求工程

反求工程（Reverse Engineering，RE）是对已有产品的分析、解剖、再创新的一种现代设计方法，是缩短产品开发周期、加快产品更新换代的重要途径，已在较多领域得到普遍的应用。

2.6.1　反求工程内涵

从总体说，产品开发有两种不同的模式：一是从市场需求开发，历经功能设计、结构设计、加工制造、装配检验等过程，最终开发完成全新的市场产品，这种模式被称为正向工程

（图 2-19a）；另一是在已有产品基础上，经消化、吸收、改进、创新，使之成为更新的产品，称这种开发模式为反求工程（图 2-19b）。

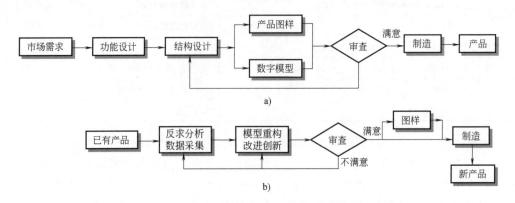

图 2-19 两种不同的产品开发模式

a) 正向工程 b) 反求工程

反求工程技术最先于 20 世纪 60 年代提出，至 90 年代开始得到真正的深化研究和广泛应用。反求工程是集测量技术、数据处理、图形处理以及现代加工技术为一体的一门综合性技术。随着计算机应用技术的发展和各项单元技术的成熟，反求工程现已成为产品快速开发的有效工具，在工程领域得到越来越多的应用。

反求工程遵循逆向思维逻辑，可采用多种不同的数据采集设备以获取反求样本的结构信息，借助于专用的数据处理软件和三维建模软件系统对所采集的样本数据进行处理和模型重构，在计算机上复现原产品样本的三维结构数据模型，通过对样本模型的分析和改进，快速设计生产加工出更新的新产品。

根据反求样本信息来源的不同，有：

（1）实物反求 信息源为产品样本的实物模型。

（2）软件反求 信息源为产品样本的工程图样、数控程序和技术文件等。

（3）影像反求 包括产品样本图片、照片或影像资料等信息源。

反求工程不同于传统的产品仿制，它所处理的对象往往比较复杂，常常包含一些复杂曲面型面，精度要求较高，采用常规仿制方法难以实现，必须在反求分析基础上，借助于先进的数据采集设备和 CAD/CAE/CAM/CAT 技术手段实施。

2.6.2 反求工程实施过程

反求工程实施过程通常可分为反求分析、再设计和加工制造三个阶段，如图 2-20 所示。

（1）反求分析 在反求工程实施过程中，首先需要对原产品的功能原理、结构形状、材料性能、加工工艺等进行全面分析，明确原产品的主要功能及其关联技术，对原产品结构特点及其不足进行评估。反求分析工作对反求工程能否实施成功至关重要，通过对反求对象相关信息的分析，可以确定反求样本的技术指标以及其结构形体几何元素间的拓扑关系。

（2）再设计 在反求分析基础上，对反求对象进行再设计，包括反求对象的数据采集、模型重构、改进创新等设计任务。

1) 样本数据采集。根据反求样本的结构特点，制订反求样本数据采集规划，选择合适的采集设备对反求样本进行数据采集。

2) 样本数据整理。对所采集的样本数据进行整理，剔除数据中的坏点，修正明显不合理的测量数据。

3) 样本模型重构。利用三维建模软件系统对所采集的样本数据进行几何结构模型重构。

4) 模型再设计。根据反求对象的功能特征，对样本结构模型进行再设计，根据产品实际功能要求进行模型结构的改进和创新。

（3）加工制造　按照改进更新的产品结构模型制造完成反求工程的新产品。

反求工程最终目的是通过对反求样本的分析、改进和创新，获得改进和提高的新产品。为此，反求工程实施过程应注意以下几点：

1) 充分分析反求对象的工作环境及性能要求，保证反求产品的精度和功能特征。

2) 根据反求样本结构特点，采用合适的数据采集工具和制造工艺，有效控制反求工程技术成本。

3) 从实际要求出发，综合考虑反求样本参数的取舍和再设计过程，尽可能提高反求工程的设计效率。

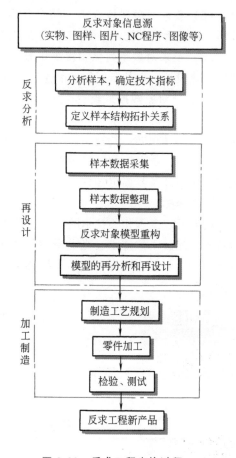

图 2-20　**反求工程实施过程**

2.6.3　反求工程的关键技术

1. 反求对象分析

反求对象分析是关系到反求工程成败的关键一步，要求根据所提供的反求样本基本信息，分析确定反求对象的功能原理、组成材料以及加工工艺等具体内容。

（1）反求对象功能原理分析　根据反求样本所具有的功能特征，分析实现这些功能特征的原理和方法，确定基于原产品而又高于原产品的原理方案，这是反求工程的技术精髓所在。

（2）反求对象材料分析　包括材料成分、材料组织结构以及材料性能检测等分析内容，可通过火花鉴别法、原子光谱分析法、红外光谱分析法等方法确定材料成分；通过材料金相分析确定材料的组织结构、晶体缺陷及晶相关系；通过材料性能试验掌握反求对象的力学性能以及磁、电、声、光、热等物理性能。

（3）反求对象精度分析　包括反求对象的结构尺寸、精度指标及技术条件等内容，应综合考虑企业的生产技术条件以及国家技术标准要求等因素。

（4）反求对象加工工艺分析　分析确定反求对象的设计基准、加工工艺和装配工艺等，以保证其性能要求以及尺寸精度、几何公差和表面质量等技术要求。

（5）反求对象建模分析 结合几何结构建模原理以及人机工程学要求等对产品结构、外形、配色等进行分析，确定反求结构模型的合理性以及使用方便性。

（6）反求对象系列化和模块化分析 在反求工程实施过程中应考虑反求产品的系列化和模块化设计，以便于组织产品生产、提高产品质量、降低生产成本。

2. 反求对象数据采集

反求对象的数据采集是反求工程的重要环节。根据反求对象信息源的不同，其数据采集的方法也不尽相同。若是实物信息源，可借助手工工具或是接触式、非接触式三坐标自动测量设备，对实物形体的结构参数进行测量采集；若是影像信息源，则需要由多张不同角度的二维影像图片及其标定参数，通过参数比对、影像匹配等图像处理技术以获得反求对象的各个空间点坐标。

随着反求工程相关技术的发展，基于各种测量原理的测量技术也在不断出现，如数字显示技术、光波干涉技术、光电摄像技术等，使测量精度及测量效率得到极大的提高。如图2-21 所示，目前实物反求中样本形体数据测量的常用方法有接触式和非接触式测量等多种形式。

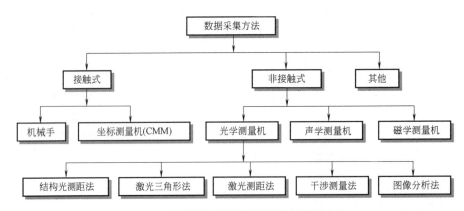

图 2-21　实物样本形体数据测量的常用方法

接触式测量是通过传感测量头与样本形体的接触而记录样本表面的坐标数值，测量精度较高，但测量效率较低，最常用的接触式测量设备是三坐标测量机（CMM）。

非接触式测量是基于光、声、电、磁等原理，将所采集的模拟信号经模数转换变为样本形体表面坐标的数字信息。例如，声学测量机是利用声波发射到被测形体表面所产生反射波的时间差来计算被测点的距离；结构光测距法是将条形光或栅格光投影到被测形体表面，通过对光反射图像的分析获得形体型面的坐标数值；激光三角法是利用光源与影像感应装置间的位置与角度来推算空间点坐标；图像分析法是利用空间点在多个图像中的相对位置，通过视差距离计算得到其坐标值等。

每种测量方法都有各自的特点，但从总体上说，基于光学的测量设备在测量精度以及速度方面具有明显的优势，目前在反求工程中应用最为广泛。

3. 反求对象的模型重构技术

对反求对象结构形体所采集的数据通常是海量的散乱数据，如何利用这些散乱数据构建反求对象的三维结构模型，将涉及模型重构技术。

目前，反求工程的模型重构有多种技术方法。其中最常用的是三角化网格模型，其原理为：在所采集的数据集中，将相互最邻近的三个坐标点连接成一个个小三角面片，再由这些众多三角面片相互连接使之成为结构形体型面，对该型面进行整理，剔除交叉、重叠、缝隙等缺陷，便完成反求对象的形体模型重构过程。其基本步骤为：

（1）数据预处理　由于所采集的原始数据包含较多无效噪声数据，需要对之进行过滤、筛选、去噪、平滑和编辑等处理，以满足模型重构的要求。

（2）网格模型生成　借助于通用商品化（或自行开发）模型重构软件系统，自动将经预处理的数据集自动生成反求对象的三角化网格模型。目前，可选用的模型重构软件系统有美国 IMAGE WARE 公司的 SURFACER、英国 DELCAM 公司的 COPYCAD、RENISHAW 公司的 TRACE 等。

（3）模型后处理　所重构的网格模型往往存在孔洞、缝隙和重叠等缺陷，需要对模型进行规范化处理。若网格模型所包含的三角面片数量较大，可在精度允许范围内对模型进行简化，以减小模型的规模。

2.6.4　反求工程应用举例

例 2.4　对鼠标样本进行反求，如图 2-22 所示，其反求过程为：①数据采集，首先采用数据采集设备对鼠标样本型面进行数据采集，得到样本型面的点云数据；②数据处理，包括对点云数据进行去噪、缺陷修补、坐标校正等；③重建曲面型面三角化模型，包括型面构建、型面光顺等；④构建三维实体模型，包括鼠标曲面型面及其他表面；⑤实物模型制造，将三维实体模型转换为 STL 格式文件，提供给快速原型机加工，得到鼠标的实物模型，以供模具开发或其他应用。

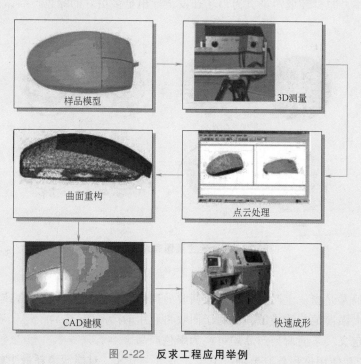

样品模型　　3D测量

曲面重构　　点云处理

CAD建模　　快速成形

图 2-22　反求工程应用举例

2.7 ■ 绿色设计

绿色设计是 20 世纪末出现的一个国际设计新潮流，旨在强调充分利用地球有限资源，保护地球环境的一种现代设计方法，现已得到人们的广泛关注和认同。

2.7.1 绿色设计概念

1. 绿色设计提出背景

人类社会在努力发展制造业和繁荣商品市场的同时，也导致了资源浪费、环境污染的严重后果，致使全球性环境恶化到了前所未有的程度，迫使人们不得不重视环境污染的现实。日益严重的生态危机要求世界各国采取共同行动保护环境，拯救人类赖以生存的地球，以保证社会经济健康持续的发展。

自 20 世纪 80 年代以来，各工业国家在环保战略上提出了一种新理念，纷纷将绿色产品、绿色设计作为全球性产业结构调整的发展方向，以促使全球制造业实现资源利用的合理化、废弃物排放的少量化、对环境无污染或少污染的战略目标。

世界主要工业化国家相继建立了绿色产品标志制度，如图 2-23 所示。凡是标志有绿色产品图案的商品，表明从生产、使用以至回收的整个过程符合环境保护要求，对生态环境无害或危害极少，可以实现资源的再生或回收利用。这种绿色产品标志制度的建立，大大提高了人们对环境保护的意识，有力促进了绿色产品的开发设计的力度。

与西方工业化国家相比，我国工业技术水平还有较大差距，工业产品还存在资源消耗大、环境污染严重、国际竞争力薄弱等问题。解决上述问题的有效途径就是加大技术投入，提高资源利用率，减少环境污染，为市场开发设计出更多更好的绿色产品，全面提高我国产品的整体技术水平。

图 2-23　世界主要国家绿色产品标识

2. 绿色产品定义

绿色产品通常是指从生产、使用乃至回收处理的各个环节对环境无害或危害极小，资源消耗最少，最大限度地节约能源，有利于回收再利用的产品。

根据上述定义，下面所列产品均可视为绿色产品。

1）在生产和使用过程具有节油、节电、节水、节气，对能源消耗最少的产品。

2）拥有尽可能少的零部件，结构简化，原材料使用合理的产品。

3）从生产、使用到回收整个生命周期都符合环境保护要求，对生态环境无害或危害小的产品。

4）使用寿命完结后，可方便分解、拆卸，可翻新再生利用的产品。

3. 绿色设计定义

绿色设计是由绿色产品所延伸的一种设计技术，也称为生态设计、环境设计。绿色设计是指在产品设计过程中，在考虑产品功能、质量、成本以及开发周期等因素时，要同时考虑该产品对资源和环境的影响，通过设计优化使产品及其制造过程对环境的总体负面影响减至最小，使产品的各项指标符合绿色环保的要求。也就是说，在产品的设计阶段就要将环境因素以及预防污染的措施纳入产品设计之中，将产品的环境性能作为设计的目标和出发点，力求产品对环境的影响为最小。

为此，可将绿色设计的核心内容归纳为 "3R-1D（Reduce、Recycle、Reuse、Degradable）"，即为低消耗、可回收、再利用、可降解的产品设计，不但要求减少资源和能源的消耗，降低有害物质的排放，而且要求产品便于分类回收，能够再生、循环或重复利用。

4. 绿色设计与传统设计方法比较

与传统产品设计方法比较，绿色设计在设计目的、设计依据和设计思想等方面均有较大区别，见表 2-6。

表 2-6　绿色设计与传统设计方法的比较

	传统设计	绿色设计
设计目的	满足市场需求，获取最大经济利益	满足市场和环境保护要求，保证可持续发展
设计依据	产品功能、质量和成本	优先考虑产品环境属性同时，保证产品功能、质量和成本要求
设计思想	较少考虑资源合理应用、环境影响以及产品回收利用	必须考虑能源消耗、资源合理应用、生态环境保护等问题，尽可能设计出低耗能、零排放、可拆卸、易回收的绿色产品

传统产品设计方法往往是以企业发展战略、获取企业自身最大经济利益为出发点，以产品功能、产品质量和产品成本为主要设计依据，很少考虑资源合理应用、环境保护以及产品回收利用等因素。而绿色设计则是在优先考虑产品环境属性的同时，保证产品功能、质量和成本等基本要求，在产品设计过程必须考虑能源消耗、资源合理应用、生态环境保护等问题，尽可能设计出低耗能、零排放、可拆卸、易回收的绿色产品。

为此，绿色设计将产品全生命周期的设计、制造、使用和回收等各环节作为一个有机整体，在保证产品基本功能要求同时，充分考虑资源和能源的合理利用，考虑环境保护以及劳动者保护等问题，不仅要求满足消费者需要，更要实现 "预防为主、治理为辅" 的环境保护策略，从根本上实现环境和劳动者保护以及资源、能源的优化利用，如图 2-24 所示。

2.7.2　绿色设计主要内容

绿色设计从产品材料的选择、加工流程的确定、加工包装、运输销售等全生命周期都要考虑资源的消耗和对环境的影响，以寻找和采用尽可能合理优化的结构和方案，使资源消耗

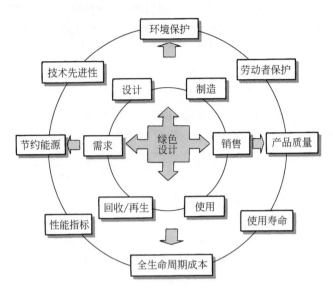

图 2-24　绿色设计的目标要求

和对环境负面影响降到最低。为此，绿色设计的主要内容包括：

（1）绿色产品描述与建模　全面准确地描述绿色产品，建立绿色产品评价模型，这是绿色设计的关键所在。例如，家电产品现已建立了环境、资源、能源、经济属性和技术性能等指标的评价体系。

（2）绿色设计材料选择　绿色设计要求设计人员改变传统的选材程序和步骤，材料选用不仅要考虑产品的使用性能和要求，更需考虑环境的约束准则，了解所选择的材料对环境的影响，尽可能选用无毒、无污染、易回收、可重用、易降解材料。

（3）可拆卸性设计　传统设计多考虑产品的可装配性，很少考虑产品的可拆卸性。绿色设计要求将可拆卸性作为产品结构设计的一项评价准则，使产品在使用报废后其零部件能够高效、不加破坏地拆卸，有利于零部件的重新利用和材料的循环再生。产品结构千差万别，不同产品的可拆卸性设计不尽相同，总体说，可拆卸性设计原则包括：①简化产品结构，减少产品零件数目，以减少拆卸工作量；②避免有相互影响的材料组合，以免在材料间相互污损；③结构上易于拆卸，易于分离；④实现零部件标准化、系列化和模块化，减少产品结构的多样性。

（4）可回收性设计　产品设计时应充分考虑产品各零部件回收再生的可能性以及回收处理方法和回收费用等问题。可回收性设计原则为：①避免使用有害于环境及人体健康的材料；②减少产品所使用的材料种类；③避免使用与循环利用过程不兼容的材料；④使用便于重用的材料和零部件。

进行可回收性设计时，采用便于回收利用的产品结构，应对可回收材料进行标志，说明回收处理的工艺方法，并对产品可回收的经济性进行分析与评价。

（5）绿色产品成本分析　与传统成本分析不同，绿色产品成本分析应考虑污染物的处理成本、产品拆卸成本、重复利用成本、环境成本等，以实现经济效益与环境质量双赢的目的。

（6）绿色设计数据库建立　绿色设计数据库是一个庞大复杂的数据库，该数据库对产品设计过程起到举足轻重的作用，包括产品全生命周期与环境、经济有关的一切数据，如材料成分、各种材料对环境的影响、材料自然降解周期、人工降解时间及费用，以及制造、装配、销售、使用过程中所产生的附加物数量及其对环境的影响，环境评估准则所需的各种评判标准等。

2.7.3　绿色设计基本准则

与传统设计相比，绿色设计应遵循如下的设计准则：

（1）资源最佳利用准则　从可持续发展理念考虑资源的选用，尽可能选用可再生资源，在产品整个生命周期最大限度地利用资源。

（2）能量消耗最少准则　尽可能选用太阳能、风能等可再生清洁能源，力求在产品整个生命周期能源消耗最少，减少能源的浪费。

（3）"零污染"准则　彻底摒弃"先污染、后治理"传统环境治理理念，实施"预防为主、治理为辅"的环境保护策略，产品设计时必须充分考虑如何消除污染源，尽可能地做到零污染。

（4）"零损害"准则　确保产品在生命周期内对生产者以及使用者具有良好的保护功能，产品设计时不但要从产品的制造、使用、质量和可靠性等方面保护劳动者，而且还要从人机工程学和美学角度避免对人体身心健康造成危害，力求将损害降低到最低程度。

（5）技术先进准则　设计者应了解相关领域最新技术发展，采用最先进技术提高产品的绿色化程度。

（6）生态经济效益最佳准则　绿色设计不仅要考虑产品所创造的经济效益，更需从可持续发展理念出发考虑产品在全生命周期对生态环境和社会所造成的影响。

人类社会的发展，特别是工业化进程的推进和城市规模的扩大，所造成的环境污染、生态破坏、资源枯竭已经严重危及人类的生存和社会可持续发展。绿色设计顺应了历史的发展趋势，强调了资源的有效利用，减少废弃物的排放，追求产品全生命周期对环境污染的最小化、对生态环境的无害化。绿色设计必将成为人类实现可持续发展的有效方法和手段。

2.7.4　绿色产品案例

案例 1：超声波洗衣机。传统洗衣机通常是由电动机驱动波轮或滚筒转动，带动衣物上下左右不停地翻转，通过使衣物与桶壁间柔和撞击实现去污清洗作用，但存在水资源和能源消耗较大、噪声污染以及清洗剂对环境污染等缺陷。超声波洗衣机（图 2-25）是利用超声波所产生的具有上千个大气压无数小气泡的"空化"作用所形成冲击波冲击衣物，从而达到清洗净化的目的，可节省 50% 电源，减少 50% 用水量，大大减少清洗剂用量，有效减轻了对环境污染程度。

案例 2：太阳能无线键盘。罗技（Logitech）公司推出了世界上第一款太阳能无线键盘（图 2-26），通过太阳能光电板可接收太阳光或普通灯光为其充电，一次充满电后可以在黑暗环境下连续工作长达 3 个月之久，键盘采用可回收塑料制成，在保证产品质量和寿命的同时，充分体现了该产品节能、环保的理念。

案例 3：可回收材料衣夹。美国 EKCO HouseWares 公司经过包括弹性、硬度、载重、加工、抗氧化以及成本等多次测试，设计出一款可回收材料衣夹（图 2-27）。该衣夹使用单一可回收高分子材料 LDPP，一次注塑成型，结构简易、造型新颖，除了具有夹衣服功能之外，还可夹浴室布帘等物件，满足使用者的需要，可称为一件成功的绿色商品。

图 2-25　超音波洗衣机

图 2-26　太阳能无线键盘

图 2-27　可回收材料衣夹

本章小结

　　现代设计技术是对传统设计技术的继承和发展，是一门多学科交叉、综合性、基础性的技术集群。

　　计算机辅助设计作为现代设计的主体技术，可辅助完成产品建模、工艺设计、装配设计、工装设计、数控编程、模拟仿真等设计任务。产品建模是产品信息产生的源头，产品建模技术经历了二维图样、二维图样+三维实体模型、MBD 模型三个发展阶段。MBD 模型是将产品所有信息完全在三维实体模型上进行定义，能够更好地表达产品设计思想和意图，使产品设计与制造过程的信息交换更加直接、高效和准确。

　　优化设计过程是一种设计寻优的过程，是在设计对象分析的基础上，建立由设计变量、设计约束和目标函数三要素组成的优化设计模型，根据优化设计模型性质和约束特征选择合适的优化求解方法，并对求解结果进行评价分析，最终确认优化的设计方案。

　　产品可靠性设计是在分析产品故障现象的基础上，建立可靠性设计模型，以分析评估产品的可靠性水平。应力-强度干涉模型是机械产品可靠性设计的常用模型，可根据产品强度和作用应力的分布状态计算产品的失效率和可靠度。可根据单元可靠度预测系统的可靠度，也可根据系统可靠度进行各单元可靠度的分配。

　　价值工程是以功能分析为核心，以提高产品价值为目的的一种有组织的科学分析设计方法，涉及产品价值、功能和寿命周期成本三要素。价值工程实施过程是一个发现矛盾、分析矛盾和解决矛盾的创新过程。

　　反求工程是对已有产品进行分析、解剖、再创新的一种现代设计方法，涉及反求对象分析、反求对象数据采集、反求对象模型重构等关键技术。

　　绿色设计是在考虑产品功能、质量、成本等基本要素的同时考虑该产品对资源和环境的影响，使产品及其制造过程对环境的负面影响最小，产品的各项指标符合绿色环保的要求，尽可能设计出低耗能、零排放、可拆卸、易回收的绿色产品。

2.1　试分析现代设计技术内涵与特征。

2.2　描述现代设计技术的体系结构。

2.3　为什么说计算机辅助设计技术是现代设计的主体技术？分析当前计算机辅助设计系统（即 CAD/CAM 集成系统）所拥有的功能作用。

2.4　分析产品建模技术发展历程，分析各个发展阶段产品数字化定义的具体技术及其优缺点。

2.5　何谓 MBD 模型？分析 MBD 模型的技术特点。

2.6　描述优化设计模型。分析优化设计模型三要素及其规格化形式。

2.7　试分析优化设计过程与步骤。

2.8　分析可靠性设计作用。其有哪些常用可靠性指标，含义是什么？

2.9　描述应力-强度干涉模型。如何利用该模型进行机械产品可靠性设计？

2.10　什么是系统可靠性预测？如何对不同组织结构型式系统进行可靠性预测？

2.11　什么是系统可靠性分配？有哪些可靠性分配方法？

2.12　简述价值工程的内涵。价值工程是如何解决实际工程问题的？

2.13　简述反求工程的内涵。分析反求工程具体实施步骤。

2.14　绿色设计的实质内容是什么？举例说明绿色设计的基本准则。

先进制造工艺技术

第3章

机械制造工艺是将原材料通过改变其形状、尺寸和性能，使之成为成品或半成品的技术手段，是人们从事产品制造过程长期经验的总结和积累。机械制造，工艺为本。机械制造工艺是机械制造业一项基础性技术，是产品高质量、低成本生产的前提和保证。制造工艺水平的高低也是衡量一个企业乃至一个国家制造能力和市场竞争力的重要标志。

内容要点：

本章在分析机械制造工艺内涵以及先进制造工艺进步与发展基础上，分别介绍材料受迫成形、材料去除成形以及材料堆积成形等不同类型的先进制造工艺技术，同时还就近年来发展起来并逐步成熟的表面工程、微纳制造、仿生制造以及再制造等新型制造工艺进行了叙述。

3.1 ■ 概述

3.1.1　机械制造工艺流程及其分类

图 3-1 所示为机械产品常见的制造工艺流程，包括原材料及能源供应、毛坯制备、机械加工、材料改性处理、装配检测等各种不同的组成环节。通常，可将一个机械产品的制造工艺过程分为如下三个阶段：

（1）毛坯制备阶段　可采用切割、焊接、铸造、锻压等不同工艺完成零件毛坯的制备。

（2）机械加工成形阶段　一般采用车、铣、钻、镗、磨等切削加工以及电火花、电化学等特种加工工艺手段，加工出满意的产品结构和尺寸精度要求。

（3）表面改性处理阶段　通过热处理、电镀、化学镀、热喷涂、涂装等表面改性和处理工艺，获得产品零件表面所需的物理和化学性能。

然而，在许多现代产品制造工艺中，上述三个阶段逐渐变得模糊、交叉，甚至合而为一，如粉末冶金、注射成型、增材制造等工艺过程，则是将毛坯制备与加工成形过程合而为一，可直接将原材料转变为半成品甚至成品的制造过程。

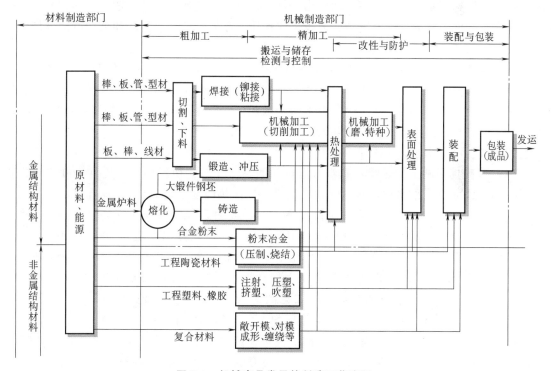

图 3-1　机械产品常见的制造工艺流程

机械制造工艺实质上是通过不同的生产工具完成产品结构的成形过程。因此，从材料成形学角度可将各种不同的机械制造工艺分为如下三种不同类型：

（1）材料受迫成形　利用材料的可成形性，通过特定的边界约束和外部载荷的作用，完成材料的成形过程。如铸造、锻压、粉末冶金以及高分子材料注射成型等工艺，均借助于模具型腔边界的约束和一定外力的作用，迫使材料变形以获得所需要的结构形状。

（2）**材料去除成形**　有序地从基体材料中逐步去除部分多余材料的一种成形工艺方法，如车削、铣削、刨削、磨削等利用机械能完成的切削加工工艺，以及如电火花加工、电化学加工、激光切割加工等利用电、化学、光声、热等非机械能的特种加工工艺，最终获得满意的零件结构形状与尺寸要求。

（3）**材料堆积成形**　又称增材制造，是通过连接、合并、添加等工艺手段，将材料有规则地逐渐堆积形成所需的产品结构，如焊接、粘接以及近年来发展起来的快速成型、增材制造工艺等。

本章将分别介绍材料受迫成形（第3.2节）、基于机械能的切削加工材料去除成形（第3.3、3.4节）、基于非机械能的特种加工材料去除成形（第3.5节）、材料堆积成形（第3.6节）以及近年来发展起来并逐步成熟的表面工程、微纳制造、再制造、仿生制造等新型制造工艺方法。

3.1.2　先进制造工艺的产生和发展

随着科学技术的进步和市场竞争的需要，制造工艺技术也得到快速的发展。尤其近半个世纪以来，伴随着计算机技术、微电子技术以及网络信息技术在制造工艺技术上的应用，传统制造工艺得到不断改进和提高，涌现出一批先进制造工艺技术，使制造业整体技术水平提升了一个新高度，有力促进了制造工艺技术向优质、高效、低耗、洁净和灵活方向发展。

制造工艺技术进步与发展具体表现为：

（1）**纳米级机械加工精度**　18世纪蒸汽机气缸加工所用的镗床精度仅为1mm；19世纪末机械加工精度为0.05mm；20世纪初由于千分尺和光学比较仪问世，使机械加工精度开始向微米级过渡；到20世纪50年代实现了微米级加工，可达到0.001mm加工精度；进入21世纪后，可实现纳米级加工，甚至实现了几个纳米的加工精度，如7nm芯片制造。预计在不远的将来，可实现原子级的加工精度。

（2）**超高速切削加工速度**　随着刀具材料的不断变革，切削加工速度在100多年内提高了一百至数百倍。20世纪前碳素钢切削刀具，其耐热温度不足200℃，所允许的切削速度最高仅为10m/min；20世纪初采用了高速钢刀具，其耐热温度为500～600℃，切削速度为30～40m/min；20世纪30年代，硬质合金刀具的应用，其耐热温度达到800～1000℃，切削速度提高到数百米每分钟；随后，相继使用了陶瓷刀具、金刚石刀具和立方氮化硼刀具，其耐热温度均在1000℃以上，切削速度可高达数千米每分钟，如图3-2所示。

（3）**新型工程材料的应用推动制造工艺的进步**　超硬材料、超塑材料、高分子材料、复合材料、工程陶瓷、非晶与微晶合金等新型工程材料的应用，有力推动了制造工艺的进步：一方面要求加工刀具和机床设备性能的改进，使之满足新型工程材料切削加工的要求；另一方面推进了新工艺的研发力度，使新工艺更有效地适应新型工程材料的加工要求，如电火花加工、电解加工、超声波加工、电子束加工、离子束加工和激光加工等，这些新型加工工艺的出现为制造业增添了无限的生机和活力。

（4）**制造工艺装备转向数字化和柔性化**　由于计算机技术、微电子技术、自动检测和控制技术的应用，使制造工艺装备转向数字化和柔性化，有效提高了机械加工的效率和质量。

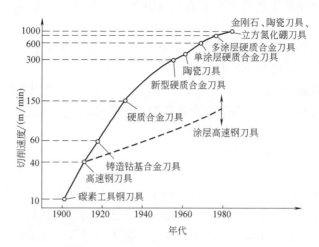

图 3-2　切削速度随刀具材料变更而提高

　　（5）材料成形向少余量、无余量方向发展　随着人们对资源和环境意识的提高，最大限度地利用资源，减少资源消耗，要求材料成形工艺向少切削、无切削方向发展，使成形毛坯接近或达到零件最终尺寸要求，稍加磨削或打磨后即可参与装配。为此，出现了熔模铸造、精密锻造、精密冲裁、冷温挤压、精密焊接和精密切割等新型材料精密成形工艺。

　　（6）优质清洁表面工程技术形成　表面工程是通过表面涂覆、表面改性、表面加工以及表面复合处理改变零件表面的形态、化学成分和组织结构，以获取与基体材料不同性能要求的一项工程应用技术，如电刷镀、化学镀、气相沉积、热喷涂、化学热处理、激光表面处理、离子注入等都是最近 20~30 年推出的一系列表面工程处理技术。这些表面工程技术的出现对节约原材料、提高产品性能、延长产品使用寿命、装饰环境、美化生活等发挥了重大的作用。

　　（7）新型成形工艺的产生与应用　近年来，随着数字技术、信息技术以及控制技术的快速发展，不断推出众多新型成形工艺，如多点成形、数控渐进成形、金属喷射成形、快速原型、增材制造等。多点成形是采用多个离散模具代替整体模具实现数字化成形的一种工艺方法；数控渐进成形是通过数控设备对板材零件实施逐点成形的一种柔性成形工艺；金属喷射成形是将熔融的金属液流雾化为细小熔滴，在高速气流驱动下快速飞行至成形面并冷却凝固，逐步沉积成为金属坯件的一种工艺方法；快速原型和增材制造则采用材料逐层堆积工艺完成金属和非金属材料直接成形的工艺技术。这些新型成形工艺的发展和应用，大大加速了产品设计与制造进程，缩短产品开发周期。

3.1.3　先进制造工艺技术特点

　　无论从经济技术还是从社会效益角度，都可清晰地看出，先进制造工艺具有优质、高效、低耗、洁净和灵活的特点。

　　（1）优质　以先进制造工艺生产加工的产品，质量高、性能好、尺寸精确、表面光洁、组织致密、无杂质缺陷，使用性能好、使用寿命和可靠性高。

　　（2）高效　与传统制造工艺比较，先进制造工艺可极大地提高劳动生产率，大大降低了操作者的劳动强度和生产成本。

（3）低耗　先进制造工艺可大大节省原材料和能源的消耗，提高了人类有限自然资源的利用率。

（4）洁净　应用先进制造工艺可做到少排放或零排放，减轻了生产过程对环境污染的压力，符合日益增长的环境保护要求。

（5）灵活　能快速地对市场和生产过程的变化以及产品设计内容的更新做出反应，可实现多品种柔性灵活生产，适应多变的产品消费市场需求。

3.2 ■ 材料受迫成形工艺技术

材料受迫成形是指在特定边界和外力约束条件下的材料成形方法，如铸造、锻压、粉末冶金和高分子材料注射成形等均属于材料受迫成形工艺范畴。传统材料受迫成形工艺通常存在劳动量大、作业条件差、环境污染严重等问题。随着大量先进受迫成形工艺的出现，该领域的生产面貌发生了根本的改变，并朝着高效率、高精度、低成本、洁净成形方向发展。

3.2.1　精密洁净铸造成形技术

铸造是利用液态金属成形的一种工艺方法，至今仍是生产复杂结构零件毛坯的主要工艺方法。相对于传统铸造工艺而言，先进铸造工艺特征为：①熔体洁净、组织细密、表面光洁、尺寸精密，可减少原材料消耗，降低生产成本；②便于实现工艺过程自动化，缩短生产周期；③改善劳动环境，使铸造生产绿色化；④保证铸件毛坯机械性能，可达到少切削、无切削的目的。

这里仅介绍精密铸造、绿色铸造以及铸造过程计算机仿真几种先进铸造工艺技术。

1. 精密铸造成形技术

迄今为止，能够获取精确铸件的工艺技术主要有：

（1）精确砂型铸造　传统铸造工艺主要采用黏土砂造型，其铸件质量差、生产效率低、劳动强度大、环境污染严重。随着对铸件的尺寸精度、表面质量要求的提高，自硬树脂砂造型工艺得到普遍应用。自硬树脂砂具有高强度、高精度、高溃散性特点，适合于各种复杂中小型铸件和型芯的制作，可用于小于 2.5mm 壁厚的缸体、缸盖、排气歧管等复杂结构铸件的生产。

（2）高紧实砂型铸造　高紧实率砂型可提高铸型强度、硬度和精度，可减少金属液浇注以及凝固时的铸模型壁的移动，降低金属消耗，减少铸件缺陷及废品率。高紧实率砂型可通过真空吸

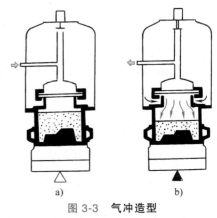

图 3-3　气冲造型

a）气冲前　b）气冲过程

砂、气流吹砂、液动挤压、气冲压实等方法获得。由于铸型紧实度的提高，可使铸件精度、表面粗糙度提高 2~3 级，适用于大批量铸件生产。图 3-3 所示为气冲造型示意图，是以瞬时的气体冲击波致使砂型紧实。

（3）消失模铸造　消失模铸造是利用泡沫塑料作为铸造模样。由于该模样在浇注过程

中被熔融的高温浇注液气化,无须分上下模,直接在泡沫塑料模四周填充型砂,避免了由于起模以及刷涂料时所引起的砂型溃散所造成的铸件精度和表面质量缺陷。消失模铸造无需起模斜度,可获得表面光洁、尺寸精确、无飞边、薄壁的精密铸件,现已得到广泛的应用。图3-4 所示为消失模铸造的工艺过程。

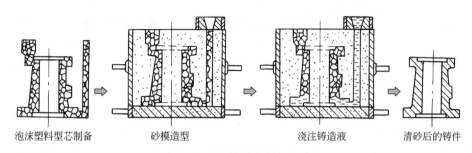

泡沫塑料型芯制备　　砂模造型　　　　　浇注铸造液　　　清砂后的铸件

图 3-4　消失模铸造的工艺过程

(4) 特种铸造技术　包括压力铸造、低压铸造、熔模铸造、真空铸造等,是以金属模、陶瓷模等模具取代砂型模具,以非重力浇注取代重力浇注,可得到尺寸精确、表面光洁、组织致密、少余量或无余量的精密铸件。这些特种铸造工艺各有特点,适用于中小型铸件的生产,除熔模铸造之外,一般用于有色金属件的铸造。图3-5 所示为金属模压力铸造工艺过程。

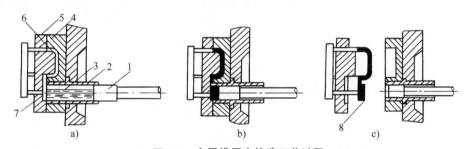

图 3-5　金属模压力铸造工艺过程

a) 合型　b) 压铸　c) 开型

1—压铸冲头　2—压铸室　3—金属液　4—定模　5—动模　6—型腔　7—浇道　8—余料

2. 清洁绿色铸造

由于日趋严格的环境与资源约束,使清洁铸造成为 21 世纪铸造生产的重要特征,其主要内容包括:

(1) 洁净能源　以铸造焦炭代替冶金焦炭,以少粉尘、少熔渣的感应炉代替冲天炉熔化,以减轻熔炼过程对空气的污染。

(2) 无砂或少砂特种铸造工艺　如熔模铸造、金属型铸造、挤压铸造等,以改善铸造作业环境。

(3) 使用清洁无毒的工艺材料　如使用无毒无味的变质剂、精炼剂、黏结剂等。

(4) 高溃散性型砂工艺　如树脂砂、改性酯硬化水玻璃砂等。

(5) 废弃物再生和综合利用　如铸造旧砂的再生回收、熔炼炉渣处理和综合利用等。

(6) 自动化作业　采用铸造机器人或机械手自动化作业,以代替人工在恶劣环境下工作。

3. 铸造过程计算机仿真

铸件质量在很大程度上取决于铸件凝固及其充型过程。由于铸造工艺的不可视性以及现场测试的困难，往往对铸造工艺所产生的铸造缺陷难以进行定性分析，铸件质量难以得到提高。

随着计算机技术的发展与应用，给铸造工艺过程仿真创造了条件。20世纪60年代初，丹麦学者Forsund首先采用计算机技术对铸件的凝固过程进行了模拟仿真，随后美、英、德、日、法等国的铸造研究人员相继开发了铸造过程计算机仿真软件，如德国的MACMAsoft、英国的Procast等软件系统，国内清华大学和华中科技大学也开发了相应的软件系统。这些计算机软件系统具有较强的铸造过程仿真功能，可在计算机上动态地显示浇铸液的流动、充填及其凝固过程，可观察由于工艺不合理而产生的铸造缺陷，可对不同铸造工艺方案进行优化选择。

铸造工艺过程仿真以及计算机辅助铸造工艺设计技术的应用，改变了传统铸造工艺设计方法和手段，提高了铸造工艺水平，使铸造这个传统产业在技术上发生了质的飞跃。

3.2.2　精密高效金属塑性成形技术

金属塑性成形是通过材料的塑性变形实现金属制品所要求的形状、尺寸和性能的机械加工方法，包括锻造、冲压、轧制、挤压等成形工艺，是最常见的毛坯制备工艺方法。伴随着商品市场的竞争，要求所提供的工件坯料越来越精确，经少切削或无切削就能达到零件的最终形状和尺寸。这种市场要求有力推动了如精密模锻、精密冲裁、超塑性成形等新工艺的产生和发展。

1. 精密模锻

精密模锻是借助于锻压模具和锻压设备，经高温模锻、低温模锻、常温模锻等工艺，锻造出形状复杂、精度要求较高的金属锻件。如图3-6所示的锥齿轮锻件，可先将原始坯料模锻成中间坯料，然后对中间坯料进行氧化皮的清理，再对齿形部分进行精密锻造成形。这样的锻件成形后无须进行切削加工，仅需进行表面磨削后便可使用，节能高效，减少了成形加工工艺环节，降低了生产成本，尺寸精度可达IT12～IT15，表面粗糙度 Ra 可达 $3.2～1.6\mu m$。

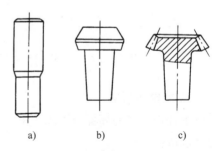

a)　　　　b)　　　　c)

图3-6　精密模锻工艺过程

a) 原始坯料　b) 普通模锻　c) 精密模锻

2. 精密冲裁

普通冲裁加工，冲裁件在压力作用下从模具刃口处产生裂纹，随后被剪切分离，其尺寸精度低、剪切面粗糙，往往满足不了精密成形的技术要求。精密冲裁是在普通冲裁工艺基础上通过对模具结构的改进来提高冲裁精度，如光整冲裁、负间隙冲裁、带齿圈压板冲裁等，其精度可达IT6～IT9级，表面粗糙度 Ra 可达 $1.6～0.4\mu m$。

（1）光整冲裁　光整冲裁是采用小圆角模具刃口和较小冲模间隙进行冲裁的一种冲裁工艺，如图3-7a所示。由于模具刃口带有圆角和极小的冲裁间隙，使易于在模具刃口处产生裂纹的板料受力状态得到改变，由拉应力变为压应力区域，从而提高了板材的塑性，利于材料从模具端面向模具侧面流动，从而消除或推迟了裂纹的发生，使冲裁件呈纯塑性剪切而形成光亮的剪切断面。对于光整冲裁，其凸凹模间隙一般取为板材厚度的 0.5%，圆角半径 0.05~0.1mm。需注意的是，若为落料冲裁，其凹模刃口应带有小圆角，凸模为通常结构；若为冲孔加工，其凸模刃口带小圆角，而凹模为通常结构型式。

（2）负间隙冲裁   负间隙冲裁时，其凸模尺寸大于凹模的型腔尺寸，其冲裁间隙为负值，如图 3-7b 所示。在负间隙冲裁时，冲裁件所出现的裂纹方向与普通冲裁方向相反，形成一个倒锥形毛坯。当凸模下压时，该倒锥形毛坯被迫压入凹模内，相当于对毛坯进行了一次修整过程。因此，负间隙冲裁可认为是冲裁与修整两种不同工艺的复合过程。由于凸模尺寸大于凹模尺寸，冲裁时凸模刃口不允许进入凹模型腔，而应与凹模表面保持 0.1~0.2mm 距离。此时，冲裁件已与坯料分离，但尚未全部进入凹模，需等到下一零件冲裁时，才能将它全部压入凹模。

通常，负间隙冲裁工艺仅用于铜、铝、低碳钢等低强度、高延伸率、流动性好的软质材料，其冲裁件的尺寸精度可达 IT9~IT11，表面粗糙度 Ra 可达 0.8~0.4μm。

（3）带齿圈压板冲裁   带齿圈压板的精密冲裁可直接获得剪切面光整的高精度、高质量的冲压件。与普通冲裁工艺相比，它在模具结构上多了一个齿圈压板和一个顶出杆，凸凹模间隙极小，凹模刃口带有圆角，如图 3-7c 所示。冲裁时，在凸模接触坯料之前，齿圈压板就将板材坯料压紧在凹模上，以阻止坯料在剪切区内撕裂及横向流动，同时利用顶出杆的反压力将坯料压紧，消除了应力集中，使剪切区内的材料处于三向压应力状态，提高了材料的塑性，从根本上防止普通冲裁时所出现的弯曲、拉伸和撕裂等现象，可获得光洁平整的剪切面。

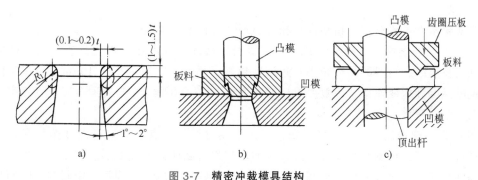

图 3-7   精密冲裁模具结构

a）光整冲裁   b）负间隙冲裁   c）带齿圈压板冲裁

3. 辊轧工艺

辊轧工艺是用轧辊对坯料进行连续变形的压力加工方法，具有生产率高、精度质量好、成本低、材料消耗少等特点，在机械制造业得到较多的应用。辊轧工艺方法较多，这里仅简要介绍辊锻轧制和辗环轧制工艺。

辊锻轧制是使坯料通过装有圆弧模块的一对旋转轧辊所产生受压变形的一种成形工艺方法（图 3-8），既可作为模锻的制坯工序，又可直接用于锻件成形，适合于扁平断面的长杆件成形，如扳手、链环、连杆、叶片零件等。

辗环轧制通常是用来扩大环形坯料的外径和内径的轧制方法。如图 3-9 所示，驱动辊由电动机驱动旋转，利用摩擦力使坯料在驱动辊和芯辊之间受压变形。驱动辊由液压缸推动可做上下移动，以改变驱动辊与芯辊间的距离，满足坯料厚度的变化。此图中的导向辊用于坯料的运送，信号辊用于控制坯料直径大小，一旦坯料接触到信号辊，表示坯料直径已达到设定要求，将立即停止驱动辊工作。

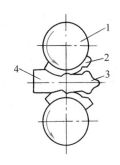

图 3-8　辊锻轧制

1—轧辊　2—模块　3—工件　4—坯料

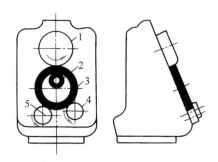

图 3-9　辗环轧制

1—驱动辊　2—芯辊　3—坯料　4—导向辊　5—信号辊

4. 超塑性成形

超塑性是指金属材料在一定的内部组织条件（如晶粒形状及尺寸、相变等）和外部环境条件（如温度、应变速率等）下呈现异常低的流变抗力、异常高的延伸率。一般金属材料的延伸率都比较小，黑色金属延伸率通常不大于 40%，有色金属也不超过 60%。若某种材料延伸率超过 100% 则称该材料为超塑性材料。目前，已知的超塑性材料有锌合金、铝合金、铜合金、钛合金和高温合金等，其最大延伸率可达 1000%，有的甚至高达 2000% 之多。

金属超塑性主要有细晶超塑性和相变超塑性两种不同类型。

（1）细晶超塑性　又称组织超塑性或恒温超塑性，其内在条件为具有均匀、稳定的细晶等轴晶粒组织，材料的晶粒越小其超塑性越好，晶粒尺寸通常小于 $10\mu m$；外在条件为某个恒定的温度和应变速率，一般要求应变速率为 $10^{-2} \sim 10^{-4} s^{-1}$，与普通金属应变速率相比至少要低一个数量级。

（2）相变超塑性　又称环境超塑性，是指在材料相变点上下进行温度循环变化，同时对试样进行加载，得到微小变形，经多次循环积累得到所需的大变形。相变超塑性不要求微细的等轴晶粒，但要求变形温度频繁变化，这使实际工程应用受到了一定限制，因而目前研究和应用较多的是细晶超塑性。

由于在超塑性状态下金属材料具有极好的成形性和极小的流动应力，可在小吨位设备上实现其他成形工艺无法实现的复杂结构零件的精密成形。因而，超塑性成形工艺越来越多地在工业生产得到应用，如形状复杂的飞机钛合金构件原由几十个零件组成，采用超塑性成形工艺后可由一个零件进行整体成形实现，大大减轻了飞机构件的质量，提高结构强度，节省生产工时。

超塑性成形有超塑性等温模锻、超塑性挤压、超塑性气压成形和模压成形等工艺。对于薄板零件，超塑性气压成形应用较多。如图 3-10 所示，在板件毛坯外侧形成一个封闭的气压腔，将薄板加热到超塑性温度后，在高压气体作用下致使板料产生超塑性变形，使板料逐渐向模具内壁贴近，直至与模具完全贴合为止，所获得的成形件表面质量好、尺寸精度高，模具易于制造。

然而，由于超塑性成形要求有较好的细晶组织和恒定的成形温度，成形效率较低，致使该工艺未能得到较大范围的应用。图3-11 所示采用了热冲压与超塑性成形的复合工艺，先采用热冲压模具快速完成大部分板料的成形任务，而局部复杂结构以及难以成形的板料部位则通过超塑性气压成形工艺来完成，大大提高了成形效率，最终可获得表面质量好、精度要求高的复杂汽车覆盖件的成形加工。

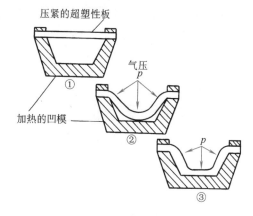

图 3-10　超塑性气压成形工艺示意图

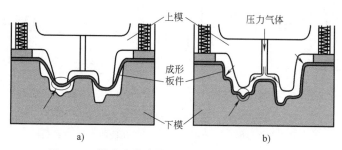

图 3-11　铝合金汽车覆盖件快速超塑性成形工艺

a）热冲压成形结束状态　b）超塑性气压成形结束状态

3.2.3　高分子材料注射成形技术

当前，高分子材料已与钢材、水泥、木材并列为四大基本工程材料之一。高分子材料常用的成形工艺有注射、挤出、吹塑、压延、压制等工艺方法，其中注射成形在高分子材料成形加工中占有大半的比例，可用于复杂结构的塑料制品生产。

高分子材料注射成形原理如图 3-12 所示，将颗粒状的高分子材料由料斗送入料筒内，再经柱塞或螺杆推进，将其送入加热区融化为流体状态，继而通过分流梭和喷嘴，将熔融的注射液注入模具型腔，待冷却凝固后打开模腔即可获得所需的成形制品。

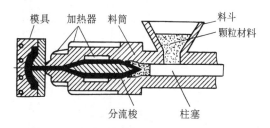

图 3-12　高分子材料注射成形原理示意图

注射成形可以制作尺寸精确、结构复杂的各类塑料制品。为了满足成形工艺需要，提高注塑件品质，近年来又推出了许多注射成形新工艺，如气辅成形、注射压缩成形、模具滑合成形、剪切场控制取向成形等。

（1）气辅成形　在注射成形工艺过程中，由于高分子材料的流动性以及注塑件结构等原因，常常伴有充填不完全、表面缩痕及收缩翘曲等缺陷，采用气体辅助成形工艺可有效避免上述缺陷的出现。如图 3-13 所示，气体辅助成形是利用熔融塑料在模具型腔内冷却前的时间差，将具有一定压力的惰性气体迅速注入塑料成形体内，所注入的气体可在成形件壁厚较厚的部位形成空腔，可使成品件壁厚变得均匀，又迫使尚未冷却的熔融塑料充填到整个模具型腔，有效防止了注塑缺陷的出现，使制品表面平整光滑，大大提高了注塑件的表面质量。

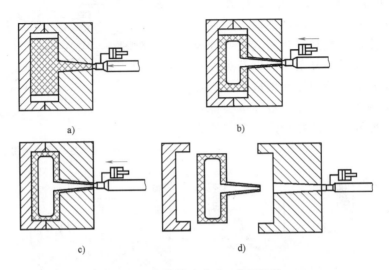

图 3-13　气体辅助成形工艺原理图

a）注入塑料熔体　b）气体穿透　c）保压冷却　d）制品脱模

（2）注射压缩成形　如图 3-14 所示，注射压缩成形工艺是使模具在保持一定开度状态下合模，然后对模具型腔进行注射充填（不完全充填），当高分子材料熔融体充填结束后，利用液压缸使模具的动模板移动至完全合模状态，此时材料熔融体因受到挤压而充满模具的整个型腔而成形。注射压缩成形可以采用较低的注射压力成形薄壁制品，适用于流动性较差且壁厚较薄的塑料制品，如 PC 塑料、纤维填充工程塑料等。

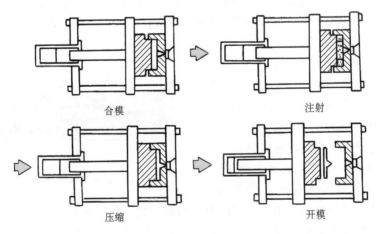

合模　　　　　　　　　注射

压缩　　　　　　　　　开模

图 3-14　注射压缩成形工艺原理图

（3）模具滑合成形　图 3-15 所示为某注塑件应用模具滑合成形工艺过程。由图 3-15 可见，首先将该注塑件一分为二，两部分分别进行注射，然后开模将两部分分开（半成品仍在模具中）并滑移至对合位置，重新闭合模具，再向两部分制品的结合缝进行注射，最后得到一个完整的中空制成品。采用这种模具滑合成形工艺，其制品表面质量好、壁厚均匀，有较高的设计自由度，常用于中空制品以及不同材料的复合体制造。

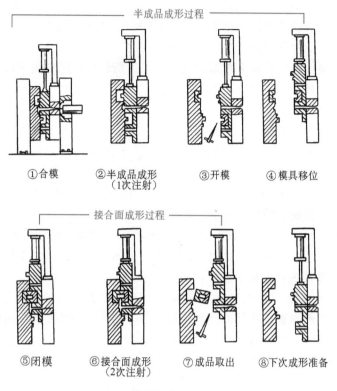

图 3-15　模具滑合成形工艺过程

（4）剪切场控制取向成形　在一般玻璃纤维或碳纤维增强性塑料制品中，其熔接痕处的增强纤维往往呈垂直于流动方向上取向，这将影响熔接痕处的强度，应用剪切场控制取向技术可有效避免这种现象的产生。其原理如图 3-16 所示，在模具上一般设有两个主流道，并在每个主流道上设置一个液压缸活塞，当熔融注射液分别沿两主流道充满模具型腔后，两液压缸活塞开始往返动作，不仅迫使熔接痕处的纤维体沿着流体流动方向取向，以提高熔接痕处的强度，还可消除制品内部的缩孔以及表面缩痕等缺陷。

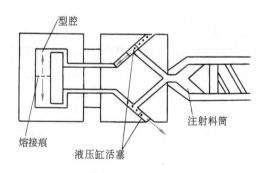

图 3-16　剪切场控制取向成形原理图

3.3 ■ 超精密切削加工技术

超精密加工是为了适应大规模集成电路、核能、航天、激光等尖端技术发展的需要，于 20 世纪 70~80 年代发展起来的一种加工精度极高的技术。目前，超精密加工尺寸精度已达到数纳米（如光刻）、表面粗糙度小于 1nm 的精度等级。超精密加工所涉及的工艺内容较多，本节主要围绕超精密切削加工和超精密磨削加工工艺做简要介绍。

3.3.1　超精密加工概念

超精密加工可有效提高产品的可靠性和稳定性，增强零件的互换性，在尖端科学技术、国防工业、微电子产业等领域占有非常重要的地位。

精密加工和超精密加工是一个相对的概念，其类别的划分随时间年代在不断地变化，图3-17所示为不同加工精度级别与年代的关系曲线。由此图可见，以往超精密加工到今天只能作为精密加工或普通加工了。

在当今技术条件下，普通加工、精密加工、超精密加工的加工精度可以做如下划分：

（1）普通加工　加工精度是在 $1\mu m$、表面粗糙度 Ra 值为 $0.1\mu m$ 以上的加工方法。目前，在工业发达国家，一般工厂能稳定掌握这样的加工精度。

（2）精密加工　加工精度是在 $0.1\sim1\mu m$、表面粗糙度 Ra 值为 $0.01\sim0.1\mu m$ 之间的加工方法，如金刚车、精镗、精磨、研磨、珩磨等加工。

（3）超精密加工　加工精度高于 $0.1\mu m$、表面粗糙度 Ra 值小于 $0.01\mu m$ 的加工方法，如金刚石刀具超精密切削、超精密磨削、超精密特种加工以及复合加工等。

超精密加工所涉及的相关技术包括：

（1）超精密加工机理　超精密加工是从被加工表面去除微量表面层的一种加工方法，包括超精密切削、超精密磨削和超精密特种加工等。当然，超精密加工应服从常规的加工工艺的原理和规则，但它也有自身特殊的加工机理，如刀具磨损、积屑瘤生成、磨削机理、加工参数对表面质量影响等，需要应用分子动力学、量子力学、原子物理等理论来研究探讨超精密加工的物理现象。

（2）超精密加工刀具、磨具及其制备技术　包括金刚石刀具的制备与刃磨、超硬砂轮的修整等，这是超精密加工必须解决的难题。

（3）超精密加工机床设备　超精密加工的机床设备应具有高精度、高刚度、高抗振性、高稳定性和高自动化等工作性能，并要求配置微量进给机构。

（4）精密测量及补偿技术　超精密加工必须有相应级别的测量技术和测量装置，并要求具有在线测量和误差补偿功能。

（5）严格的工作环境　超精密加工必须在稳定的环境下工作，加工环境极微小的变化都有可能对加工精度造成影响。为此，超精密加工要求有严格的恒温、净化、防振和隔振等工作环境。

3.3.2　超精密切削加工

超精密切削加工主要是指用金刚石刀具进行车削加工的工艺方法，适用于铜、铝等非铁素金属及其合金，以及光学玻璃、大理石、碳素纤维等非金属材料的超精密切削加工。

1. 超精密切削对刀具的要求

为实现超精密切削加工，要求刀具具有如下的性能：

1）极高的硬度、极高的耐用度和极高的弹性模量，以保证刀具有较长的寿命和较高的尺寸耐用度。

2）刃口能够刃磨得极其锋锐，刃口圆弧半径 ρ 值刃磨得越小，越能切削超薄的切削厚度。

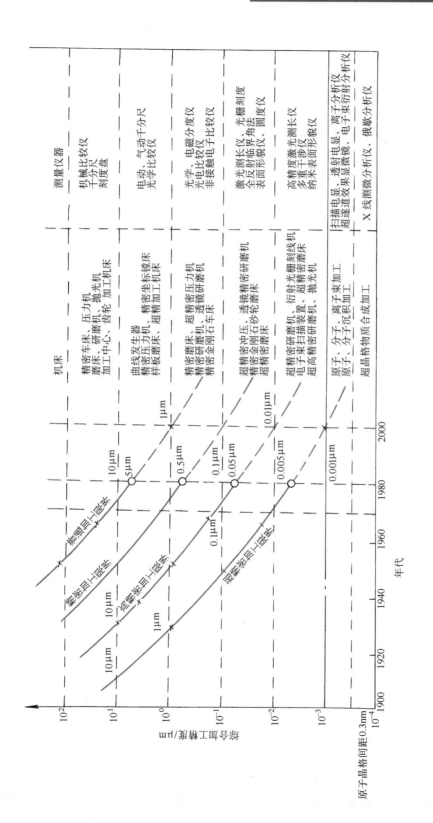

图 3-17 加工精度级别与年代的关系曲线

3）刃口应无缺陷，避免切削时刀具刃口缺陷复印在被加工表面而不能得到超光滑的镜面。

4）与工件材料抗粘结性能好、化学亲和性小、摩擦系数低，以便得到极好的加工表面。

2. 金刚石刀具性能特征

目前，超精密切削加工刀具多采用无杂质、无缺陷的天然大颗粒单晶金刚石材料（0.5～1.5克拉，1克拉＝200mg），因为这种材料具有如下的性能特征：

1）具有极高的硬度，其硬度可达到6000～10000HV，而普通硬质合金 TiC 仅为3200HV，WC 为2400HV。

2）能够刃磨出锋锐的刃口，且没有缺口、崩刃等现象。普通刀具材料仅能磨出刃口圆弧半径5～30μm，而天然单晶金刚石刀具刃口圆弧半径可小到数纳米，没有其他任何材料可以刃磨到如此锋利的程度。

3）热化学性能优异，导热性能好，与有色金属亲和力小。

4）刀刃强度高，耐磨性好。金刚石材料摩擦系数小，与铝材的摩擦系数仅为0.06～0.13，刀具寿命极高。

因此，天然单晶金刚石虽然价值昂贵，但一致公认为是最理想不能替代的超精密切削刀具材料。

3. 超精密切削最小切削厚度

超精密切削实际能够达到的最小切削厚度取决于金刚石刀具刃口圆弧半径，刃口半径越小，则最小切削厚度越小。图 3-18 所示最小切削厚度 h_{Dmin} 与刀具刃口半径 ρ 的关系，图中 A 为切削时刀具上的极限临界点，A 点以上的材料将堆积起来形成切屑，而 A 点以下材料经刀具后刀面碾压变形后形成已加工表面。A 点位置可由切削材料变形剪切角 θ 确定，而剪切角 θ 又与刀具材料的摩擦系数 μ 有关，即

当刀具摩擦系数 $\mu = 0.12$ 时，$h_{Dmin} = 0.322\rho$；当刀具摩擦系数 $\mu = 0.26$ 时，$h_{Dmin} = 0.249\rho$。

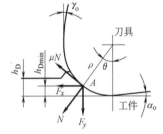

图 3-18　极限切削厚度与刃口半径关系

由上述 h_{Dmin} 与 ρ 关系式可知，若要求最小切削厚度 $h_{Dmin} = 1nm$，则要求金刚石刀具刃口半径 ρ 刃磨达到 3～4nm。目前，国外金刚石刀具的刃磨水平可达到这个要求，如 1986 年日本大阪大学和美国 LLL 国家实验室合作，在超精密金刚石车床上成功完成了切削厚度为 1nm 的切削试验。

3.3.3　超精密磨削加工

对于铜、铝及其合金等有色金属，应用金刚石刀具进行超精密车削十分有效，而对于黑色金属、硬脆材料等，精密、超精密磨削则为当前最主要的精密加工手段。磨削加工有砂轮磨削、砂带磨削以及研磨、珩磨、抛光等不同的磨削加工方法，这里仅介绍超精密砂轮磨削加工。

超精密磨削加工是指加工精度高于 0.1μm，表面粗糙度低于 $Ra0.01\mu m$ 的磨削加工方法。超精密磨削的关键在于砂轮的选择、砂轮的修整、磨削用量以及高精密的磨削机床。

1. 超精密磨削砂轮

超精密磨削加工所使用的砂轮多为金刚石和立方氮化硼（CBN）磨料砂轮。这类砂轮硬度极高，又称为超硬磨料砂轮或超硬砂轮。金刚石砂轮有较强的磨削能力和较高的磨削效率，在磨削硬质合金、非金属硬脆材料以及有色金属及其合金等方面有较大的优势。由于金刚石与铁族元素有较强的亲和作用，故对于硬而韧、高温特性好、热传导率较低的钢铁材料则用 CBN 砂轮磨削效果较好。CBN 磨料比金刚石有较好的热稳定性和较强的化学惰性，其热稳定性可达 $1250 \sim 1350℃$，而金刚石磨料仅有 $700 \sim 800℃$。

超硬砂轮通常采用如下几种结合剂：

（1）树脂结合剂　树脂结合剂结合强度较低，磨粒易于脱落，该类砂轮能够保持良好的锋利性，磨削表面质量较好，但磨粒保持力较小，砂轮的耐磨性差。

（2）金属结合剂　金属结合剂砂轮有很好的耐磨性，磨粒保持力大，砂轮形状保持性好，但自锐性差，砂轮修整困难，常用的金属结合剂材料有青铜、电镀金属、铸铁纤维等。

（3）陶瓷结合剂　陶瓷结合剂是以硅酸钠为主要成分的玻璃质结合剂，其化学稳定性高，具有较好的耐热和耐酸碱功能，但脆性较大。

金刚石砂轮用于磨削石材、玻璃、陶瓷等材料时，宜选择金属结合剂，有较高的寿命和形状保持性；若磨削硬质合金和金属陶瓷等难磨材料，则宜选用树脂结合剂，具有较好的自锐性。CBN 砂轮一般采用树脂结合剂和陶瓷结合剂。

2. 超精密磨削砂轮的修整

砂轮的修整是超硬磨料砂轮使用时的一大难题，它直接影响超精密磨削质量、磨削效率和磨削成本。砂轮修整通常包括修形和修锐两方面内容。所谓修形，即为将砂轮修整为具有一定精度要求的结构形状；而修锐则为去除砂轮磨粒间的结合剂，使磨粒凸出结合剂一定高度，以形成足够大的切削刃和容屑空间。普通砂轮的修形与修锐一般同步进行，而超硬磨料砂轮的修整一般是将修形和修锐分步进行，修形时要求砂轮有精确的结构形状，而修锐时则要求砂轮有良好的磨削性能。

由于超硬磨料砂轮都比较坚硬，很难应用其他磨料对其加工以形成新的切削刃。因而，超硬磨料砂轮一般是通过去除磨粒间的结合剂而使超硬磨粒凸出一定高度，以提高砂轮的锋锐度。目前，超硬砂轮的修整通常采用以下方法：

（1）车削法　采用单点聚晶金刚笔或金刚石修整片对金刚石砂轮进行车削修整，该法修整精度和修整效率都比较高，但修整后的砂轮表面平滑，锋锐性较差，同时修整成本也较高。

（2）磨削法　采用普通磨料砂轮或砂块与超硬砂轮进行对磨修整。在对磨过程中，普通砂轮磨料如碳化硅、刚玉等磨粒不断被破碎，这对超硬砂轮结合剂却起着切削作用，使超硬砂轮磨粒的容屑空间加大，有些磨粒也会脱落，露出新的磨粒，从而提高了砂轮的锋锐度，达到了修整的目的。这种方法砂轮修正的效率和质量都较好，是当前较为常用的一种超硬砂轮修整方法，但普通砂轮的磨损消耗量较大。

（3）喷射法　将碳化硅、刚玉等磨粒材料经高速喷嘴喷射到旋转的超硬砂轮表面，以去除部分结合剂，致使超硬砂轮的磨粒凸出，以达到修整目的。

（4）电解在线修锐法 ELID（Electrolytic In-process Dressing）　ELID 修整方法是应用电解加工原理（参见 3.5.3 节），在工作砂轮进行磨削加工的同时完成对自身的修整。其原理如图 3-19 所示，将电解电源正极经电刷与工作砂轮连接，电源负极与石墨电极相连，在砂轮与石墨电极之间通以电解液，工作砂轮一般为金属结合剂砂轮。开启电解液，起动砂轮工作。在工作状态下，砂轮一方面在电解电流和电解液作用下，砂轮结合剂受到电解作用，其表面逐渐被腐蚀，并形成一种钝化膜以阻止电解过程持续进行；与此同时，砂轮对工件进行磨削加工，由于被磨削工件与砂轮的摩擦作用致使较为松软的电解钝化膜遭受破坏，使金属结合剂被裸露出来，这使电解作用又可继续进行。这样，砂轮结合剂经历着不间断的电解—钝化—磨削—电解的循环过程，使超硬砂轮在磨削加工的同时进行修锐，能够始终保持锋锐的工作状态。

（5）电火花修整法　电火花修整是一种采用电火花放电原理（参见 3.5.2 节）实现对超硬磨料砂轮进行修整的方法，如图 3-20 所示。电火花修整适用于各种金属结合剂砂轮的修整，若在结合剂中加入石墨粉，也可用于树脂、陶瓷结合剂砂轮的修整。电火花修整可采用电火花线切割形式进行，也可采用电火花成形方式修整，两者均可将砂轮修形和修锐同时进行，其修整效率较高。

除上述方法之外，超硬砂轮修整还有超声波修整法、激光修整法等，在此不再赘述。

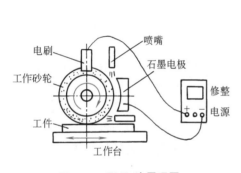

图 3-19　ELID 法原理图

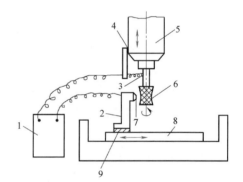

图 3-20　电火花修整法

1—电源　2—修整器　3—电刷　4、9—绝缘体
5—主轴头　6—工作砂轮　7—电极　8—工作台

3. 磨削速度和磨削液

由于金刚石砂轮的热稳定性为 $700 \sim 800\,^{\circ}\mathrm{C}$，通常其磨削速度限制在 $12 \sim 30\,\mathrm{m/s}$。若磨削速度太低，其单颗磨粒的切屑厚度过大，不仅增大了工件表面粗糙度，也加剧了金刚石砂轮磨损。磨削速度提高可使工件表面粗糙度降低，磨削质量得到改善，但磨削速度太高将导致磨削温度随之升高，将使砂轮的磨损加大。

立方氮化硼砂轮的热稳定性较好，其磨削速度比金刚石砂轮高得多，可达 $100\,\mathrm{m/s}$以上。

超硬砂轮磨削时，磨削液的使用与否对砂轮的寿命影响很大。例如，树脂结合剂超硬砂轮，其湿磨与干磨相比可提高砂轮寿命 40% 左右。磨削液除了具有润滑、冷却、清洗功能之外，还具有渗透性和防锈性功能，可大大提高磨削性能。

通常磨削液有油性液和水溶性液两大类。油性液主要成分为矿物油，如机油、煤油、轻质柴油等，其润滑性能好；水溶性液主要成分是水，如乳化液、无机盐水溶液、化学合成液等，其冷却性能好。

磨削液的使用应视磨削对象合理选择。例如，用金刚石砂轮磨削硬质合金，普遍采用煤油磨削液，而不宜采用乳化液；采用 CBN 砂轮磨削，一般采用油性液，而不用水溶性液，因为在高温状态下 CBN 砂轮与水有水解作用，会加剧砂轮磨损，若不得不使用水溶性磨削液时，可添加极压添加剂以减弱水解的作用。

3.3.4　超精密加工机床设备

超精密机床是实现超精密加工的重要条件。随着加工精度要求的提高和超精密加工技术的发展，超精密机床也得到了快速的发展。目前，美国、日本、德国、英国、瑞士、荷兰等国家均先后研发了不同类型的超精密机床，并达到较高的精度水平。我国北京机床研究所、航空精密机械研究所、哈尔滨工业大学、国防科技大学等单位也研制一些超精密机床设备，如北京机床研究所在 21 世纪初推出了一台纳米级超精密车床，采用气浮主轴轴承和纳米级光栅全闭环控制，线性分辨率为 $0.005\mu m$，加工表面粗糙度可达 $Ra0.008\mu m$，主轴回转精度为 $0.05\mu m$。

超精密机床应具有高精度、高刚度和高加工稳定性要求，这些精度要求主要取决于机床的主轴部件、床身导轨以及驱动单元等核心部件。

1. 精密主轴部件

精密主轴部件是超精密机床的圆度基准，也是保证机床加工精度的核心。要求主轴达到极高的回转精度，其关键在于所用的精密轴承。早期的精密主轴一般采用超精密滚动轴承，如瑞士 Shaublin 精密车床采用滚动轴承，其加工精度可达 $1\mu m$，表面粗糙度 $Ra0.02 \sim 0.04\mu m$。达到如此高精度的滚动轴承主轴已属不易，期望进一步提高滚动轴承主轴的精度甚为困难。因而，目前超精密机床主轴广泛采用了液体静压轴承和空气静压轴承。

液体静压轴承具有回转精度高（$\leqslant 0.1\mu m$）、油膜刚度大、转动平稳、无振动等特点，一般用于大型重载超精密机床。图 3-21 所示为典型的液体静压轴承主轴结构原理，液压油通过节流孔进入轴承油腔，使主轴在轴套内悬浮，不会产生固体摩擦。若主轴受力偏斜导致相对油腔中的油压不等时，其压力差将推动主轴返回至原有平衡位置。但是，液体静压轴承也有自身缺陷，如液压油的工作温升会影响主轴精度，若将空气带入液压油液内将会降低轴承的刚度。

空气静压轴承工作原理与液体静压轴承类似。

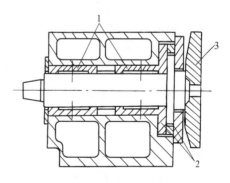

图 3-21　液体静压轴承主轴结构原理图

1—径向轴承　2—止推轴承　3—主轴真空吸盘

由于空气静压轴承具有很高的回转精度，工作平稳，高速转动时温升甚小，虽然刚度较低、承载能力不高，但由于超精密切削时切削力甚小，故在超精密机床中得到广泛应用。图 3-22 所示为一种双半球结构的空气轴承主轴，其前后轴承均采用半球状，兼具径向轴承和止推轴承的作用。由于轴承的气浮面是球面，具有自动调心的作用，可提高前后轴承的同心度和主轴的回转精度。

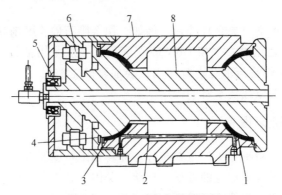

图 3-22 双半球空气轴承主轴

1—前轴承 2—供气孔 3—后轴承 4—定位环
5—旋转变压器 6—无刷电动机 7—外壳 8—主轴

2. 机床床身与导轨

床身是机床的基础部件，应具有较强的抗振衰减能力、低热膨胀系数、较好的尺寸稳定性。目前，超精密机床床身多采用人造花岗岩材料。人造花岗岩是由花岗岩碎粒与树脂粘结而成，可铸造成形，不仅具有花岗岩材料较好的尺寸稳定性、低热膨胀系数、耐磨且不生锈的特点，还克服了天然花岗岩有吸湿性的不足，并强化了床身抗振衰减能力。

超精密机床导轨部件通常选用液体静压导轨、空气静压导轨或气浮导轨，这类导轨具有良好的导向性能，运动平稳、无爬行、摩擦系数接近于零等特点。图 3-23 所示为国外某公司超精密机床所采用的空气静压导轨，整个移动工作台在上下左右静压空气导轨的约束下悬浮起来，基本没有摩擦力，具有良好的承载刚度和导向精度。

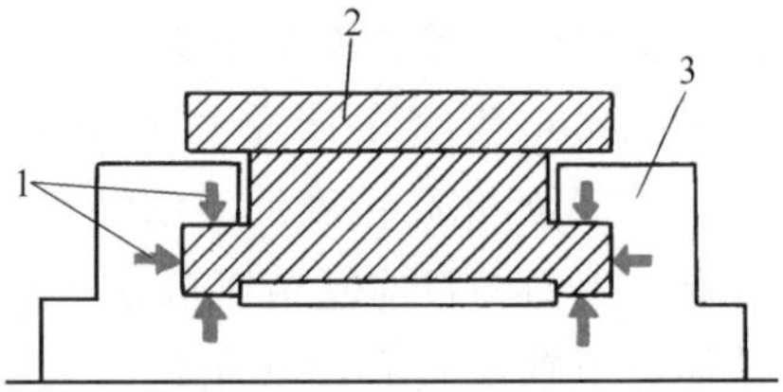

图 3-23　空气静压导轨

1—静压空气 2—移动工作台 3—底座

3. 微量进给装置

高精度微量进给装置是超精密机床的又一个关键部件，它对实现超薄切削、高精度尺寸加工以及在线误差补偿起着十分重要的作用。目前，高精度微量进给装置分辨率可达 0.001 ~ 0.01μm。

在超精密加工中，微量进给装置应满足如下要求：①精微进给与粗进给分开，以提高微位移的精度、分辨力和稳定性；②运动部件必须具有低摩擦和高稳定性能，以保持较高的重复精度；③末级传动元件（夹持刀具处）必须有很高的刚度；④工艺性好，易于制造；⑤具有自动控制功能，动态性能好。

微量进给装置有机械式、液压传动式、弹性变形式、热变形式、液膜变形式、磁致伸缩式等多种结构型式。图 3-24 所示是一款双 T 形弹性变形微进给装置原理，若驱动图示中驱动螺钉 4 前进时，将迫使两个 T 形弹簧 2 和 3 变直伸长，从而驱使微位移刀夹 1 位移进给。该微进给装置分辨率为 0.01μm，最大输出位移为 20μm，位移方向的静刚度达 70N/μm，满足切削负荷要求。

图 3-25 所示为一种压电陶瓷微进给装置，压电陶瓷器件在预压应力状态下与弹性刀夹和后垫块粘结安装，在电压驱动下通过压电陶瓷的伸长，以实现刀具的微进给运动。该装置

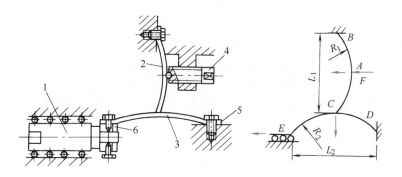

图 3-24 双 T 形弹性变形微进给装置原理
1—微位移刀夹 2、3—T 形弹簧 4—驱动螺钉 5—固定端 6—动端

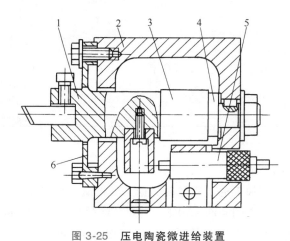

图 3-25 压电陶瓷微进给装置
1—刀夹 2—机座 3—压电陶瓷 4—后垫块 5—电感测头 6—弹性支承

最大位移为 $15 \sim 16\mu m$，分辨力为 $0.01\mu m$，静刚度 $60N/\mu m$。这种微进给装置可实现高刚度、无间隙的极精细位移，具有较高的响应频率。

3.3.5　超精密加工支持环境

为满足微米甚至纳米级精密和超精密加工要求，必须对支持环境加以严格的控制，包括空气环境、温度环境、振动环境及电磁环境等。

1. 净化的空气环境

在我们的日常生活环境与普通车间工作环境下，空气中含有大量尘埃和微粒，见表 3-1。对于普通精度的加工，这些尘埃和微粒不会造成不良影响，但对于精密和超精密加工却有重大的影响，因为空气中尘埃和微粒尺寸与加工精度要求相比，已成为不可忽视的因素。例如，对计算机磁盘表面进行精密加工时，$1\mu m$ 直径的尘埃会拉伤加工表面而不能正确进行信息记录。为了保证精密和超精密加工精度，必须对加工空气环境进行净化处理，减少空气中的尘埃含量，提高空气的洁净度。

随着超精密加工技术的快速发展，对空气洁净度要求越来越高，要求所控制的微粒直径从 $0.5\mu m$ 减小到 $0.3\mu m$，有时甚至要求减小到 $0.1\mu m$。表 3-2 给出了美国联邦 209D 标准，表中各个级别的洁净度限定了不同直径微粒的浓度值。从该表还可看出，美国209D标准是将每 ft^3 空气中所含直径 $\geq 0.5\mu m$ 尘埃的个数作为所属洁净度级别标准，例如级别为100的空气洁净度要求在 $1ft^3$ 空气中所含 $\geq 0.5\mu m$ 直径尘埃的个数 ≤ 100 个。

表 3-1　日常环境中空气的含尘量

场所	每 $1(ft)^{3①}$ 尘埃粒子数/个	场所	每 $1(ft)^{3①}$ 尘埃粒子数/个
工厂、车站、学校	2000000	病房、门诊部	150000
商店、办公室	1000000	手术室	50000
住宅	600000		

① $1 (ft)^3 = 0.028m^3$。

表 3-2　美国209D标准各洁净度级别的上限浓度　（单位：个/ ft^3 ）

级别	直径/μm				
	0.1	0.2	0.3	0.5	5
1	35	7.5	3	1	—
10	350	75	30	10	—
100	—	750	300	100	—
1000	—	—	—	1000	7
10000	—	—	—	10000	70
100000	—	—	—	100000	700

2. 恒定的温度环境

精密和超精密加工的环境温度与加工精度有着密切的关联，环境温度的变化既会影响机床自身的精度，又会影响所加工的工件精度。据文献报道，精密加工时机床热变形和工件温升所引起的加工误差占总误差的 $40\% \sim 70\%$。例如，磨削直径 $\phi100mm$ 钢质零件，磨削液温升每提高 $10℃$ 将产生 $11\mu m$ 的磨削直径误差；精密加工 $100mm$ 长的铝合金零件，温度每变化 $1℃$ 将产生 $2.25\mu m$ 的长度误差。若要求保证 $0.1\mu m$ 的加工精度，其环境温度要求恒定在 $\pm0.05℃$ 范围内。

因此，严格控制的恒温环境是精密和超精密加工的重要条件之一。恒温环境有两个重要指标：一是恒温基数，即空气的平均温度，我国规定的恒温基数为 $20℃$；二是恒温精度，是指相对平均温度所允许的偏差值。恒温精度主要取决于精密和超精密加工的精度和工艺要求，加工精度要求越高，对温度波动范围的要求越严格。例如，一般精度的坐标镗床调整和校验时，要求其恒温精度为 $\pm1℃$；高精密微型滚动轴承的装配和调整，其恒温环境要求为 $\pm0.5℃$。

随着现代工业技术的发展与超精密加工要求的不断提高，对恒温精度也提出了越来越高的要求。目前，已出现 $\pm0.01℃$ 的恒温环境，实现这样严格的恒温环境需要采用多种措施，例如除了将整个设备浸入恒温油槽内之外，在加工区域再增加保温罩等设施。

3. 较好的抗振干扰环境

超精密加工对振动环境的要求越来越高，限制也越来越严格。这是因为工艺系统内部和外部的振动干扰会使加工和被加工件之间产生多余的相对运动而无法达到所要求的加工精度和表面质量。例如，在精密磨削时，只有将磨削振幅控制在 $1 \sim 2\mu m$，才能获得低于 $Ra0.01\mu m$ 的表面粗糙度。

为了保证精密和超精密加工精度，必须采取有效措施以消除振动的干扰，其途径包括以下两个方面：

（1）防振 主要是消除工艺系统内部自身产生的振动干扰，其措施有：①精密动平衡各类运动部件，消除或减少工艺系统内部的振源；②采用合理优化的系统结构，提高系统的抗振性；③对于易振动部件，人为加入阻尼装置以减小振动；④系统结构件尽可能采用抗振衰减能力强的材料。

（2）隔振 外界振动干扰常常是独立存在而不可控制的，只能采取各种隔振措施，阻止外部振动传导到工艺系统中来。最基本的隔振措施是远离振动源，事先对场地外的铁路、公路等振动源进行调查，必须保持相当的距离。系统附近的振动源，如空气压缩机、油泵等应尽量移走，实在无法移走时，应采用单独抗振地基、加隔振材料等措施，使振动源所产生的振动对加工的影响尽可能减小。通常，超精密机床或精密测量平台的底脚都采用有自动水平的空气隔振垫，以阻止外部振动源的导入。图 3-26 所示为美国 LLL 实验室 LODTM 大型超精密机床的隔振地基，它采用了四只巨大的隔振空气弹簧将整个机床架空起来，起到很好的隔振效果。

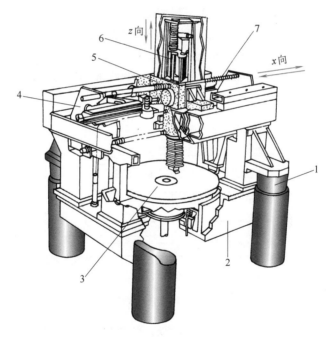

图 3-26 美国 LLL 实验室 LODTM 大型超精密机床的隔振地基

1—隔振空气弹簧 2—床身 3—工作台 4—测量基准架
5—溜板 6—刀座 7—激光通路波纹管

3.4 ■ 高速切削加工技术

自 20 世纪 30 年代提出高速切削理论以来，经过半个多世纪的研究和探索，并随着近二十年来的高速切削机床和刀具技术的发展与进步，现已成为一项先进实用的制造技术，在航空、航天、汽车、模具等制造业得到广泛的应用，取得了巨大的经济效益。

3.4.1　高速加工概念及特点

早在 1931 年，德国萨洛蒙（Salomon）博士经大量切削试验发现：被加工材料都有一个临界切削速度，切削温度从低速开始随着切削速度的提高而上升，直至临界切削速度；越过临界切削速度后，切削温度则随着切削速度的增加反而下降。根据这一现象，萨洛蒙博士将被加工材料的整个切削速度范围分为如图 3-27 所示的三个区域，即常规切削区、不可切削区和高速切削区。

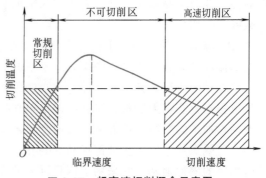

图 3-27　超高速切削概念示意图

在常规切削区的切削速度较低，所产生的切削温度能够被刀具材料所承受，也是人们通常所采用的切削加工速度区域；不可切削区是切削速度已超出切削刀具所能承受的高温范围，又称为切削死区；高速切削区是切削速度超越了切削死区，切削温度又降回到切削刀具能够承受的温度范围。

不同的材料，其高速切削区的速度范围是不相同的。图 3-28 所示为一些常见材料的高速切削速度区域，铝合金为 1000 ~ 7000m/min，铜合金为 900 ~ 5000m/min，钢为 500 ~ 2000m/min，铸铁为 800 ~ 3000m/min、钛合金 200 ~ 1000 m/min 等。

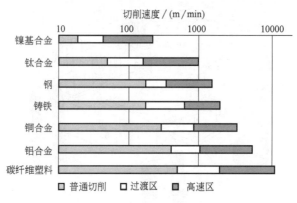

图 3-28　常见材料高速切削速度区域

高速切削比常规切削速度高出了一个数量级，其切削机理和切削特征有很大不同，具体表现为：

（1）切削力低　在高速切削状态下，在材料切削变形区内的剪切角增大，切屑流出速度加快，致使切削变形减小，其切削力比常规切削降低了 30% ~ 90%，特别适合于薄壁刚性较差的零件加工。

（2）热变形小　高速切削时，90% 以上的切削热来不及传给工件就被高速流出的切屑带走，工件温升一般不超过 3℃，基本保持室温状态，特别适合于细长易热变形零件及薄壁类零件的加工。

（3）材料切除率高　高速切削单位时间内的材料切除率可提高 3 ~ 5 倍，特别适用于材料切除较多的零件加工，如汽车、模具、航天、航空等行业中零件的加工。

（4）**显著提高加工质量** 由于机床-工件-刀具工艺系统在高转速和高进给速度下工作，加工激振频率远高于工艺系统的固有频率，加工过程平稳，切削振动小，可实现高精度、低粗糙度的高质量加工。

（5）**可简化工艺流程** 高速切削可直接加工淬硬材料，在很多情况下可省去电火花加工以及人工打磨等耗时的光整加工工序，简化了工艺流程，又被称为"一次过技术（One Pass Maching，OPM）"。

3.4.2　高速切削加工技术

高速切削加工是指比常规切削速度高得多的一种切削加工技术。高速切削加工涉及诸多关键技术，如高速切削机理、高速切削刀具、高速切削机床、高速切削安全防护、高速切削测试及监控等，这里仅简要介绍与高速切削机床相关的几项技术内容。

1. 高速主轴单元

机床主轴是高速切削机床的核心部件，其工作转速通常在 10000r/min 以上。为此，高速切削机床主轴单元应具有先进的主轴结构、低摩擦长寿命的主轴轴承、良好的润滑和散热条件。

目前，高速主轴单元基本采用"电主轴"结构型式。如图 3-29 所示，其驱动电动机转子套装在机床主轴上，电动机定子安装在主轴单元的壳体中，采用自带水冷或油冷循环系统，使主轴在高速旋转时可保持恒定的温度。这种主轴结构具有重量轻、振动小、噪声低、结构紧凑、响应性能好等特点。

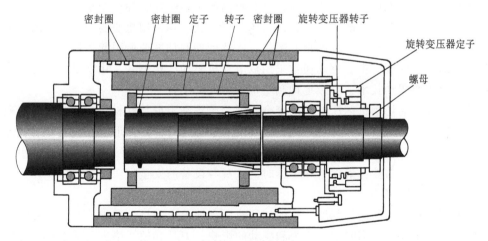

图 3-29　**电主轴结构**

高速主轴单元采用的轴承通常有滚动轴承、气浮轴承、液体静压轴承和磁浮轴承等。

（1）**滚动轴承** 目前，高速铣床主轴多采用陶瓷混合滚动轴承，其内外圈为轴承钢材料，滚动体为氮化硅陶瓷材料。与钢质滚动体比较，陶瓷滚动体密度低、弹性模量高、摩擦因数小，可大幅度降低高速离心力，具有较高的刚度和工作寿命，摩擦功耗少。

滚动轴承润滑有油脂润滑、油雾润滑和油气润滑等形式。由于油气润滑油滴颗粒小，易于附着在轴承接触表面，供油量较少，兼具润滑和冷却功能，在超高速主轴单元中得到较多的应用。

（2）**气浮轴承**　气浮轴承回转精度高、温升小，但承载能力较小，一般用于精密加工，所需承载力不大的场合。

（3）**液体静压轴承**　液体静压轴承最大的特点是动态刚度好，运动精度高，回转误差可控制在 $0.2\mu m$ 以下，特别适合如铣削类断续切削加工的场合。不足的是，高压油液会引起油温升高而产生热变形，影响主轴精度。

（4）**磁浮轴承**　磁浮轴承是借助于电磁力将主轴无机械接触地悬浮起来，其间隙一般为 $0.1mm$ 左右。由于空气摩擦小，磁浮轴承可承受滚动轴承两倍以上的转速，具有高精度、高转速和高刚度特点。但由于结构复杂，需要一整套传感检测系统和控制电路，其造价也为滚动轴承的两倍以上。

2. **快速进给系统**

高速切削加工不仅要求机床拥有高主轴转速和驱动功率，还要求机床有高进给速度和加速度。

早期，机床进给系统多采用伺服电动机+大导程滚珠丝杠结构以提高进给速度，但其最高速度也仅能达到 $40\sim60m/min$，加速度为 $(0.6\sim1.2)g$。目前，高速切削机床普遍采用了直线零驱动伺服装置，其进给速度高达 $200m/min$ 以上，加速度可达 $10.0g$，几乎没有反向间隙，大大改善了高速传动特性。

3. **先进的机床结构**

高速切削机床通常采用龙门式对称结构以及箱中箱结构，以保证机床结构件有足够的刚度、高的阻尼特性和热稳定性。如图 3-30a 所示为日本森精机公司高速加工中心的基础结构件，其床身与对称的龙门框架合为一体，具有较高的整体刚性，箱中箱主轴单元设置于龙门框架内，有良好的热补偿功能。此外，该机床三副直线轴均采用重心驱动技术。所谓重心驱动，即其驱动力作用在移动部件的重心部位，以达到抑制加减速所引起的振动干扰，可提高驱动装置的加减速性能。重心驱动通常采用双电动机驱动结构型式。由图 3-30b 可见，由于该机床采用了重心驱动技术，有效地抑制了机床的振动干扰。

此外，不少高速切削机床床身采用聚合物混凝土等高阻尼特性材料，有些机床还通过传感控制使主轴温升与床身温升保持一致，以协调主轴与床身的热变形。在高速切削机床安全防护方面，其观察窗一般采用防弹玻璃制成，采用主动在线检测系统对机床刀具和主轴运转状态进行在线识别与监控，确保机床工作时的人身与设备的安全。

4. **高速切削刀具系统**

与普通切削相比，高速切削所产生的切削热更多地流向刀具，要求刀具具有良好的热稳定性。此外，由于高速切削时的离心力和振动的影响，刀具必须严格进行动平衡。刀具结构设计必须根据高速切削要求综合考虑刀具的材料强度、刚度以及耐磨等性能。

目前，高速切削通常使用的刀具有：

（1）**硬质合金涂层刀具**　由于涂层刀具的基体材料有较高的韧性和抗弯强度，涂层材料有较好的高温耐磨性，是一种最常用的高速切削刀具。

（2）**陶瓷刀具**　陶瓷刀具与金属材料的亲和力小，热扩散磨损小，其高温硬度优于硬质合金，但其韧性不足。常用的陶瓷刀具材料有氧化铝陶瓷、氮化硅陶瓷和金属陶瓷等。

（3）**聚晶金刚石刀具**　这种刀具摩擦系数小，耐磨性极强，具有良好的导热性，特别适合于难加工材料以及粘结性强的有色金属的高速切削，但价格昂贵。

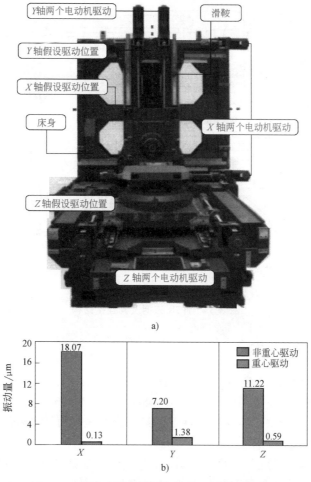

图 3-30　日本森精机高速加工中心的基础结构件

a) 重心驱动结构件　b) 振动量比较

（4）CBN 刀具　CBN 材料具有高硬度、高耐磨性和高温化学稳定性，适合于淬火钢、冷硬铸铁、镍基合金等材料的高速切削。

在高速切削条件下，由于受离心力的作用将使主轴锥孔扩张，导致刀柄与主轴的连接刚度明显降低，将会严重影响加工精度和工作的安全性。为了保证高速旋转刀柄的接触刚度，一种新型双定位刀柄已在高速切削机床上得到应用，如图 3-31 所示。该结构刀柄的锥面和端面同时与主轴保持面接触定位，这种过定位的刀柄结构在整个高转速范围内有较高的静态和动态刚性，并且定位精度显著提高，轴向重复定位精度可达 0.001mm。

5. 高性能 CNC 控制系统

高速切削机床的 CNC 控制系统，应具有较高的运算速度和控制精度，以满足复杂曲面型面的高速加工要求。目前，高速切削机床 CNC 系统均为 64 位多 CPU 系统，配置功能强大的计算处理软件，具有加速预插补、前馈控制、钟形加减速控制、精密矢量补偿和最佳拐角减速控制等功能，系统有极高的运动轨迹控制精度，优异的动力学特征，保证了高转速、高进给速度的切削加工要求。

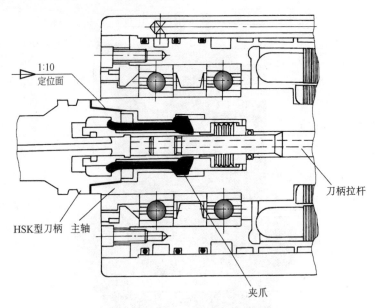

图 3-31　HSK 刀柄及其连接结构

3.4.3　高速磨削加工技术

　　高速磨削是采用较高的砂轮线速度，以提高磨削效率和磨削质量的一种先进的磨削加工工艺。目前，常规磨削砂轮线速度一般为 30～45m/s，超过 50m/s 即被称为高速磨削。近年来，高速磨削技术发展较快，实验室条件下的最高磨削速度可达 500m/s，实际应用时的高速磨削速度一般为 100～200m/s。

　　高速磨削具有磨削精度好、磨削效率高的特点。在保持材料切除率不变的条件下，提高磨削速度可以降低单个磨粒的切削厚度，降低了磨削力，可避免工件磨削形变，从而提高了磨削精度；若保持原有磨削力不变，可加大磨削进给速度，可使磨削效率得到大大提高。

　　此外，高速磨削有较强的材料切除能力，其材料切除率可与车削、铣削相当，可以磨代车、以磨代铣。为此，高速磨削可将一些零件的粗、精加工同时进行，简化了加工工艺。

　　高速磨削涉及的技术内容较多，下面仅介绍高速磨削机床与高速磨削砂轮几个关键技术。

　　1. 高速主轴

　　高速磨削对砂轮主轴的要求与高速铣削基本类似，其不同之处为：砂轮直径通常大于铣刀直径，且砂轮是由若干不规则磨粒组成，在高速旋转状态下任何微小的不平衡量均会产生较大的离心力，进而更易引起磨削颤振现象的发生。为此，要求高速磨削主轴必须配备在线动平衡装置，在更换砂轮或砂轮修整后要及时对砂轮主轴进行动平衡，以便将磨削颤振降低到最低程度。

　　图 3-32 所示是高速磨床主轴所配置的一种机电式自动动平衡装置，该装置内置于磨头主轴内，包含有两个驱动单元和两个可在轴内做相对转动的平衡块。当机床检测系统自动检测到主轴振幅超过某设定阈值时，便自动起动该装置进行动平衡，按照所检测的不平衡量及

其相位驱动平衡块做相对转动，直至达到系统所要求的平衡状态为止。这种动平衡装置精度较高，可将主轴残余振幅控制在 0.1~1μm。

高速磨削时，磨头主轴空耗功率较大，且随砂轮线速度的提高呈超线性增大。例如，砂轮线速度由 80m/s 提高到 180m/s 时，磨头主轴的空耗功耗从不足 20%迅速增至 90%以上，包括空载功耗、冷却润滑液摩擦功耗和冲洗功耗等，其中冷却润滑液所占空耗比例最大，一方面是速度提高后砂轮与冷却润滑液的摩擦急剧加大，另一方面是砂轮将冷却润滑液加速到自身转速也需要大量的能量。因此，高速磨削实际应用速度一般控制

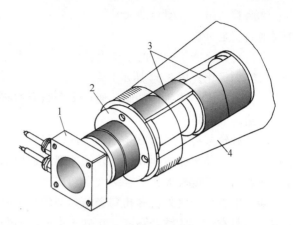

图 3-32　高速磨床主轴所配置的一种机电式
自动动平衡装置
1—无线信号传输单元　2—紧固法兰
3—驱动平衡块　4—磨床主轴

在 100~200m/s，更高的磨削速度其经济性和安全性均受到挑战。

2. 高速磨床结构

高速磨床除了具备普通磨床常规功能之外，还需具有高动态精度、高阻尼性、高抗振性和热稳定性等结构特征。图 3-33 所示为德国 JUNG 公司一款高速平面磨床，工作台由直线电动机驱动，最高磨削速度为 125m/s，往复运动速度为 1000st/min，是普通磨床的十多倍。由于该磨床往复频率高，单次行程磨削量小，磨削力较小，十分有利于尺寸精度的控制，特别适合于高精度薄壁工件的磨削加工。

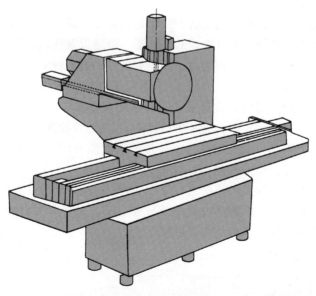

图 3-33　高速平面磨床

3. 高速磨削砂轮

高速磨削砂轮的转速较高，要求满足：①砂轮基体机械强度应能承受高速磨削时的磨削

力；②磨粒凸出，以便容纳大量的长切屑；③结合剂具有较高的耐磨性，以减轻砂轮损耗；④磨削时安全可靠。

在进行高速磨削砂轮的结构设计时，必须考虑高速旋转时的离心力作用，并根据具体应用进行结构优化。图3-34所示为某一高速砂轮的结构，其腹板为变截面的等力矩体，基体中心没有通常中心法兰孔，而是通过多个圆周均布的小螺栓实现砂轮的安装，以减小中心法兰孔周边的应力集中。

高速砂轮磨粒主要为CBN和金刚石材料，其结合剂为多孔陶瓷和电镀镍。电镀砂轮是应用最广的一种高速磨削砂轮，砂轮外圆周表面电镀有一层磨粒，其厚度接近磨粒的平均粒度，磨粒凸出高度较大，可容纳大量切屑，十分有利于高速磨削。

除了电镀砂轮之外，多孔陶瓷结合剂砂轮也有较多的应用。这种结合剂主要成分是再结晶玻璃，具有很高的结合强度，在砂轮中所占容积比例较少，砂轮制备时所需炉温也比常规砂轮低，不会影响CBN或金刚石磨粒的强度和硬度。

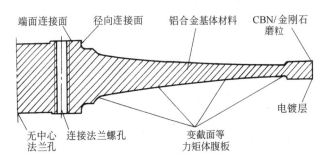

图 3-34 高速砂轮的结构

4. 冷却润滑液

高速磨削冷却润滑液的作用是提高磨削的材料切除率、延长砂轮的使用寿命、降低工件表面粗糙度。为此，冷却润滑液担负着冷却、润滑、清洗以及传送切屑的任务，要求具有较高的热容量、导热率、稳定性和承压能力，并具有良好的过滤性能、防腐性能和附着力，有利于环境保护。

冷却润滑液在使用时，其出口流速对高速磨削效果影响较大。图3-35所示为冷却润滑液出口流速对砂轮作用效果示意图，当其出口速度$v_冷$接近砂轮圆周线速度$v_砂$时，其液流束与砂轮的相对速度接近于零，液流束贴附在砂轮圆周上流动约占圆周的1/12，就对砂轮冷却和润滑而言其效果最好，而对砂轮清洗效果却很小（图3-35a）。为了能够冲走残留在砂轮结合剂孔穴内的切屑，冷却润滑液的出口速度$v_冷$要大于砂轮的圆周速度$v_砂$（图3-35b），若砂轮容屑空间得不到清洗，在磨削过程中极易被堵塞，将使磨削力增加，磨削温度升高，进而会导致磨粒发热磨损以及工件烧伤等现象。

3.4.4 高速干切削技术

1. 高速干切削技术内涵

随着切削速度的提高，切削液使用量也越来越大，其流量往往达到80~100L/min。切削液流动过程中吸收了大量切削热、润滑了刀具、冲走了切屑，同时也带来较多的负面影响：①消耗了能量，增加了加工成本，有统计表明，与切削液相关的成本占零件加工总成本的

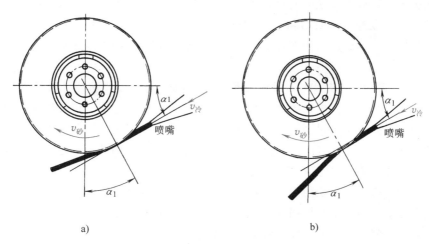

图 3-35　冷却润滑液出口流速对砂轮作用效果

a）$v_冷$接近$v_砂$　b）$v_冷$大于$v_砂$

14% ~ 17%，尚不包括环境污染治理成本；②对环境污染严重，不符合可持续发展战略；③挥发产生的烟雾和异味直接危害操作员工的身体健康。为了降低生产成本，减少环境污染，最好的办法就是不使用或少使用切削液，即采用干切削技术。

高速干切削技术是在高速切削过程不使用或仅使用微量的切削液，是对环境污染源头进行控制的一种清洁环保的制造工艺技术。高速干切削不仅对环境污染小，还可以省去与切削液相关的装置，简化了生产系统，可大幅度降低生产成本。目前，高速干切削技术已在较多制造领域得到成功的应用。

高速干切削没有了切削液冷却、润滑和排屑的作用，将导致切削区刀具与工件摩擦加剧、切削力增大、切削温度上升、排屑不畅等现象，会影响机床加工性能、刀具工作寿命以及加工件表面质量。为此，高速干切削技术的实现需要对机床、刀具以及加工工艺等采取一系列改进措施。

2. 高速干切削机床

从机床角度考虑，可采用如下措施解决切削热散发和切屑粉尘排出的干切削问题。

（1）采用高速切削机床　如前所述，在高速加工时 90% 以上的切削热由切屑带走，工件基本保持室温状态，采用高速切削机床是高速干切削技术提出的初衷和基础。

（2）便于排屑的机床结构　改进原有机床结构，使切屑能够利用自身重力自动快速地排出，不致使炽热的切屑将热量传递给机床主要部件引起热变形，影响加工精度。例如，将机床主轴或工作台设计成倾斜或倒立式布局结构，当切屑切离工件后会自然落下，再增设机床螺旋排屑器以及真空吸尘器装置，可有效解决高速干切削排屑以及粉尘吸收等问题。

（3）采用热平衡和热补偿技术　采用结构对称的机床基础件，从机床结构上实现热平衡，并尽可能采用热膨胀系数较低的机床结构材料。可增设温度检测监控机构，针对机床温升变化及时进行热补偿。

3. 高速干切削刀具

由于不使用切削液，在刀具切削区失去了切削液的冷却和润滑作用，致使刀具温度增高，刀具与切屑间的摩擦增大，加剧了刀具的磨损。刀具能否承受干切削时的巨大热能是实现干切削的关键，这就需要从刀具材料、刀具涂层以及刀具结构等方面来共同解决。

（1）选用性能优越的刀具材料　干切削要求刀具材料应具有热硬度、耐磨性和热化学稳定性等优越性能，为此需选用如超细硬质合金、金属陶瓷、CBN、聚晶金刚石等新型刀具材料。

（2）先进的刀具涂层技术　刀具涂层是提高刀具性能的重要途径。通过先进的刀具涂层技术，一方面可为刀具提供摩擦系数小、自润滑性能好的软涂层，以补偿切削液的润滑作用；另一方面为刀具提供了耐磨性好、低导热率的硬涂层，以抵抗切削热向刀体传播，以补偿切削液的冷却作用。为此，涂层刀具是当前高速干切削最常用的刀具之一。

（3）优化刀具结构　干切削刀具通常采用大前角和大刃倾角，以减少切屑与前刀面的接触面积，让切屑带走大量切削热。为弥补大前角对刃口强度的削弱，常配以负倒棱结构的加强刃，甚至在前刀面上带有加强筋。此外，刀具结构还必须考虑断屑和排屑问题，尤其在切削韧性材料时需根据断屑要求设计合适的断屑槽。

4. 高速准干切削

若某些工件材料难以做到完全干切削，可采用最少量的润滑技术（Minimal Quantity Lubrication，MQL），也称为准干切削技术。MQL 是将极微量的切削液与具有一定压力的压缩空气混合雾化，并将之喷向切削区，对刀具与切屑以及刀具与工件接触面进行润滑，以抑制温升，可显著改善切削区的加工条件，降低刀具磨损，提高加工质量。

采用湿切削加工，一台典型加工中心每分钟往往需要消耗 20~100L 切削液，而准干切削加工每小时仅需 0.03~0.2L 切削液，加工后的刀具、工件和切屑均保持干燥状态，切屑无须处理便可直接回收利用。

高速准干切削加工效果非常显著，有人曾使用涂有 $TiAlN+MoS_2$ 涂层钻头对铝合金工件进行钻削加工试验：在没有采用切削液进行纯干钻削加工状态下，钻完 16 个孔后切屑就粘结在钻头容屑槽内，使钻头不能继续使用；采用准干钻削加工，即采用 MQL 技术润滑后，却钻出了 320 个合格孔，钻头仍没有明显的磨损和粘结。

3.5 ■ 基于非机械能的特种加工技术

3.5.1　特种加工概述

特种加工，又称为"非传统加工"。传统切削加工是利用机械能对被加工材料进行挤压、剪切，最终形成切屑被切除的成形加工工艺，而特种加工则是采用如电能、热能、光能、化学能、声能等非机械能实现材料去除的一种加工方法。

特种加工是自 20 世纪 40 年代逐渐发展起来的机械加工新工艺。第二次世界大战后，随着科学技术的进步，制造业在向着高精度、高速度、高温、高压、大功率、小型化等方向发展，与此同时也面临着众多新型工程材料越来越难加工、零件形状越来越复杂、加工精度要求也越来越高的困境，迫切要求人们解决各种难切削材料、特殊复杂型面、超高精度成形等机械加工中的难题。

面对上述机械加工的要求，人们在继续改进与提高传统切削加工技术的同时，努力探索有别于传统切削加工的新工艺。为此，基于不同能量形式的各种特种加工工艺便应运而生，并在其发展过程中得到不断地拓展与提高，现已在机械制造各领域得到广泛成功的应用。基于非机械能的特种加工技术与传统切削加工技术两者相互补充、相互支撑，已成为当今机械制造业不可或缺的工艺手段，为国民经济的发展起着重要的作用。

与传统切削加工技术比较，特种加工工艺具有如下的特征。

（1）不受被加工材料物理和机械性能的限制　基于机械能的切削加工，通常要求其刀具材料的硬度及机械性能高于被加工材料；而特种加工是利用光能、电能、热能、化学能等非机械能进行加工，其加工方法与工件材料的硬度、强度等机械性能无关，故可加工各种硬、软、脆、热敏、耐腐蚀、高熔点、高强度以及特殊性能的金属和非金属材料，如电火花加工、电解加工所使用的电极硬度均低于工件材料的硬度。

（2）非接触加工　特种加工不一定需要工具，即使需要工具，其工具也不与工件接触，属于一种非接触加工方式，在加工过程中工具与工件之间不存在明显的作用力，非常适合于其刚性极低或柔性材料的零件加工。

（3）易于获得良好的表面质量　由于特种加工的工艺机理不同于一般的切削加工，它不产生宏观切屑，不会引起剧烈的弹、塑性变形，不存在加工中的机械应变或大面积的热应变，其残余应力、冷作硬化、热影响程度等也远小于一般切削加工，故可获得很低的表面粗糙度和良好的表面质量，尺寸稳定性好。

（4）加工能量易于控制和转换　由于特种加工所使用的电能、光能、热能等非机械能，其能量易于控制和转换，适应性强，大大拓展了机械加工工艺范围，使一些十分复杂的型面、型腔、异型孔、微小孔、深孔、窄缝等难以成形的零件加工成为可能，这对产品结构设计以及零件加工工艺性的提高均有重大影响。

（5）易于实现复合加工工艺　可将两种或两种以上不同类型的能量相互组合，以形成新的复合加工工艺，可使不同加工工艺优势互补、相辅相成，大大提高机械加工工艺能力，扩大加工工艺范围。例如，电化学机械复合加工、电解电火花复合加工、激光电化学复合加工、电解超声波复合加工等已被广泛研究和应用。

目前，特种加工的种类也是多种多样，如电火花加工、电化学加工、激光加工、电子束加工、离子束加工、超声波加工，超高压水射流加工等。这里仅简要介绍电火花加工、电化学加工以及高能束流加工几种常用特种加工的工艺原理及其工艺特点。

3.5.2　电火花加工

1. 电火花加工原理

电火花加工又称放电加工，是在一定液体介质中利用工具和工件两电极之间脉冲火花放电时的电蚀作用来蚀除多余的金属，以达到对工件的尺寸、形状以及表面质量的加工要求。

图 3-36 所示为电火花加工原理图。应用脉冲火花放电进行材料蚀除加工必须具备如下的基本条件：①必须提供脉冲电源，电火花加工是以瞬时脉冲放电形式进行加工的，为此工具电极和工件需分别接入脉冲电源的两个电极；②必须提供具有一定绝缘强度的液体介质，因火花放电需在液体介质中进行，这样既有利于产生脉冲性放电，又便于排出加工过程所产生废屑，还有对电极和工件表面的冷却作用；③在工具电极与工件之间必须保持一定的放电间隙，该间隙通常为数微米到数百微米；④必须有足够的脉冲放电强度，否则不能使局部工件材料熔化和气化。为此，电火花加工系统通常是由脉冲电源、液体介质供给装置、伺服进

给装置等部分组成，以保证满足电火花加工的
上述条件。

电火花加工过程实质上是由脉冲放电所产
生的瞬时高温将工件材料逐渐熔蚀完成的。在
单个脉冲周期内，其放电熔蚀过程可分成如下
四个微观阶段，如图3-37所示。

（1）电极间工作液的电离、击穿并形成放
电通道　由于工具电极和工件的微观表面是凸
凹不平的，当两电极间距离非常接近时，其最
凸出的尖端处拥有最大的电场强度，此处的工
作液首先被电离、击穿，从而形成放电通道
（图3-37a）。

（2）电极材料熔化和气化，工作液被热分
解、气化膨胀　在电场力的作用下，放电通道
内的电子和离子高速运动、相互碰撞，所产生
的大量热量使瞬时温度高达10000℃，局部电
极材料被加热熔化和气化，周边的工作液也被
分解而气化，这些工作液和电极材料气体瞬时

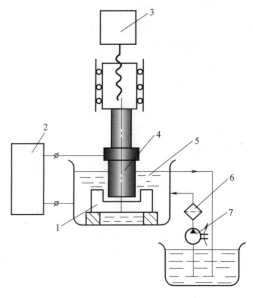

图3-36　电火花加工原理图
1—工件　2—脉冲电源　3—伺服系统　4—工具电极
5—工作液　6—过滤器　7—液压泵

增大，所形成的气泡瞬时压力可达0.5~1MPa，急剧向外膨胀（图3-37b）。

（3）电极材料抛出　放电过程非常短促，所产生的很大热爆炸力将被加热熔化和气化
的金属材料抛入附近的工作液中，迅速冷凝形成固体金属微粒被工作液带走；气泡爆炸后，
其内部压力急剧下降，高压作用下的熔融气蚀物被抛离出电极表面，而形成凹坑状的蚀痕
（图3-37c）。

（4）电极间工作液的消电离　在两脉冲间隔期间，放电现象短暂停歇，脉冲电流降为
零，放电通道中的带电粒子（电子、离子）复合为中性粒子（即消电离），放电通道处的工
作液绝缘强度得到恢复，电极表面的温度也迅速降低，为下一次脉冲放电做好准备
（图3-37d）。

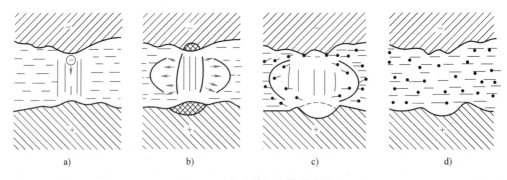

　　　　a)　　　　　　　　　　b)　　　　　　　　　　c)　　　　　　　　　　d)

图3-37　电火花加工基本过程

上述每个脉冲放电过程都能将工件表面熔蚀去除很少部分的金属材料，但因以每秒成千
上万次脉冲频率的放电作用，从而使电火花加工具有一定的生产率。通过使工具电极不断向

工件进行进给以保持恒定的放电间隙，最终便可加工出与工具电极完全反向的结构形状，采用不同的工具电极便能加工各种不同的复杂型面零件。

2. 电火花加工优点和局限性

电火花加工有如下优点：

1）适合任何难切削导电材料的加工。由于电火花加工是借助于放电时的电热作用实现的，其可加工性主要取决于材料的导电性和热特性，而与材料的力学性能无关，因而可加工任何硬、软、脆、韧、高熔点的导电材料，可用软质工具加工硬质及韧性的工件，可加工如聚晶金刚石、立方氮化硼一类超硬材料。

2）可加工任何复杂形状的型面零件。由于电火花加工的工具电极与工件不直接接触，没有机械加工宏观切削力，可将工具电极的结构形状完全复制到工件上，特别适合于低刚度以及表面形状复杂的零件型面的加工。

然而，电火花加工也有如下的局限性：

1）主要用于金属导电材料的加工，当然在一定条件下也可以进行半导体和非导体材料的加工。

2）加工速度较慢。为提高生产率，可以先用切削加工方法去除大部分工件余量，然后再用电火花进行最终的成形加工。

3）存在电极损耗，电极损耗多集中在尖角或底面，会影响成形精度。

3. 电火花加工机床

电火花加工有电火花穿孔成形加工、电火花线切割加工、电火花磨削加工、电火花小孔加工等不同的工艺类型，其加工机床类型也是多种多样，这里仅介绍电火花成形机床和电火花线切割机床的组成结构。

（1）电火花成形机床　如图 3-38 所示，电火花成形机床主要由机床本体单元、主轴单元、控制单元以及工作液循环过滤单元几部分组成。

1）机床本体单元。机床本体单元包括机床床身、立柱、工作台等主要机械部件，其中床身和立柱是机床的基础承载件，要求有较高的刚度和抗热变形能力；工作台是供支承及装夹工件所用，配置有进给驱动装置，以改变工件与工具电极的相对位置；工作台上装有工作液槽，可使工件和工具电极浸泡在液体介质里进行加工，可起到冷却和排屑的作用。

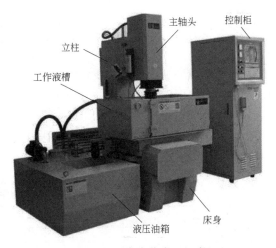

图 3-38　电火花成形机床

2）主轴单元。主轴单元是电火花成形机床的关键部件，对加工工艺指标影响极大，主要由主轴伺服进给系统、导向机构、工具电极装夹机构以及平动头组成。平动头是单电极型腔成形加工时的必备装置，借助平动头的作用可使工具电极产生一个附加的平面平移运动，让电极上的每个质点都能绕其原始位置做平面圆周运动，从而可实现一个电极便可完成模具型腔的粗、中、精不同精度等级的加工。

3）控制单元。控制单元主要负责对脉冲电源以及进给调节系统的控制。对脉冲电源的控制，主要控制其电流幅值、脉冲宽度、脉冲间隔等电源参数，以满足电火花加工所要求的电源参数规准；对进给调节系统的控制，是保证电火花加工所要求的工具电极与工件之间的放电间隙，使得加工过程能够稳定持续地进行。

4）工作液循环过滤单元。电火花加工的电蚀废屑大部分是以微米级的球状固体微粒悬浮于工作液中，若不及时过滤清除将会产生电极的二次放电，将影响加工精度和工作的不稳定性。工作液循环过滤单元通常有液压油箱、电动机、液压泵、过滤装置、油杯、管道和阀门等组成部件。

（2）电火花线切割机床 电火花线切割机床简称为线切割机床，是以钼丝（或铜丝）作为工具电极，乳化液做介质，借助高频脉冲电源的作用，在工具电极和工件之间形成火花放电，实现对工件的切割加工。图 3-39 所示为快走丝线切割加工原理。

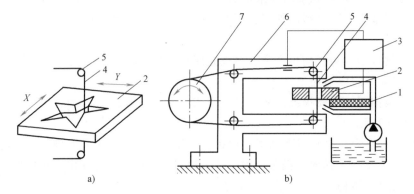

图 3-39　快走丝线切割加工原理图

a）线切割工艺　b）机床构成图

1—绝缘板　2—工件　3—脉冲电源　4—钼丝　5—导向轮　6—支架　7—储丝筒

与电火花成型加工比较，线切割加工具有毛坯加工余量小、电极丝损耗小、不需要复杂的成形工具电极、能够切割大厚度零件等特点，广泛地应用于模具、难加工材料、成形刀具、复杂零件等切割加工。

根据电极丝的运行速度，线切割机床有快走丝线切割机床与慢走丝线切割机床，表 3-3为两者的特征比较。

表 3-3　快走丝线切割机床与慢走丝线切割机床的特征比较

特征	快走丝线切割机床	慢走丝线切割机床
走丝速度	6~10m/s	0.25~0.001m/s
走丝状态	往复供丝，反复使用	单向供丝，一次性使用
电极丝材料	钼丝、钨钼合金	铜或铜合金
直径与长度	0.03~0.25mm，长度为数百米	0.003~0.3mm，长度为数千米
电极丝振动	电极丝振动较大	电极丝振动较小
走丝结构	结构较简单	结构较复杂
脉冲电源	电压 80~100V，电流 1~5A	300V，电流 1~32A

（续）

特征	快走丝线切割机床	慢走丝线切割机床
工作液	乳化液或水基工作液	去离子水，个别场合用煤油
精度与价格	精度为 0.015～0.02mm，表面粗糙度 Ra 为 1.25～2.5μm，价格便宜	精度为 ±1.5μm，表面粗糙度 Ra 为 0.1～0.2μm，价格昂贵

快走丝线切割机床是我国独创的线切割加工模式，具有结构简单、价格便宜等特点，是我国当前生产和使用的主要机型，但精度稍低。慢走丝线切割机床是国外生产和使用的主要机种，精度较高，但价格昂贵。图 3-40 所示为慢走丝线切割机床的加工原理及组成结构。近年来，我国已研制生产出中速走丝线切割机床，其性能介于快走丝线切割机床和慢走丝线切割机床之间。

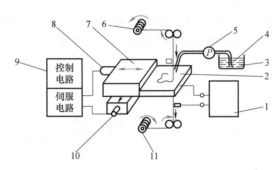

图 3-40　慢走丝线切割机床的加工原理及组成结构

1—脉冲电源　2—工件　3—工作液箱　4—去离子水　5—泵　6—储丝筒
7—工作台　8—X 轴电动机　9—数控装置　10—Y 轴电动机　11—卷丝筒

3.5.3　电化学加工

1. 电化学加工机理

电化学加工是利用电化学反应对金属材料进行加工的工艺方法。如图 3-41 所示，若将两金属片作为电极插入电解液中，接上直流电源后便形成一个通电回路，电流就会流过导线和电解液。在电场作用下，电解液中金属正离子在向阴极移动，并在阴极表面得到电子进行还原反应，使之成为金属原子沉积在阴极表面；电解液中的负离子向阳极移动，在阳极表面失去电子而发生氧化反应，或者说阳极上金属原子失去电子后成为正金属离子溶解于电解液中。

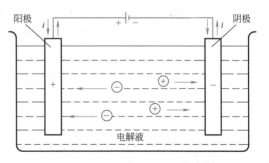

图 3-41　电解液中的电化学反应

在上述电解液中的电极表面所发生的得、失电子的化学反应被称为电化学反应，以这种电化学反应为基础进行金属加工的工艺方法即为电化学加工。在阳极表面，金属原子由于失去电子而成为正离子溶解于电解液的现象称为电解蚀除，即为电解加工；在阴极表面，电解液中的正金属离子因得到电子而还原成金属原子沉积其表面的现象称为镀覆沉积，即为电铸（电镀、涂镀）加工。

下面将分别介绍电解加工和电铸加工这两种不同的加工工艺方法。

2. 电解加工

（1）电解加工过程　电解加工是利用金属在电解液中的电化学阳极溶解原理对金属工件进行加工成形的一种工艺方法。如图 3-42 所示，将工件接直流电源的正极（阳极），工具接电源负极（阴极）。在加工过程中，工具电极缓慢地向工件进给，使两者之间始终保持着较小的间隙，具有一定压力的电解液在这间隙中流过，由于电化学阳极溶解的作用，工件表面上的金属被逐渐电解腐蚀，所产生的电解废屑被高速电解液冲走。

电解加工成形原理如图 3-43 所示，图中细竖线表示工具阴极与工件阳极间通过的电流，竖线的疏密程度表示电流密度大小。在加工开始时，阴极与阳极距离越近的地方通过的电流密度较大，电解液的流速也较高，阳极溶解的速度也越快（图 3-43a）。由于工具电极相对于工件电极在不断地进给，使工件表面不断被电解，电解废屑也不断地被电解液冲走，直至工件表面形成与阴极工作面完全相反的形状为止（图 3-43b）。

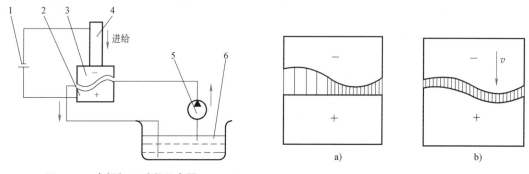

图 3-42　**电解加工过程示意图**
1—直流电源　2—工件阳极　3—工具阴极
4—机床主轴　5—电解液泵　6—电解液槽

图 3-43　**电解加工成形原理**

（2）电解加工工艺特点与局限性　与其他成形工艺比较，电解加工具有如下的工艺特点：

1）加工范围广，不受金属材料自身力学性能的限制，可以加工硬质合金、淬火钢、不锈钢、耐热合金等高硬度、高强度以及韧性金属材料，可加工如叶片、锻模等各种复杂型面。

2）生产率较高，其生产率大致为电火花加工的 5~10 倍，且加工效率不受加工精度和表面粗糙度的限制，可一次加工出结构复杂的型腔、型面和型孔。

3）加工质量好，加工精度可达±0.05~0.1mm，表面粗糙度可达 $Ra0.2~1.25\mu m$。

4）由于电解加工没有切削力，可加工薄壁及易变形零件，没有残余应力和加工变形，没有飞边和毛刺。

5）工具阴极无溶解反应，在理论上工具电极不会损耗，可长期使用。

然而，电解加工也存在如下的局限性：

1）加工精度的稳定性不高，由于影响电解加工的因素较多，控制比较困难，难以用于小孔和窄缝的加工。

2）单件小批量的生产成本较高，因工具阴极制备周期较长、成本高，提高了小批量生产的单位成本。

3）附属设备多，一次性投资较大。

4）需要对电解液以及电解废屑进行处理，否则会污染环境。

（3）电解加工的工艺应用　如图3-44所示，电解加工应用范围较广，可用于各种复杂模具的加工（图3-44a）、各种异型孔的加工（图3-44b）、叶片（图3-44c）和整体叶轮的加工（图3-44d）以及异型零件的成形加工，也可用于倒棱和去毛刺等。

电解加工的优点和缺点都很突出，在选用电解加工时一般遵循电解加工三原则：①难切削材料的加工；②复杂结构零件的加工；③批量较大零件的加工。

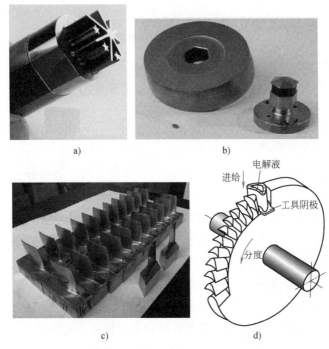

a)　　　　　　　　　　b)

c)　　　　　　　　　　d)

图 3-44　电解加工工艺的应用

3. 电铸加工

（1）电铸加工原理　如图3-45所示，电铸加工是利用电镀液中金属正离子在电场的作用下于阴极表面镀覆沉积的一种加工工艺方法。它是用可导电的原模作为阴极，用电铸材料（如纯铜）做阳极，用电铸材料的金属盐溶液（如硫酸铜）作为电铸液。在直流电源的作用下，阳极上的金属原子因氧化失去电子成为正金属离子溶入电铸液中，并在阴极上获得电子而还原成为金属原子沉积在阴极原模表面。阳极的金属电铸材料源源不断地提供金属离子补充溶解到电铸液中，可保持电解液中的质量分数基本不变，在阴极原模上所电铸沉积的镀覆层不断加厚，当达到预定厚度时终止此电铸过程，在电铸完成后再设法将所沉积的金属镀覆层与原模分离，即可获得与原模型面凹凸相反的电铸件。

（2）电铸加工特点与应用

1）能够准确、精密地电铸复制复杂型面和微细纹路，如唱片和 VCD、DVD 压膜等。

2）能够获得尺寸精度高、表面粗糙度小于 $Ra0.1\mu m$ 的复制品，同一芯模生产的电铸件

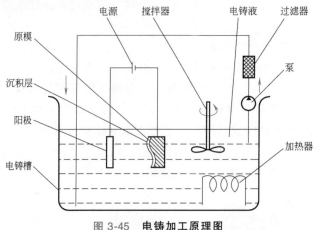

图 3-45 电铸加工原理图

一致性较好。

3）借助石膏、石蜡、环氧树脂等材料，可把复杂零件的内（外）表面复制成原模，适用性广泛。

4）电铸加工主要应用于复制精细的轮廓表面花纹、注塑模具、表面粗糙度样规、反光镜、异形孔喷嘴等特殊零件。

(3) 电铸加工工艺过程　电铸加工通常包括原膜前处理、电铸作业和电铸后处理三个阶段。

1）原模前处理。电铸原膜有金属原模和非金属原模。对于金属原模，其前处理主要是对原模表面进行钝化处理，以便电铸后易于脱模；对于非金属原模，其前处理主要是导电化处理，即对原模表面进行金属化，以便使电铸加工得以进行，可用石墨、金属粉对原模表面进行均匀涂敷，或采用真空镀膜、化学镀等方法使其表面金属化。

2）电铸作业。电铸作业时间较长，通常生产率较低，一般每小时电铸 0.02～0.5mm 的金属层。电铸作业时需注意：①电铸液必须连续过滤，以除去电解质沉淀、阳极夹杂物和尘土等固体悬浮物；②必须搅拌电铸液，以减少电铸液浓差极化，增大电流密度，缩短电铸时间；③严格控制电铸液成分、浓度、酸碱度、温度以及电流密度，以避免电铸内应力过大导致电铸件的变形、起皱、开裂或剥落等现象。

3）电铸后处理。包括衬背和脱模作业，其衬背是用于加固电铸制品，避免脱模或后续加工时损坏；脱模是将电铸件与原模进行分离，可采用敲击捶打、加热或冷却胀缩分离、薄刀刃撕剥分离、加热熔化、化学溶解等不同的分离方法。

3.5.4　高能束流加工

高能束流加工是特种加工技术的重要分支之一，包括激光束加工、电子束加工、离子束加工以及水射流加工等，其共同特点是以具有很高能量密度的束流在工件表面聚焦，从而完成材料的去除、连接、生长、改性等加工任务，其不同之处在于所用能量载体不同，它们分别为光子、电子、离子以及水流（或含磨粒）等，因而它们各自加工机理、功能、效果和使用范围就有所不同。

1. 激光加工

（1）**激光加工原理**　激光是一种强度高、方向性和单色性好的相干光，在理论上激光束可以聚焦到微米甚至亚微米级的小斑点上，其焦点处的功率密度可达 $10^8 \sim 10^{10} \mathrm{W/cm^2}$，可在极短的时间内使光能转变为热能，使被照射材料部位迅速升温，其温度可达 10000℃ 以上。在这样的高温作用下，材料将瞬时发生熔化和气化，从而达到材料加热和材料去除的目的，如图 3-46 所示。为此，激光加工是利用光热效应所产生的高温使材料瞬时加热、熔融及气化的综合结果。

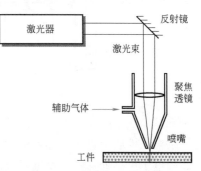

图 3-46　激光加工原理图

（2）**激光加工的特点**　激光加工主要表现为如下的特点：

1）激光功率密度高，几乎可以加工所有金属和非金属材料。

2）激光光斑可以聚焦到微米级甚至亚微米级，输出功率可以调节，可用于材料的精密、微细加工。

3）激光加工属于非接触加工，没有明显的机械力，没有工具损耗和机械加工变形。

4）激光加工速度快，热影响区小，工件变形小，可通过透明介质进行加工。

5）激光加工是一种瞬时局部熔化、气化的热加工，其影响因素多，精微加工时必须反复试验，以获取优化合理的参数，才能达到精微加工的要求。

6）加工光洁表面或透明材料时，需预先对该表面进行色化或打毛处理，以便使更多的光能被吸收、转化为热能用于加工。

（3）**激光加工的应用**　激光加工应用领域极其广泛，包括打孔、切割、焊接、表面处理以及增材制造等众多领域都得到成功的应用。

1）激光打孔。可在超硬、高熔点材料上进行常规工艺无法实现的小深孔加工，如宝石轴承、钻石拉丝模、化学纤维喷嘴等小孔的加工。

2）激光切割。采用数控技术控制激光束相对工件的移动，可实现各种不同形状金属和非金属零件的切割加工。

3）激光焊接。激光焊接无须焊料和焊剂，仅需将加工区域的材料"热熔"在一起即可，焊接速度快、热影响区小、焊接质量高，既可焊接同类材料，也可焊接异类材料，还可透过玻璃进行焊接。

4）激光打标。采用小功率激光束可对材料表面进行刻蚀打标，书写所需要的文字或图案。

5）激光表面处理。可用激光束对金属零件进行各种不同形式的表面处理，以使零件表面获得耐磨、耐腐蚀、耐高温等特有的性能，如图 3-47 所示。

2. 电子束加工

（1）**电子束加工原理**　图 3-48 所示为电子束加工装置结构示意图，在真空条件下将电子束进行聚焦，其能量密度可达 $10^6 \sim 10^9 \mathrm{W/cm^2}$，并以极高的速度冲击到极小的工件表面，可在极短时间内将其能量转化为热能，致使工件表面温度瞬间上升至数千摄氏度，从而引发工件表面材料局部的熔化和气化而被真空系统抽走，从而达到加工的目的。

通过对能量密度以及注入时间的控制，可实现不同形式的电子束加工工艺。例如，应用

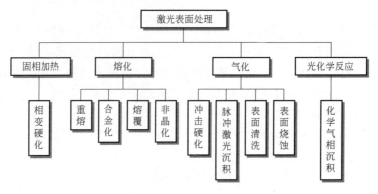

图 3-47　不同的激光表面处理工艺

电子束对工件表面进行局部加热，可实现工件表面的电子束热处理；应用电子束使工件材料局部熔化，可实现电子束焊接加工；应用高能量密度的电子束使工件材料熔化和气化，可实现电子束打孔和切割加工；应用较低能量密度的电子束轰击材料表面，可进行电子束光刻加工等。

（2）电子束加工特点

1）电子束能够实现亚微米级的聚焦，属于一种精密、微细的加工工艺。

2）电子束加工也是一种非接触加工，不产生宏观应力和变形，可加工脆性、韧性、导体、非导体、半导体等材料。

3）电子束能量密度高，有很高的生产率，每秒钟可在 2.5mm 厚钢板上钻 50 个直径为 0.4mm 的小孔。

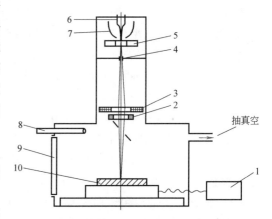

图 3-48　电子束加工装置结构示意图

1—工作台　2—偏转线圈　3—电磁透镜
4—光阑　5—加速阳极　6—发射电子的阴极
7—控制栅极　8—光学观察系统
9—带窗真空室门　10—工件

4）可通过磁场或电场对电子束强度、位置、聚焦等进行直接控制，其加工过程易于实现自动化。

5）电子束加工是在真空中进行，污染少，加工表面不会氧化，特别适合易氧化金属和非金属材料的加工。

6）电子束加工需要一整套专用设备和真空系统，价格较贵，其生产应用受到一定的限制。

3. 离子束加工

离子束加工与电子束加工类似，是在真空条件下由离子源所产生的离子束经过加速、聚焦，使之以较高的动能能量轰击工件表面，利用离子微观机械撞击机理实现对工件材料的加工。与电子束加工不同的是，离子是带正电荷，其质量比电子大数千、数万倍，当离子加速到较高速度时，其离子束比电子束具有更大的撞击动能。因此，离子束加工不是依靠动能转化为热能进行加工，而是利用离子微观机械撞击能量实现加工的。

按照离子束撞击工件表面所产生的物理效应的不同，可将离子束加工分为如下四种加工类型，如图 3-49 所示。

1）离子刻蚀。将具有一定动能的离子斜射到工件材料（靶材）表面，其材料表面的原子经撞击后而被剥离出来，便形成一种原子尺度的切削加工，又被称为离子铣削，如图 3-49a 所示。为了防止入射离子与工件材料发生化学反应，离子刻蚀时必须采用惰性元素离子（如氩离子），刻蚀速率取决于离子的能量和入射角大小，一般认为入射角为 45°~55°时可达到最大的刻蚀速率

2）溅射沉积。该工艺是将高速的离子束倾斜轰击某种靶材，将靶材表面的原子轰击出来并垂直沉积在靶材附近的工件表面上，为其表面镀上了一层薄膜材料，如图 3-49b 所示。

3）离子镀。该工艺是在溅射沉积基础上发展起来的一种镀膜工艺，当靶材溅射出的原子向工件表面沉积的同时，用离子束轰击该工件表面，以增强膜材与工件基材之间的结合力，如图 3-49c 所示。

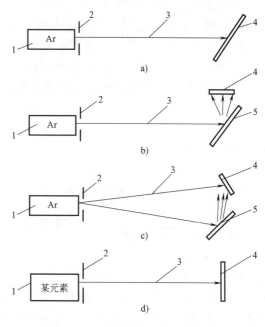

图 3-49　各类离子束加工示意图

a）离子刻蚀　b）溅射沉积　c）离子镀　d）离子注入
1—离子源　2—吸极（吸收电子，引出离子）
3—离子束　4—工件　5—靶材

4）离子注入。是采用高能量的离子束直接轰击被加工材料表面，使高能量的离子钻进被加工材料表面层，使材料表面的化学成分和机械物理性能均得到改变，如图 3-49d 所示。

4. 水射流切割

水射流切割又称水切割，是应用 300~1000MPa 的高压和高速水流对工件材料的冲击作用以达到材料切割去除的目的。如图 3-50 所示，由水泵泵出的水流经增压器增压、储液蓄能器使脉动的水流平稳后，从孔径为 0.1~0.5mm 的人造蓝宝石喷嘴喷出，直接冲击到工件的加工部位，喷嘴处液流的功率密度可达 $10^6\ \mathrm{W/cm^2}$，利用这种高能量水流对工件材料的冲击可实现对工件的切割加工。水射流能够切割的厚度取决于水流喷射的速度、压力以及喷嘴至工件的距离，水射流切割所产生的切屑随着水流液排出。

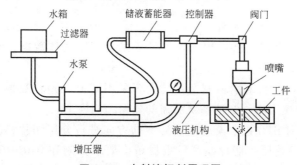

图 3-50　水射流切割原理图

水射流切割具有如下特点：

1）切割品质优异，水射流切割具有"冷加工"属性，无热量产生，切削力小，几乎不存在机械应力与应变，最适合低熔点、易燃易爆品以及有潜在爆炸危险的场合使用。

2）切割能力强，没有材料和厚度的限制，既可切割金属类硬脆性材料，又可加工非金属柔韧性材料，切割的边口干净、锋利而无毛刺。

3）清洁、环保无污染，是一种"无尘切割"，对环境和操作者无危害，水来源广泛，易于处理并循环使用，喷嘴直径小，尽管水射流速度极高，而其耗水量却很少（100~200L/h），割缝较窄，节省材料。

4）蓝宝石喷嘴，不易磨损，不需要磨刀。

5）若在水射流中混入磨料颗粒，即成为磨料射流，具有更强的切割能力。

3.6 ■ 增材制造技术

增材制造是基于离散-堆积原理，通过材料逐层累加方式实现产品实体成形的一种新型制造工艺技术。该技术问世于 20 世纪 80 年代末，经 30 年的快速发展，现已推出众多成熟的成形工艺方法，并在多个领域得到成功的应用。增材制造又被称为"三维打印""快速原型制造""实体自由制造"等，这些称谓从不同侧面表达了这一技术的特点。

3.6.1 增材制造技术基本原理

增材制造是由产品三维数字化模型直接加工成形产品实体的一种制造工艺技术，省略或减少了毛坯制备、零件加工和装配等中间工序，无须昂贵的刀具、夹具和模具等辅助工具，可快速而准确地制造出任意复杂形状的零件，解决了许多传统制造工艺难以实现的复杂结构零件的制造问题，减少了加工工序，缩短了制造周期。

增材制造是集 CAD 技术、数控技术、材料科学、机械制造技术、电子技术和激光技术等于一体的综合制造技术，它采用软件离散-材料累加堆积原理实现零件的成型过程，其原理如图 3-51 所示。

图 3-51　增材制造技术原理框图

（1）三维模型建立　设计人员可应用各种三维 CAD 系统，建立设计对象的三维数字化模型；或通过三坐标测量仪、激光扫描仪等设备采集三维实体数据，经反求设计建立实体 CAD 模型。

（2）模型数据转换　目前增材制造系统大多采用 STL 三角化数据结构模型，为此需将三维实体 CAD 模型转换为增材制造系统所需的数据结构模型。

（3）分层切片　对 STL 数据模型按照选定的方向进行分层切片，即将三维数据模型切片离散成一个个二维薄片层，切片厚度可根据精度要求控制在 0.01~0.5mm 范围，切片厚度越小，其精度越高。

（4）逐层堆积成形　应用增材制造系统根据切片轮廓和厚度要求，通过粉材、丝材、片材等制作每一切片层，通过一层层切片的堆积，最终完成三维实体的成形制造。

（5）成形实体后处理　实体成形后，需要清除成形体上不必要的支撑结构或多余材料，根据要求还需进行固化、修补、打磨、强化以及涂覆等后续处理工作。

3.6.2　增材制造主要工艺技术

目前，增材制造已有数十种不同的工艺技术，但较为成熟且广为应用的有如下数种。

（1）光敏液相固化法（Stereo Lithgraphy Apparatus，SLA）　SLA 工艺原理如图 3-52 所示，在液槽内注有光敏树脂液，工作平台位于液面之下一个切片层。成形作业时，聚焦后的紫外光束在液面按切片数据由点到线、由线到面地逐点扫描，经扫描的光敏液将被固化；一层扫描固化后，工作台下降一个层高距离；在固化后的层面上浇注树脂液，并用刮板将其刮平；对新浇注的树脂液再次扫描固化，新的固化层牢固地粘接在上一层片上，如此重复直至整个三维实体零件制作完毕。

SLA 是最早出现的一种增材制造工艺，其特点是成形精度好，材料利用率高，其精度可达 ±0.1mm，适宜制造形状复杂、特别精细的树脂零件。其不足之处是材料昂贵，成形过程需要设计支撑结构，光敏树脂有气味，影响加工环境。

（2）叠层实体制造法（Laminated Object Manufacturing，LOM）　LOM 工艺原理如图 3-53 所示，它是通过单面涂有粘胶的纸材或箔材相互粘结而成形。由图示可见，涂有热熔胶的纸卷套在供纸辊上，并跨越工作台面缠绕在由伺服电动机驱动的收纸辊上。成形作业时，工作台上升与纸材接触，热压辊沿纸面滚压，通过热熔胶使纸材底面与工作台面上前一层纸材粘合；激光束沿切片轮廓进行切割，并将轮廓外的废纸余料切割成小方格以便成形后剥离；切割完一层纸材后，工作台连同被切出的轮廓层自动下降一个纸材厚度；收纸辊卷动，铺上新纸层；重复上述过程，直至形成由一层层纸质切片粘叠而成的纸质原型零件；成形完成后剥离废纸余料，即得到性能类似硬木或塑料的"纸质产品"。

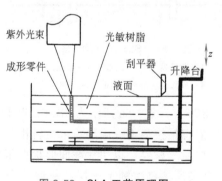

图 3-52　SLA 工艺原理图

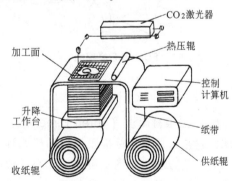

图 3-53　LOM 工艺原理图

LOM 工艺具有成形速度快，成形材料便宜，无相变、无热应力、形状和尺寸精度稳定等特点，但由于该工艺在成形后需将废料剥离，比较费时，且有取材范围较窄以及层高固定等不足，其技术发展受到一定限制。

（3）熔丝沉积成形法（Fused Deposition Modeling，FDM）　图 3-54 所示为 FDM 工艺原理图，它通过挤出的热熔丝沉积凝固而形成一个个切片层，从底层开始层层堆积，最终完成三维实体的成形过程。

FDM 工艺无须激光系统，设备组成简单，系统成本及运行费用较低，易于推广，但成形过程需要支撑结构，选材范围较窄。

（4）选区激光烧结法（Selective Laser Sintering，SLS）　图 3-55 所示为 SLS 工艺原理图，它是应用高能量激光束将粉末材料通过逐层烧结成形的一种工艺方法。由图示可见，在充满惰性气体的密闭室内，先将粉末材料薄薄一层铺设在成形桶作业面上，调整好激光束并按照切片层数据控制激光束的运动轨迹，对所铺设的粉末材料进行扫描烧结，从而生成一个个切片层，每一层都是在前一层顶部进行，这样所烧结的当前层能够与前一层牢固的粘接，通过层层叠加，去除未烧结粉末，即可获得一个三维零件实体。

SLS 工艺成形选材广泛，理论上说只要是粉材即可烧结成形，包括高分子材料、金属材料、陶瓷粉末以及复合粉末材料。此外，SLS 工艺成形过程无须支撑，由粉床充当自然支撑材料，可成形悬臂、内空等其他工艺难以成形的复杂结构。但是，SLS 工艺过程涉及影响因素较多，包括材料的物理与化学性能、激光参数和烧结工艺参数等，均会影响烧结工艺、成形精度和产品质量。

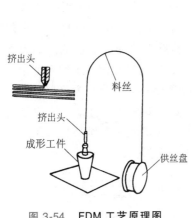

图 3-54　FDM 工艺原理图

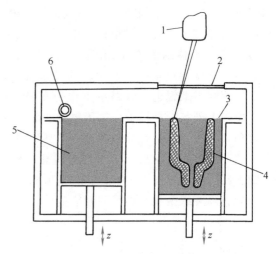

图 3-55　SLS 工艺原理图

1—激光器　2—工作窗　3—作业面
4—成形桶　5—供粉桶　6—铺粉棍

（5）三维打印法（Three Dimensional Printing，3DP）　图 3-56 所示为 3DP 工艺技术原理图，它是采用类似标准喷墨打印机原理，通过喷射液态粘接剂将一层层粉末材料相互粘接成形的工艺方法。由图示可见，先在成形面上铺设一层粉末材料，以切片截面形状打印粘接形成一个切片层，一层打印结束后，工作台下降一个层高，再次铺上一层新粉继续进行打印，所打印的切片层不仅将层内的粉末相互粘结，同时与上一层切片材料也牢牢粘结，经如此逐层打印，最终完成整个实体的成形过程。

上述 3DP 工艺被称为粉末粘接式 3DP 技术。图 3-57 所示的 3DP 工艺则被称为光敏固化式 3DP 技术，这种 3D 打印机有多个打印头，类似于行式打印机，打印机喷射的不是液态粘接剂，而是液态光敏树脂。打印头在沿着导轨移动的同时，根据切片层数据精确地喷射出一层极薄的光敏树脂，并借助机架上的紫外光照射使所打印的切片层快速固化，每打印完一

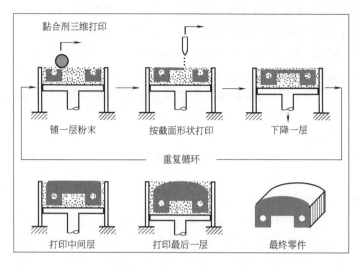

图 3-56　3DP 工艺技术原理图

层，升降工作台下降一层高度，再次进行下一层打印，直至完成成形过程。

3DP 成形工艺无须激光器，结构紧凑、体积小、成形效率高，可用作桌面办公系统，特别适宜制作产品实体原型、复制复杂工艺品等。然而，3DP 技术难以成形高性能的功能构件，通常用于制作产品设计模型以供分析评价之用。

（6）金属材料的增材制造技术　上述介绍的增材制造工艺所用材料多为熔点较低的光敏树脂、高分子材料以及低熔点金属材料等，所成形的零件产品组织密度小、强度低、综合性能差，很难满足实际工程应用要求。近年来，推出了不少直接用于金属材料的增材制造工艺，例如下列几种：

1）基于同轴送粉的激光近形成形工艺（Laser Engineering Net Shaping，LENS）。LENS 采用与激光束同轴的喷粉送料技术，将金属粉末送入激光束熔池中融化，通过数控工作台移动进行逐点激光熔覆以获得一个个截面层，最终得到一个"近形"的三维金属零件，如图 3-58 所示。这种在惰性气体保护之下，通过激光束熔化同轴输送的粉末流，逐层熔覆堆积得到金属制件，其组织致密，具有明显的快速熔凝特征，其力学性能达到甚至超过锻件的性

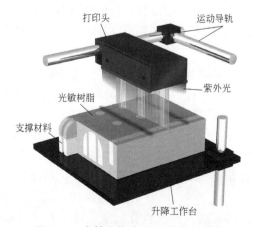

图 3-57　光敏固化式 3DP 技术原理图

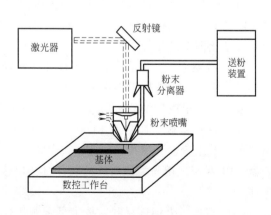

图 3-58　LENS 工艺技术原理图

能。目前，LENS 工艺已制备出铝合金、钛合金、钨合金等毛坯。然而，该工艺难以成形结构复杂和精细的结构件，粉末材料利用率偏低，主要用于毛坯的制备。

2）基于粉床选择性激光熔凝成形工艺（Selective Laser Melting, SLM）。如图 3-59 所示，SLM 技术是利用高能激光束熔化预先铺设在粉床上的薄薄粉末层，使之逐层熔化堆积成形。SLM 工艺与 SLS 类似，不同点是前者金属粉末在成形过程中发生完全冶金熔化，而后者仅为烧熔粘结并非完全熔化。为了保证金属粉末材料的快速熔化，SLM 需采用较高功率密度的激光器，光斑可聚焦到几十到几百微米。成形的金属零件接近全致密，其强度可达到锻件水平。与 LENS 技术比较，SLM 成形精度较高，适合制造尺寸较小、结构形状复杂的零件。但该工艺成形效率较低。

3）电子束熔丝沉积工艺（Electron Beam Freeform Fabrication, EBFF）　如图 3-60 所示，EBFF 工艺是在真空环境下由电子束轰击金属表面形成熔池，金属丝材在该熔池内加热熔化形成熔滴，随着工作台移动，熔滴沿给定的路径沉积凝固形成沉积层，沉积层逐层堆积完成其成形过程。EBFF 是以电子束为热源，金属材料对其几乎没有反射，能量吸收率高，且在真空环境下熔化后材料润湿性增强，从而提高了熔凝金属冶金结合强度，但需要在真空环境下作业，成形成本较高。

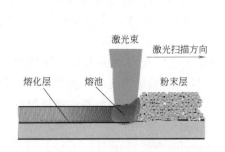

图 3-59　SLM 工艺技术原理图

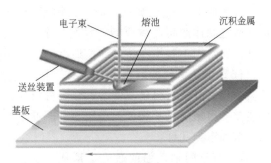

图 3-60　EBFF 工艺技术原理图

3.6.3　增材制造技术的应用

由于增材制造无须昂贵的刀具、夹具或模具，省略了毛坯制备和其他加工工序，具有独特的自身优势，加之近年来在材料和价格方面的突破，使增材制造技术在越来越多的领域得到实际的应用，包括航空、航天、汽车、医疗、建筑、体育、珠宝首饰、音乐产业、电影产业和个性化消费产品等。

（1）航空航天　波音公司应用选择激光烧结工艺制造成形的尼龙环境风道安装于 F-18 战斗机，实现复杂结构零件一体化成型，减少了连接和密封，减少了维修保养的需求；GE 公司采用激光金属烧结技术制造的金属飞机零件，已实现量化生产。

（2）汽车工业　加拿大 KOR Ecologic 汽车生产商开发的一款油电混合动力环保汽车，完整车身采用熔融沉积技术制造；英国宾利汽车采用选择性激光烧结工艺定制化生产汽车仪表盘；F1 赛车采用与类似碳纤维复合材料快速制造出传统工艺无法实现的复杂结构进风口零件。

（3）医疗　采用增材制造技术可定制假体，以满足病人的个性化需求；可制造颅骨模型，为手术准备提供支持；可以直接制造牙冠以及牙科植体手术的钻孔夹具；Wilmington 儿童医院应用熔融沉积工艺为一个两岁女孩制作了人体骨骼。

（4）工艺装备　可用增材制造技术制造各种结构复杂的工装，包括夹具、量具、模具、金属浇注模型等。德国宝马汽车公司使用熔融沉积成型工艺制造的符合人体工程学夹具，性能好于传统制造工艺方法，其重量减少了72%，大大减轻了操作人员的劳动强度。

（5）产品原型　微软3D模型打印车间，可为设计人员快速打印出3D产品模型，便于更好地评价改进产品结构，可保证设计出结构性能更为优越的产品。

（6）文物保护　博物馆常常采用增材制造技术复制艺术品和收藏品，用一些复制品替代真品来保护原始作品不受环境或意外事件伤害，通过复制品将艺术或文物影响更多更远的人。

（7）建筑业　在建筑业，已经使用3DP技术直接打印民居别墅，具有快捷、环保、经济、精美的特点。

（8）工艺饰品　工艺饰品是增材制造技术应用最广阔的市场，浮雕、个性笔筒、手机外壳、戒指等，都可通过3DP技术打印出来。

3.6.4　增材制造技术的局限

增材制造技术以其制造原理的优势已成为具有巨大发展潜力的制造技术。然而，就目前技术而言还存在如下的局限。

（1）生产率的局限　增材制造技术虽然不受形状复杂程度的限制，但由于采用分层堆积成形的工艺方法，与传统制造工艺相比，其成形效率较低，成本较高，目前金属材料成形效率仅为 $100\sim3000g/h$，致使生产成本较高（ $10\sim100$ 元/g）。

（2）制造精度的局限　与传统切削加工工艺比较，增材制造无论是尺寸精度还是表面质量，其差距还较大，目前精度通常仅能控制在 $\pm0.1mm$ 左右。

（3）材料范围的局限　目前可用于增材制造的材料不超过100种，而当前工业生产实际应用的工程材料已超过10000多种，且增材制造零件的物理性能尚需进一步提高。

增材制造技术在迈向低成本、高精度、多材料方面还有较长的路要走。但可坚信，增材制造利用其制造原理的优势，与传统工艺优选和集成，与产品创新相结合，必将获得更为广泛的工业应用。

3.7 ■ 表面工程技术

表面工程是通过物理、化学、机械等不同工艺方法来改变零件表面材料的形态、化学成分、组织结构和应力状态等，以获得零件表面特有性能的一项应用技术。虽然表面处理技术已有悠久的历史，但随着电子束、离子束、激光束等高能束技术进入表面处理技术领域，极大促进、丰富和发展了这门传统技术，使之拓展成为表面工程这一独立学科。表面工程技术促进了制造业技术进步，对节省原材料、提高产品性能、延长产品寿命、装饰环境、美化生活等方面发挥了越来越突出的作用。

表面工程是由多个学科交叉、综合而发展起来的一门新兴学科，涵括了表面处理、表面加工、表面涂层、表面改性、薄膜制备等技术内容，本节仅介绍表面改性、表面覆层和复合表面处理等技术。

3.7.1　表面改性技术

表面改性是采用特定的工艺手段使零件表面获得不同于基体的组织结构和性能的技术。零件表面改性可使零件表面获得如耐磨、耐腐蚀、耐高温等各种特殊性能，可掩盖表面缺陷，延长使用寿命。金属零件表面改性技术种类繁多，除了传统表面淬火、喷丸强化、化学热处理等工艺技术外，近年来激光束、电子束、离子束等高能束表面处理技术也得到了广泛的应用。

1. 激光表面改性

激光表面改性是采用大功率密度的激光束，以非接触方式加热金属零件表面，使金属材料表面在瞬间加热或熔化后快速冷却，通过激光表面淬火、激光表面合金化等工艺，以提高零件表面硬度、强度、耐磨性等物理和力学性能。由于激光束能量集中，其加热时间短，热影响区小，处理变形小，具有效率高、质量好、成本低的特点。

（1）**激光表面淬火**　激光表面淬火是目前被广泛应用的一种表面处理工艺，它以高能量的激光束快速扫描工件表面，在工件表面极薄一层区域内，快速吸收激光能量而使温度急剧上升，升温速度可达 $10^5 \sim 10^6 ℃/s$，而基体材料仍处于室温状态。由于金属材料的热传导作用，表面热量迅速传导至零件其他部位，其冷却速度也能达到 $10^4 \sim 10^5 ℃/s$，这便使零件表面瞬间进行快速自冷淬火，使材料表面得到相变硬化。与常规淬火相比，激光淬火可提高表面硬度 $15\% \sim 20\%$ 以上，硬化层较浅，通常为 $0.3 \sim 0.6mm$，可显著提高金属零件表面的耐磨性和抗疲劳强度。此外，激光表面淬火不需要淬火介质，表面无须保护，工艺简单环保。

（2）**激光表面合金化**　激光表面合金化是先将某类合金粉材涂敷在基体表面，然后利用高能激光束使合金粉材涂层与基体金属快速熔化混合，在极短时间内冷却、凝固，形成厚度为 $0.1 \sim 0.5mm$ 的一个新合金层，该合金层与基体材料之间有很强的结合力，其硬度高、耐磨性好，如图 3-61 所示。

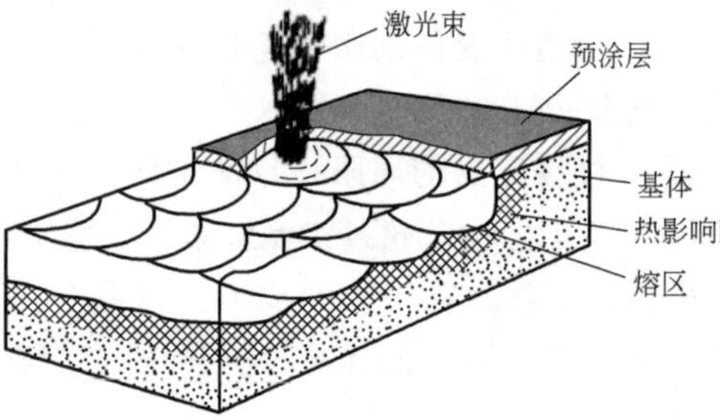

图 3-61　激光表面合金化原理图

2. 电子束表面改性

电子束表面改性是将高能电子束照射金属表面，使高能电子与基体金属电子发生碰撞，并将自身能量传递给基体内电子，受到碰撞的基体电子继而又与其他电子相互撞击直至能量耗尽，从而使被处理金属表层温度迅速升高以及快速冷却，实现自冷淬火，达到表面改性目的。图 3-62 所示为电子束表面改性原理图。

与激光束加热原理不同，电子束加热将穿过金属表面一定深度，其深度大小取决于电子束功率大小和材料密度。例如，若电子束功率分别为 $150kW$、$120kW$、$60kW$、$10kW$ 时，其穿透某材料表面深度依次为 $76\mu m$、$40\mu m$、$10\mu m$ 和 $1\mu m$。此外，电子束与金属表面偶合性好，不受反光的影响，能量利用率较高，运行成本较低，但需要在真空环境下工作，这对实际应用带来不少不便和限制。

3. 离子注入表面改性

离子注入是利用离子注入机将特定杂质原子以等离子形式经加速后注入材料表面晶体

内，用于改变被注入材料表面的物理和化学性能。

图 3-63 所示为离子注入装置原理图，包括离子源、磁体质量分析器、加速系统、离子扫描系统和样件室等，离子源将需要注入的元素原子进行电离，生成等离子后送至质量分析器；质量分析器通常是采用磁性方法将所需要的离子从离子束中分选出来，将不需要的离子偏离掉；加速系统的作用是形成一个强电场，使分选后的离子在几万至几十万伏电场作用下得到加速而获得较高的能量；再经聚焦、提纯和扫描系统的控制将离子束注入样件靶片表面。离子注入样件表面后，将与样件内的原子和电子发生一系列碰撞，待耗尽自身能量后停止运动，最终作为一种杂质原子留在样件表层材料内。离子注入后，使样件表层材料成分和结构发生了变化，从而改变了样件的物理、化学和力学性能。

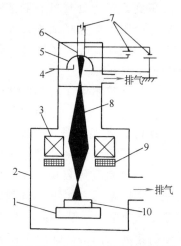

图 3-62　电子束表面改性原理图

1—工作台　2—加工室　3—电磁透镜
4—阳极　5—栅极　6—灯丝　7—电源
8—电子束　9—偏转线圈　10—工件

离子注入工艺是目前集成电路制造中一种非常重要的工艺技术，可用以改变半导体材料表层的化学成分、物理结构和组织形态。此外，离子注入技术在金属材料领域也有较多的应用，它能改变金属材料的声学、光学和超导性能，可提高金属材料的表面硬度以及材料的抗磨损性、抗腐蚀性和抗氧化性等性能。例如，航空液压泵配流副、内燃机精密偶件、汽车发动机部件、金属模具、硬质合金刀具等经离子注入处理后，可大大提高其机械特性和使用寿命。

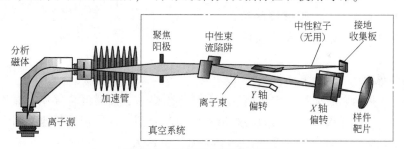

图 3-63　离子注入装置原理图

3.7.2　表面覆层技术

表面覆层技术是应用物理、化学、电学、光学、机械学等工艺手段，用少量特殊材料在产品表面制备一层保护层、强化层或装饰层，以提高产品的耐磨、耐蚀、耐/隔热、抗疲劳和抗辐射性能。

当前，表面覆层有多种不同的工艺方法，有电镀、化学镀、电刷镀、热浸镀、涂装、陶瓷涂敷等传统工艺，也有热喷涂、电火花喷敷、气相沉积、塑料粉末涂敷等新工艺方法，这里仅简要介绍热喷涂以及气相沉积技术内容。

1. 热喷涂技术

热喷涂是采用气体、液体、电弧、等离子、激光等作为制热源，将金属、合金、陶瓷、氧化物、碳化物以及复合材料等加热到熔融或半熔融状态，通过高速气流使其雾化，然后喷射沉积到经过预处理的材料表面，从而形成一个附着牢靠的表面涂覆层。热喷涂有火焰喷涂、等离子喷涂、爆炸喷涂等多种工艺方法。

（1）火焰喷涂 火焰喷涂主要是以氧乙炔喷枪为工具，将喷涂的粉末或线材、棒材送入氧乙炔火焰区加热熔化，借助高速压缩气流将其雾化为细小溶液颗粒喷向材料基体表面，经熔覆冷却后形成一个涂覆层，如图 3-64 所示。火焰

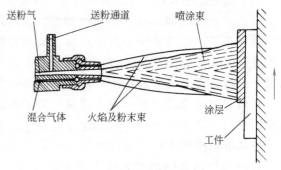

图 3-64　粉末火焰喷涂原理图

喷涂工艺简单，一般为手工操作，成本较低，可以喷涂各种金属、合金和陶瓷粉末，其缺点是喷射速度低，粘结强度不高，可用于要求不高的曲轴、柱塞、轴颈等受损机械零件的修复。

（2）等离子喷涂 等离子喷涂是利用等离子焰流，将喷涂材料加热到熔融或高塑性状态，在高速等离子焰流作用下撞击并沉积在工件表面，从而形成一层很薄的涂覆层，如图 3-65 所示。等离子喷涂温度高，焰流速度快，焰流中心温度高达 10000℃，可喷涂几乎所有的固态工程材料，包括金属、陶瓷、非金属矿物材料等，喷出的液粒速度可达 180～600m/s，所形成涂覆层的致密性以及结合强度均比火焰喷涂高得多。

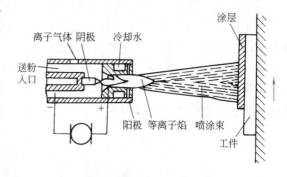

图 3-65　等离子喷涂原理图

（3）爆炸喷涂 如图 3-66 所示，爆炸喷涂是将燃气和助燃气体按一定比例混合后送入燃爆室，点燃混合气体，爆炸产生高温高速气流将粉末熔化，并借助爆炸压力将熔融的液粒喷射到工件表面，快速凝固后在其表面形成一个涂覆层。爆炸喷涂产生的温度达到 3300℃，流速为 700～760m/s，爆炸频率为 4～8 次/s，其涂覆层具有高结合强度和高致密度。爆炸喷涂工艺主要用于金属陶瓷、氧化物以及特种金属合金，尤其在航空航天领域得到较多的应用。

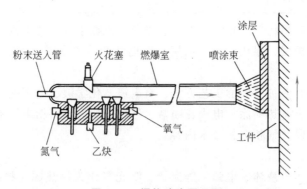

图 3-66　爆炸喷涂原理图

2. 气相沉积技术

气相沉积是利用气相间的反应可在不同材料表面沉积单层或多层薄膜，以获得材料表面所需优异的性能，是一种先进的表面制膜工艺。气相沉积技术有物理气相沉积（PVD）和化学气相沉积（CVD）之分。所谓 PVD 是在真空条件下，应用不同物理方法将镀材气化为原子、分子，或离子化为离子，直接物理沉积在基体表面以形成一个薄膜层，如真空蒸镀、溅射镀膜、离子镀膜等。所谓 CVD 是将含有构成薄膜元素的气态或蒸汽态物质，在基体表面通过化学反应生成所需的薄膜层，该工艺在超大规模集成电路制备中得到较多的应用。

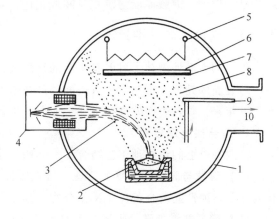

图 3-67　电子束加热蒸镀工艺原理图

1—真空室　2—加热坩埚　3—电子束　4—电子枪
5—基片加热器　6—基片　7—镀膜层　8—蒸汽流
9—挡板　10—抽真空系统

（1）真空蒸镀　按照加热方法的不同，真空蒸镀有电阻加热蒸镀、电子束加热蒸镀、激光加热蒸镀等工艺方法。图 3-67 所示为电子束加热蒸镀工艺原理，它将待成膜的工件基片置于真空室内，通过电子束轰击加热坩埚中的镀材使其蒸发，通过蒸发的气相镀材凝聚在工件基片表面而形成一个镀膜层。真空镀膜沉积效率高，但膜面的均匀度不如其他镀膜工艺。

（2）溅射镀膜　溅射镀膜是利用高能离子轰击靶材（镀材）表面，从靶材表面上溅射出众多粒子并逐步沉积在基片表面以形成一层薄膜。如图 3-68 所示，溅射镀膜过程有靶材原子溅射、溅射原子迁移以及溅射原子沉积三个阶段。溅射镀膜工艺所形成的膜层致密性好、结合强度高、基片温度较低，但成本较高。

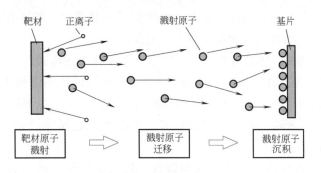

图 3-68　溅射镀膜工艺原理图

（3）离子镀膜　离子镀膜是在真空蒸镀状态下，利用气体放电原理使真空室内的惰性气体以及所蒸发的气相镀材进行电离化产生等离子，这些电离化的等离子镀材高速轰击基片表面，并在其表面沉积而形成一层薄膜。可见，离子镀膜是将真空蒸镀和溅射镀膜两者进行综合的工艺，兼具蒸发镀的沉积速度快和溅射镀的薄膜层附着力强、均匀性好的特点，在制造业中得到广泛的应用。

（4）化学气相沉积 CVD CVD 是应用含有薄膜元素的一种或几种气态物质在基片表面经化学反应所产生的固态沉积物而成膜的一种工艺方法。其工艺过程为：①反应气体生成并向基片表面扩散；②反应气体分子被基片表面吸附；③在基片表面产生化学反应；④化学反应生成物沉积成膜。CVD 工艺可生成金属、合金、陶瓷等多种化合物薄膜涂层，薄膜涂层成分易于控制，薄膜厚度与沉积时间成正比，其涂层具有表面平整、均匀性好的特点。

3.7.3　复合表面处理技术

单一的表面处理技术可能有一定的局限性，若将两种或两种以上的表面处理技术用于同一产品表面的处理，不但有各自表面处理技术的特点，而且可表现出复合处理工艺的突出效果。近年来，复合表面处理技术在工业生产中得到较快的发展，取得了良好的效果。

1. 复合热处理技术

将两种以上的热处理工艺结合起来使用，比单一热处理具有更好的优势，例如：

（1）渗钛与离子渗氮复合处理 可在零件表面形成一层硬度极高、耐磨性更好，且具有较好耐腐蚀性能的金黄色 TiN 化合物，其效果明显好于单一渗钛或单一渗氮处理工艺。

（2）碳氮共渗处理 碳氮共渗对提高零件表面强度和硬度效果显著，如若在碳氮共渗层再进行渗硫处理，可降低零件表面摩擦因数，提高零件的耐磨性能。

（3）液体碳氮共渗与高频淬火复合强化处理 液体碳氮共渗虽可提高零件表面强度和耐磨性，但渗透层较浅，若再进行高频感应表面淬火，则零件表面硬化层深度可达 1.2 ~ 2.0mm，其表面硬度和疲劳强度也有明显提高。

（4）激光淬火与离子渗氮复合处理 若将钛合金零件经激光表面淬火之后，再进行离子渗氮处理，其表层硬度可从单纯激光淬火处理的 645HV 提高到 790HV。

2. 表面涂覆层与其他表面处理的复合技术

应用不同工艺所得到的各种零件表面涂覆层，如镀层、涂层、沉积层或薄膜等，若再经过适当的表面处理，可使覆层中的材料原子向基体扩散，或与基体进行冶金化熔合，不仅可增强涂覆层与基体材料的结合强度，还可改变涂覆层自身成分，能够有效防止涂覆层剥落，提高零件的强韧性、耐磨性以及耐腐蚀能力，例如：

（1）黑色金属电镀层+热扩散处理 在黑色金属零件表面电镀一层铜锡合金 Cu-Sn，然后在氮气保护下进行热扩散处理，可得到一层 $1 ~ 2\mu m$ 厚的锡基含铜固溶体，其硬度约为 170HV，具有较好的减摩和抗咬合功能；此外在该层下面还有产生厚度为 $15 ~ 20\mu m$ 的金属间化合物 Cu_4Sn，其硬度约 550HV。通过该工艺可在黑色金属零件表面覆盖了一层高耐磨性、抗咬合能力强的青铜镀层。

（2）锌浴淬火 锌浴淬火实质上是将镀锌与淬火工艺同时进行的一种复合处理工艺。例如，将碳的质量分数为 0.15% ~ 0.23% 的硼钢零件在保护气氛中加热到 900℃，然后放入 450℃锌浴中淬火，在淬火同时对零件表面也进行了镀锌处理。这种复合处理工艺大大缩短了表面处理工时，降低了耗能，提高了零件表面性能。

（3）喷涂+激光熔覆 应用火焰喷涂或等离子喷涂工艺在金属零件表面涂覆一层具有高硬度和高耐磨性能的合金或陶瓷粉末，然后再用激光束对该涂覆层进行冶金化熔覆处理，将大大提高涂覆层与基体的结合强度，改善了零件表层的组织成分。

3.8 ■ 微纳制造技术

微纳制造通常是指尺度为微米级和纳米级的材料、设计、测量与控制的产品或系统加工制造及其应用技术。传统的"宏"机械制造技术已不能满足这些"精""微"产品或系统的制造要求，必须研究和应用"微""纳"制造技术和手段加以实现。微纳制造技术是 21 世纪最具发展潜力的高新技术，也是世界工业强国竞相追逐的高技术发展领域之一。

3.8.1　微纳制造技术概念

微纳制造技术涉及较多方面，包括：微纳级精度加工；微纳级表层原子和分子的去除、搬迁和重组；微纳级精度测量；微纳级表面物理、化学、机械性能的检测；纳米材料、纳米级传感器及控制技术等。

微纳制造是微传感器、微执行器、微功能机构等微机电系统（MEMS）制造的基本手段和重要基础，是为了满足实际社会需要而发展起来的一项工程应用技术。例如，在一辆中高档汽车上百个传感器中，MEMS 传感器占有 20% 以上；微麦克风、微射频滤波器、微加速计、微压力传感器等 MEMS 器件在手机、家用电器、玩具等消费电子产品中得到大量应用；微轴承、微齿轮、微陀螺仪等在当前航天工业以及国防工业中担负着重要角色。

微纳制造有微制造和纳制造两个不同级别的内涵及实现技术。

（1）微制造　其尺度及精度为 0.1~100μm 微米级制造工艺技术。目前，微制造主要有两种实现途径：一是以传统机械加工方法实现，如采用微细车削、微细铣削、微细磨削等切削加工方法，或采用微细电解、微细电火花、微细超声波、微细等离子束等特种加工工艺实现；另一是采用较为成熟的二维或准三维半导体硅片微结构产品的制造工艺技术。

（2）纳制造　其尺度及精度为 0.1~100nm 纳米级制造工艺技术。目前，也有两类纳制造实现路线：一为基于纳米光刻制造工艺，实现纳米级微结构器件的制备；另一是基于扫描探针显微镜（Scanning Probe Microscope，SPM）的纳制造工艺，即采用 SPM 进行纳米级加工以及单原子操纵，通过单原子的提取、搬迁和放置操纵完成纳米级结构单元的制造。

下面将分别介绍微制造和纳制造的具体实现技术。

3.8.2　微制造工艺技术

1. 微机械加工工艺技术

微机械加工即采用"微型机床加工小微零件"的工艺技术，主要针对 0.1μm~10mm 尺寸范围的小微零件。微机械加工具有体积小、能耗低、工作灵活、效率高等特点，是加工非半导体材料（如金属、陶瓷等）小微零件最有效的加工方法。

实现微机械加工的关键是微机床设备，该类设备尺寸小、主轴转速高、设计制造难度较大。近年来，美国、日本等国已研制出多款这类微型机床。图 3-69a 所示为日本 FANUC 公司推出的一款 FANUCROBO nano Ui 多功能微型加工车床，可实现 5 轴控制，能进行车、铣、磨和电火花加工，主轴转速为 50000~100000r/min，直线轴系统分辨率为 1nm，采用单晶金刚石刀具，刀尖圆弧半径为 100nm 左右，可加工复杂曲面型面的零件。图 3-69b 所示为该机床在 1mm 直径表面铣削加工的人面微型浮雕像；图 3-69c 所示为该机床在 1.16mm×1.16mm

硅表面加工的 4×4 阵列凸面镜；图 3-69d 所示为该机床加工的大纵深比梯形槽铜片零件，其槽间距为 35μm，槽深 100μm，齿距误差为 80nm。

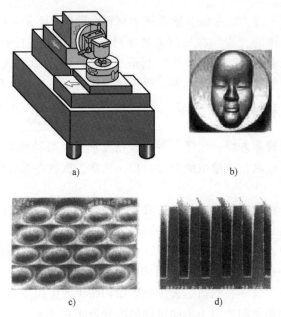

a)　　　　　　　　　b)

c)　　　　　　　　　d)

图 3-69　多功能微型车床结构示意图及其微加工件

除了微切削加工之外，还可采用精微特种加工工艺制造微结构产品。图 3-70 所示为应用高频率、小脉冲、微进给量的电火花加工工艺制作的微汽车模具以及用该模具压制出的微塑料汽车，其尺度 1mm 左右。

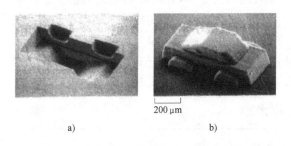

a)　　　　　　　　　b)

图 3-70　用微细电火花加工的微汽车模具

a）加工成形的微汽车模具　b）压制的微塑料汽车

2. 半导体硅片微制造技术

硅具有优良的半导体电学性质，是集成电路以及半导体微结构制造的重要材料。硅片微制造有光刻、牺牲层、体刻蚀、面刻蚀等不同的微加工工艺。

（1）光刻工艺技术　光刻加工是制作集成电路及半导体元器件的关键工艺，是微细制造领域应用较早的一项制造工艺技术。光刻加工与照相制版原理类似，在硅（Si）半导体基体材料上涂覆光致抗蚀剂，通过掩模对光致抗蚀剂层进行曝光处理，经显影使抗蚀剂获得与掩模图案相同的几何图形，再经刻蚀处理便可在 Si 晶片上制造出微型结构，其工艺过程如

图 3-71 所示。

① 氧化。在 Si 晶片表面制备一层 SiO_2 氧化层。

② 涂胶。在 SiO_2 氧化层表面涂覆一层光致抗蚀剂，其厚度为 $1\sim5\mu m$。

③ 曝光。将掩模覆盖在抗蚀剂层面，用紫外线等光线对抗蚀剂曝光。

④ 显影。用显影液溶解去除经曝光的抗蚀剂，在 SiO_2 氧化层上显现出掩模图案。

⑤ 刻蚀。应用化学或物理方法，将没有抗蚀剂部分晶片上的 SiO_2 腐蚀掉，称为刻蚀。

⑥ 去胶。去除光致抗蚀剂。

⑦ 扩散。若需要可向 Si 晶片扩散杂质，以增强微构件性能。

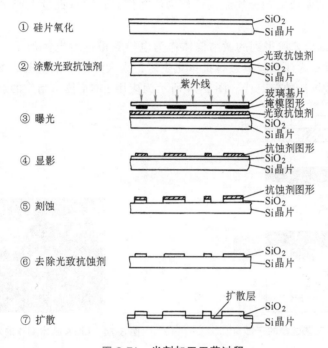

图 3-71　光刻加工工艺过程

（2）牺牲层工艺技术　牺牲层工艺是制作各种微腔和微桥结构的重要工艺方法，是通过刻蚀去除牺牲层材料而获得一个个微腔结构。如图 3-72 所示，制作一个多晶硅桥的工艺步骤为：① 首先在硅基片上沉淀 SiO_2 或磷玻璃作为牺牲层，并将牺牲层腐蚀成所需的结构图案，牺牲层厚度一般为 $1\sim2\mu m$（图 3-72a）；② 在牺牲层上面沉淀多晶硅作为微结构材料，并光刻成所需的结构形状（图 3-72b）；③ 腐蚀去除牺牲层就得到一个分离的微桥结构（图 3-72c）。

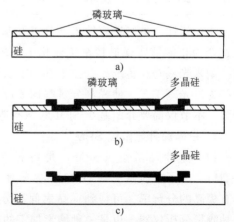

图 3-72　制作双固定多晶硅微桥的牺牲层工艺

（3）LIGA 工艺技术　LIGA 工艺是集光刻、电铸及微注塑成形为一体的三维微制造工艺技术。该工艺可制造最大高度为 $1000\mu m$，加工精度达 $0.1\mu m$ 的微小零件，可以批量生产微传动轴、微齿轮、微传感器、微执行器、微光电元件等多种不同材料的微器件。图 3-73 所示为 LIGA 工艺过程的三部曲。

1）光刻。应用透射力强、平行度好的同步辐射 X 射线，透过掩模对基片上的光敏胶（PMMA）进行感光，经显影去除被感光的光敏胶，留下精确的立体光敏胶模型（图 3-73a）。

2）电铸。以光刻得到的光敏胶实体模型作为电铸胎模，进行超精细电铸（图 3-73b），经电铸工艺在胎模上沉积一层薄金属层，去除电铸胎模上的光敏胶，即得到精确的微金属结构件（图 3-73c）。

3）注塑。将电铸制成的微金属结构件作为注塑模具，即可批量生产所需的微注塑结构零件（图 3-73d）。

LIGA 技术以光刻工艺所得到的微结构体作为电铸胎模进行电铸加工，继而以电铸工艺得到的微金属结构件作为注塑模具进行批量化生产，大大降低了微制造成本，促进微制造技术进入了工业化批量生产的新时代。图 3-74 所示为应用 LIGA 技术制作的双联微注塑齿轮。

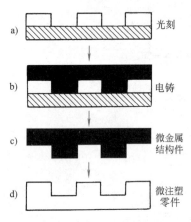

图 3-73 LIGA 工艺过程的三部曲

图 3-74 LIGA 技术制作的双联微注塑齿轮

3.8.3 纳制造工艺技术

由前所述，纳制造有纳米光刻以及基于 SPM 的纳制造两种不同的工艺方法。纳米光刻是迄今为止能够实现最精密工业化生产的一种工艺手段，目前已达到 5～10nm 级的光刻精度。纳米光刻是在传统光刻技术基础上引进电子束光刻、离子束光刻、X 射线光刻及纳米压印等先进光刻工艺，使光刻分辨率向 5nm 以下的光刻精度延伸。由于纳米光刻技术专业性较强，本节仅简要介绍基于 SPM 的纳制造技术。

1. 扫描探针显微镜 SPM

扫描探针显微镜（SPM）是各种新型探针显微镜的统称，包括扫描隧道显微镜（STM）、原子力显微镜（AFM）、激光力显微镜（LFM）、静电力显微镜（EFM）等。SPM 具有极高的分辨率，可得到样品表面高分辨率图像，可"轻易地"看到原子。SPM 不仅是一种测量分析仪器，也是一种纳米加工的工具，使人们有能力在极小的尺度上对物质材料进行改性、重组和再造，这对人们认识世界和改造世界的能力起着极大的促进作用。

下面简要介绍扫描隧道显微镜 STM 和原子力显微镜 AFM 的工作原理。

（1）STM 工作原理　扫描隧道显微镜（Scanning Tunneling Microscope，STM）是一种扫描探针显微镜，是基于量子理论隧道效应进行工作的。

如图 3-75 所示，STM 探针安置在一个可三维移动的压电陶瓷支架上，使其针尖可沿样品表面进行扫描运动。STM 将极细的探针和样件表面作为两个电极，在正常情况下两者之间互不接触、相互绝缘。当探针与样件表面间距离非常接近（<1nm）时，在外电场作用下电子将穿过电极间的绝缘层从一极流向另一极，产生与两电极间距离和表面性质有关的隧道电流。该隧道电流对两极间的距离极为敏感，当两电极间距离每减少 0.1nm，所产生的隧道电流将增加一个数量级。这样，通过检测隧道电流的大小便得知电极间距离，从而可反映出样件表面的形貌特征。

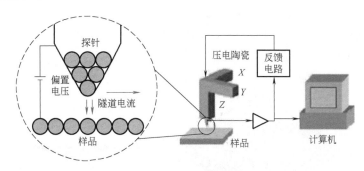

图 3-75　STM 原理结构

如图 3-76 所示，若将 STM 探针以不变的高度进行扫描，则所产生的隧道电流将随样品表面形貌的起伏状态而变化（图 3-76a）；若控制隧道电流不变，即保持探针针尖与样件间的距离不变，则探针针尖将随着表面的起伏而上下波动（图 3-76b）。

由于 STM 是通过隧道效应原理工作的，因而它仅能检测导电体，而不能用于非导电体的检测。

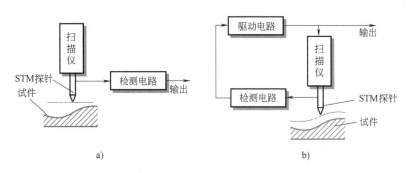

图 3-76　STM 工作原理

（2）AFM 工作原理　由物理学可知，当两物体间的距离小于原子直径时（<0.3nm），将产生两物体间的排斥力。原子力显微镜（Atomic Force Microscope，AFM）正是基于两物体间排斥力原理工作的。如图 3-77 所示，当 AFM 探针针尖与被测样件间的距离很小时，也会产生相互间的排斥力。若将 AFM 探针装在一根非常软的微弹簧片上，并用悬臂梁方式将该弹簧片固定，这样当探针在样品表面上扫描时，微弹簧上的压力基本保持不变，探针将随样品表面形貌的起伏而升降，用另一只激光显微镜或扫描隧道显微镜 STM 检测该探针的升

降量，便可反映出样品表面的形貌特征。

由于 AFM 是基于两物体间排斥力原理工作的，它不受样品材料的影响，既可用于导电体检测，又可用于非导电体检测。

2. 基于 SPM 的纳制造技术

应用原子力显微镜 AFM，以高硬度金刚石探针作为切削刀具，通过改变 AFM 探针的作用力和金刚石探针针尖的几何形状，即可实现对多种材料直接进行 2D 或 3D 纳米级可控切削加工。图 3-78 所示为哈尔滨工业大学纳米技术中心用 AFM 探针经多次刻切，加工出 "HIT" 窄而深的纳米级微结构沟槽，用这种方法还可以雕刻出其他较复杂的三维微结构体。

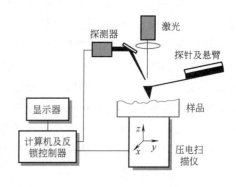

图 3-77　AFM 工作原理

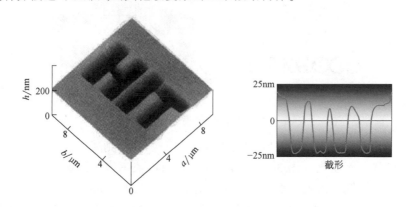

图 3-78　应用 AFM 加工的 "HIT" 纳米级沟槽

3. 基于 SPM 的原子操纵技术

原子操纵是一种纳米级微细加工技术，它是从物质的微观入手制作微结构或微机械的工艺方法。原子操纵一般是借助于扫描隧道显微镜 STM 实现，在 STM 针尖和样品表面之间施加适当幅值和宽度的电压脉冲，由于针尖和样品表面之间的距离非常接近，仅为 0.3 ~ 1.0nm，因此在电压脉冲的作用下，将会在针尖和样品之间产生一个强大电场。这样，样品表面的吸附原子将会在强电场的蒸发下被移动或提取，并在样品表面上留下原子空穴，实现单原子的移动或提取操纵。同样，吸附在 STM 探针针尖上的原子在强电场的蒸发下也有可能沉积到样品表面上，实现单原子的放置操纵。掌握好这种单原子操纵的电场蒸发机理，就可以按照人们所期望的规律移动、提取或放置原子，实现单原子的可控操纵。

例如：1990 年美国 IBM 公司在超真空和超低温条件下，用 STM 将吸附在镍 Ni 表面的氙（Xe）原子逐个拖动搬迁，并用 35 个 Xe 原子排列成 IBM 三个字母，每个字高为 5nm，原子间距为 1nm（图 3-79a）；1993 年 IBM 公司又实现了在单晶铜（Cu）表面上吸附铁 Fe 原子的搬迁移动，并用 48 个 Fe 原子围成一个直径 14.3nm 的人工围栏，并把圈在围栏中心的电子激发形成美丽的 "电子波浪"（图 3-79b）；实现上述工作后，他们又在 Cu 表面上用 101 个 Fe 原子写下 "原子" 两个中文字，这是首次用原子写成的汉字，也是最小的汉字（图 3-79c）。

　　1994 年中科院北京真空物理实验室在硅 Si(111)-7×7 表面，应用 STM 针尖连续加电脉冲移走 Si 原子形成的沟槽，写出了"中国"等图形结构（图 3-79d），由于字的笔画不是沿着 Si 晶胞的基矢方向，因此其边界较为粗糙。接着，他们还在 Cu 表面成功地用 78 个 Fe 原子构建了球场状的围栏结构（图 3-79e）。

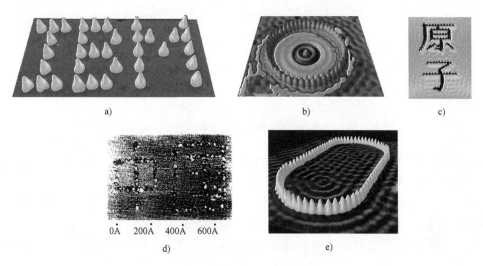

图 3-79　基于 STM 的原子操纵

　　依据上述原子操纵原理，可制备各种不同原子尺度的器件和人工结构，为人类认识和改造微观世界提供了一个极其重要的新型工具。随着原子操纵理论和实验技术的日益完善，必将在诸多研究领域得到越来越多的应用。

3.9 ■ 再制造技术

　　再制造是对废旧产品采用专门的工艺技术，将之重新制造出全新产品的工艺过程。再制造大大延长了产品的使用寿命，能够以最低的成本、最少的能源及资源消耗完成废旧产品的修复和更新。

3.9.1　再制造技术内涵与意义

　　再制造源于维修，但又明显区别于维修和制造。维修更多地关注单一零件的修复技术，常具有随机性、原位性和应急性，产品修复的质量一般难以达到新产品水平。再制造是一种规模化的生产过程，需要对每一个废旧零件的剩余寿命进行评估，按照制造标准采用先进的工艺技术进行加工，再制造产品的性能和质量不应低于甚至高于新产品。

　　与常规制造相比，再制造的对象更为苛刻，加工工艺更复杂，标准要求更严格。再制造对象是废旧产品或零部件，存在着尺寸超差、残余应力、内部裂纹和表面变形等缺陷，再制造前必须进行去除油污、水垢、锈蚀层及硬化层等前期操作工序。由于再制造毛坯损伤的复杂性和特殊性，再制造产品的质量控制更为困难，必须采用具有更高技术标准的加工工艺。

　　再制造的工艺流程如图 3-80 所示，废旧产品返厂后需经历无损拆解、绿色清洗、损伤检测、寿命评估、再制造工艺设计、再制造加工以及再装配等工艺流程。

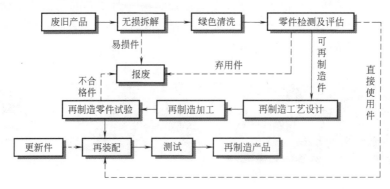

图 3-80　**再制造的工艺流程**

从再制造工艺流程可见，再制造不是废旧物资的回收再利用，再制造的产品也不是"二手货"，而是一种全新的产品。

通常人们所说的产品寿命周期为"产品制造、使用和报废处理"三个阶段。随着再制造技术的提出和再制造产业的诞生，报废后产品的寿命并未终结，经再制造之后可以再度使用。因此，再制造将产品寿命周期的链条大大拉长，将变为"产品制造、使用、报废、再制造、再使用、再报废"过程。

再制造技术延长了产品的寿命，提高了产品技术性能和附加值，能够以最低的成本、最少的能源及资源完成废旧产品的修复和更新。由国内外再制造实践表明，再制造产品的性能和质量达到甚至超过原产品，而成本却仅为原产品的 1/2 甚至更低，节能达到 60% 以上，节材 70% 以上。据我国一家再制造循环经济示范企业的数据统计，若每年再制造 5 万台斯泰尔发动机，可节省钢材 3.825 万 t，回收附加值 16.15 亿元，节电 7250 万度，实现利税 1.45 亿元，减少 CO_2 排放 3000t。

当前，我国已进入机械装备和家用电器报废的高峰期，如果对这些废旧设备和产品进行再制造，将会取得巨大的经济、环境和社会效益。

3.9.2　无损拆解技术

拆解是对废旧产品进行再制造的首道工序，其目的是便于清洗、检测和再加工。由于废旧产品的结构各异，整机或零部件在质量、结构、精度等方面均存有差异，若拆解不当将使毛坯件受损，这不仅会降低废旧产品的利用率，也间接地增加再制造的成本。

目前，常用拆解方法有敲击拆解、静力拆解、温差拆解、破坏拆解等多种工艺方法。

（1）**敲击拆解**　敲击拆解是利用锤子或其他工具敲击零件，通过冲击的能量把零件拆解分离，该方法工具简单、操作灵活，但往往会造成零件的损伤或破坏。

（2）**静力拆解**　静力拆解是应用油压机或专用顶拔器等工具进行拆解作业，常用于精密、过盈配合、不允许敲击的零件拆解，如轴承、带轮、轴类零件等。

（3）**温差拆解**　温差拆解是利用材料的热特性，加热膨胀配合件，在温差条件下使之失去过盈配合以实现零件的拆解，常用于热装配零件或尺寸较大零件的拆解作业。

（4）**破坏拆解**　对于一些焊接或铆接的连接件，或已互相咬死的轴套类零件，或为了保护核心价值件而必须破坏其低价值件时，可采用车、锯、钻、割等手段进行破坏性拆解，其拆解过程需注意保证核心价值件或零件主体部位不受到损坏。

为了实现废旧机电产品高效、自动、绿色的无损拆解，需要对这些废旧产品进行可拆解性设计，面向再制造进行零件拆解工艺规划，开发设计无损拆解的工具和装备。

3.9.3　绿色清洗技术

废旧零件的清洗是借助于清洗设备及清洗介质，采用机械、物理、化学或电化学方法去除其表面附着的油脂、锈蚀、泥垢、积炭以及其他污染物，使再制造零件表面满足检测分析、再制造加工以及装配检验等清洁度要求。

目前，被广泛应用的清洗技术有：

（1）有机溶剂清洗　是采用有机溶剂和溶液浸泡及喷淋等方法，通过溶解或化学反应去除零件表面的污染物。

（2）喷射清洗　以清洗液、喷砂、干冰等为介质，以压缩空气或高压水为动力，通过高速运动的清洗介质与待清洗零件表面发生物理作用而去除其表面上油污、锈蚀以及其他污染物。

（3）高温清洗　针对零件内表面油污，可利用高温水溶液或水蒸气以加速污垢面的分子运动速度，破坏污染物分子间的结合力，以提高清洗效果。

（4）超声波清洗　超声波清洗是利用超声波在清洗液中的空化效应，使零件表面的污垢层被分散、乳化、剥离而达到清洗目的。所谓空化效应，即当超声波作用于液体时，会在液体内部产生强大的拉应力，致使液体"撕开"形成称之为"空化"的小气泡，这些数以万计的空化小气泡的形成、膨胀和闭合过程将产生上千个大气压的冲击波，借助这种强大的冲击波可剥离清洗物表面的污垢，以达到清洗净化的目的。

上述清洗技术仍存在清洗效率、清洗成本、环境污染以及对人员伤害等问题，需要进一步研究开发新型清洗工艺、清洗材料和清洗装备，以提高清洗效率，减少环境污染，实现再制造废旧产品的绿色清洗。

3.9.4　无损检测与寿命评估技术

再制造是以废旧产品作为毛坯进行生产的，为了保证再制造产品的质量和效益，需要对毛坯进行检测分析，以评估再制造毛坯的损伤程度和再制造价值，预测其剩余寿命，以此作为筛选以及制订再制造工艺方案的依据。

无损检测是利用声、光、磁、电等特性，在不损害或不影响被检测对象使用性能的前提下，探测被测对象的缺陷以及缺陷的性质与位置。目前常用的无损检测有超声检测、X 射线检测、磁粉检测、声发射检测、激光全息检测等。

（1）超声检测　超声检测是利用超声波在金属构件内传播时的反射信号进行检查的方法。通过发射探头向金属构件表面发射超声波，当该超声波在其构件内部传播时遇到不同界面将产生不同的反射信号，利用该反射信号传递到探头的时间差便可检查构件内部的缺陷以及缺陷所在的位置。超声检测主要用于对金属板材、管材和棒材以及铸件、锻件、焊接件等缺陷的检测。

（2）X 射线检测　X 射线检测是利用 X 射线在不同介质传播时的衰减特性进行检测的。

当将强度均匀的 X 射线从被测件的一侧注入其中时，由于 X 射线穿过材料内部缺陷与穿过正常基体材料时的衰减特性不同，透过被测件后的射线强度将会不均匀，为此在被测件的另一侧接收透过被测件后的射线强度，即可判断被测件表面或内部是否存在缺陷。X 射线检测主要用于兵器、造船、航空航天、石油化工等领域的铸件、焊缝缺陷的检测。

（3）磁粉检测　磁粉检测是以磁粉作为显示介质对零件内部缺陷进行检测的方法。对于铁磁性材料零件被磁化后，由于内部缺陷的存在将使零件表面的磁力线发生局部畸变而产生漏磁场，该漏磁场将吸附施加在零件表面的磁粉而形成一些目视可见的磁痕，通过这种磁痕即可判别零件内部缺陷的位置、形状以及严重程度。磁粉检测主要应用于铁磁类金属铸件、锻件以及焊件的检测。

（4）声发射检测　声发射检测是通过接收、分析被测材料的声发射信号来评定材料性能以及结构完整性的一种检测方法。所谓声发射信号是结构材料内部的裂纹、塑性变形或相变等因素所引起的应变能快速释放而产生的一种应力波现象，也就是说声发射信号源来自于材料自身的缺陷。因而，通过对零件或产品声发射信号的检测与分析，可探测其内部的缺陷及其结构的变化，用以判别产品或设备的某种工作状态。目前，声发射检测主要应用于锅炉、压力容器等设备的裂纹及焊缝的检测，以及隧道、涵洞、桥梁、大坝、边坡、房屋等建筑物在役监测。

（5）激光全息检测　激光全息检测是利用激光全息照相技术来分析判断物体表面及内部缺陷的一种检测方法。在外力作用状态下，通过激光全息照相技术来观察和比较由于物体自身缺陷而引起的物体表面相应部位的局部变形，并以该局部变形来判断物体缺陷的存在。激光全息检测主要应用于航空、航天、军事等领域以及一些常规方法难以检测的零部件。

上述无损检测方法各有特色，可根据检测对象要求合理选择使用。通过无损检测可获得各个废旧零件现有性能状态，根据这些信息可对它们各自的剩余寿命进行评估，并根据检测与评估结果将废旧零件进行分类处理，以确定可直接使用件、可再制造件以及不能再用的弃用件。

对于废旧零件损伤程度诊断、寿命评估以及预测再制造后的新零件服役寿命，这是再制造工程最为关键的技术内容，也是当前再制造工程应用性研究的热点课题。

3.9.5　再制造成形与加工技术

再制造成形与加工是再制造工程的核心，其任务是将废旧产品中可再制造的零件进行修复，并使修复处理后的零件性能与期望寿命达到或高于原有零件水平。目前，对于废旧零件的再制造主要通过表面工程技术实现，包括热喷涂、电刷镀、激光修复等修复工艺。

1. 热喷涂修复技术

热喷涂是利用气体、液体、电弧、等离子束、激光束等热源将粉材或丝材修复材料加热熔化，并用热源自身的动力或外加高速气流将熔融的材料雾化为液体微粒，以较高的速度喷向经预处理清洁的零件表面，以形成特定的涂层，涂层厚度可为 0.01mm 至几毫米。

热喷涂是一种广泛应用的修复工艺，不受基体材料的限制，可喷涂的材料广泛，操作工艺灵活方便，根据需要可形成耐磨、耐蚀、隔热、抗氧化、绝缘、导电、防辐射等不同的功能涂层。

热喷涂有火焰喷涂、电弧喷涂、等离子喷涂、爆炸喷涂等不同工艺方法（参见 3.6.2

节），图 3-81 所示为用热喷涂技术修复一根大型废旧转轴零件。

2. 电刷镀修复技术

（1）电刷镀原理　电刷镀是利用电化学方法，使电镀液中的金属离子在零件表面还原并沉积，形成具有一定结合强度和厚度的电刷镀层。如图 3-82 所示的电刷镀装置，它由直流电源、刷镀笔、刷镀液、供液系统以及工件组成。刷镀笔通常采用高纯度石墨材料制造，刷镀笔外包有软质的涤棉套。工作时，刷镀笔接电源正极，工件接负极，浸满电镀液的刷镀笔在工件表面做相对擦拭运动。在电场作用下，刷镀液中的阳极金属离子与工件表面阴极电子结合，还原成金属原子结晶沉积在工件表面，形成沉积层，经不断重复刷镀，沉积层逐渐加厚，最终沉积形成一个电刷镀层。

图 3-81　热喷涂修复大型转轴零件

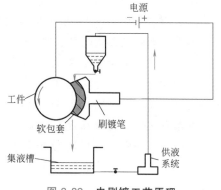

图 3-82　电刷镀工艺原理

（2）电刷镀特点　与其他修复工艺比较，电刷镀修复有其独特的优势。

1）工艺设备简单，操作灵活方便，经济实用，尤其对于大型精密设备可在现场进行不拆解修复。

2）阴极与阳极有相对运动，允许使用较高的电流密度，电流密度越高沉积速度越快。

3）配置不同形状和大小的刷镀笔，可修复各种复杂结构零件。

4）电刷镀溶液种类多，应用范围广，可满足各种不同的应用要求。

5）通过不同刷镀液的多层刷镀，可形成不同性能要求的复合层。

6）刷镀层厚度及均匀性均可控制，无须再经其他工艺加工。

电刷镀沉积层的性能主要取决于刷镀液，目前常用的刷镀液有镍系、铜系、铁系、钴系等单金属电刷镀溶液，也有镍钴、镍钙、镍铁、镍磷、镍铁钴、镍铁钨、镍锰磷等二元或三元合金电刷镀溶液。通过不同的电刷镀溶液可得到不同的耐磨镀层、减摩镀层、抗疲劳镀层、耐高温镀层、耐腐蚀镀层等。因此，电刷镀工艺广泛应用于机械零件表面的修复、强化以及再制造修复工程。

（3）纳米复合电刷镀　所谓纳米复合电刷镀是在电刷镀液中加入一定量的不溶性纳米颗粒，使其均匀地悬浮在镀液中，这些不溶性纳米颗粒能够吸附刷镀液中的金属正离子，当金属离子在阴极工件表面发生还原反应时，纳米微粒与金属离子一同沉积在工件表面，从而获得纳米复合镀层。近年来，纳米复合电刷镀技术已在再制造工程得到实际的使用。

纳米复合溶液中的纳米颗粒可以是单质金属或非金属元素，如纳米铜、石墨等，也可以是无机化合物和有机化合物，如金属氧化物、碳化物、氮化物、硼化物、硫化物、尼龙粉等。

由于纳米复合镀层中沉积有大量组织紧密、晶粒细小的硬质纳米颗粒，其硬度、耐磨性和抗疲劳等性能得到极大提高。例如：n-Al$_2$O$_3$/Ni-P 纳米复合刷镀层硬度大致是 Ni-P 合金刷镀层的 1.25 倍；n-Al$_2$O$_3$/Ni 纳米复合刷镀层耐磨性要比 Ni 纯镍刷镀层提高 1.5 倍。

由于纳米颗粒的加入使镀层的性能得到大大提高，可解决再制造工程的许多难题，现已成为再制造产品恢复原有尺寸和性能的重要手段，尤其是对薄壁、精密、细长零件的再制造特别适用。

3. 激光修复技术

激光修复有多种修复工艺，包括激光表面相变硬化、激光表面合金化处理、激光表面熔凝处理、激光表面熔覆处理、激光冲击强化处理等。

(1) 激光表面相变硬化　也称激光表面淬火（参见 3.7.1 节），是一种自冷式淬火工艺，不需要水或油淬火介质，加工柔性好，激光能够照射到的部位均可实现激光淬火。

(2) 激光表面合金化处理　激光表面合金化是既能改变零件表层的物理特性，又可改变其化学成分的一种修复处理工艺。它可将一种或多种合金元素快速熔入基体表面，与基体材料融合形成一层细密均匀的合金层，以提高零件表层的耐磨性、耐蚀性和高温抗氧化性等。激光表面合金化有预置法和喷射法两种工艺方法：预置法工艺是将所需要的合金粉末预先涂敷在材料表面，然后用激光束加热熔化，使之在材料表面形成新的合金层，如图 3-83 所示；喷射法工艺是将碳化物或氮化物等粉状硬质颗粒由送粉器送入激光同轴头，与激光束一同喷射入激光熔池，经熔化冷却后得到所需的合金层，如图 3-84 所示。

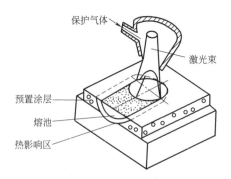

图 3-83　表面合金化预置法处理工艺

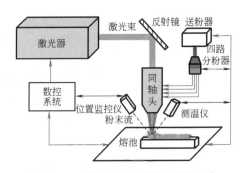

图 3-84　表面合金化喷射法处理工艺

(3) 激光表面熔凝处理　激光表面熔凝处理与激光表面淬火工艺基本类似，不同的是激光熔凝处理是将金属材料表面层迅速熔化，并利用基体内部的吸热冷却作用使表面熔化层以 $10^5 \sim 10^7$ K/s 速度快速冷却凝固，从而在材料表面形成一个熔凝层。该熔凝层晶体结构细小，组织致密，其耐磨性、抗氧化性、抗腐蚀性以及材料的综合力学性能远高于基体材料。激光表面熔凝处理较之激光表面淬火所需激光能量更高，冷却速度更快，通常用于铸铁、工具钢材料的处理，以提高材料表面硬度以及抗腐蚀性能。

(4) 激光表面熔覆处理　激光表面熔覆处理工艺与激光表面合金化类似，都是在基体表面熔覆一层具有特定功能的金属或合金材料，且在熔覆层与基体之间具有良好的冶金结合。所不同的是，激光表面熔覆处理要求基体材料对表层熔覆层的稀释度小，所获得的表面熔覆层几乎不受基体材料成分的干扰和影响。也就是说，激光表面熔覆只允许有 5% ～ 10%

少量的基体材料成分进入表面熔覆层，以保证得到高性能的表面涂覆层。激光表面熔覆处理的稀释度可通过激光功率、光斑直径以及熔覆速度等参数进行控制。

（5）激光冲击强化处理　激光冲击强化处理工艺如图 3-85 所示，先在材料表面涂上一层不透光的涂层材料，在涂层材料外面再覆盖一层透光的约束层材料，然后用高能量、短脉冲的强激光束透过约束层照射在材料表面的涂层材料上，涂层材料吸收到激光束能量后迅速气化，并形成大量稠密的高温（>10000K）、高压（>1GPa）的等离子体，这些等离子体急剧升温膨

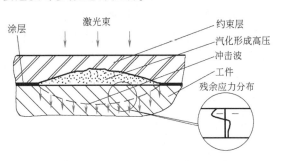

图 3-85　激光冲击强化处理工艺

胀，最终发生爆炸形成高强度冲击波作用于被处理材料表面，致使材料表层发生塑性变形而形成有较高残余压应力的激光冲击强化区，以此改善材料表面的机械性能。

激光冲击强化具有非接触、可控性强、强化效果显著的特点。在处理过程中，其涂层的作用主要是保护工件表面不被激光灼伤并增强对激光能量的吸收，常用的涂层材料有黑漆、铝箔等；约束层作用除了能约束等离子体的膨胀从而提高冲击波的峰值压力外，还能通过对冲击波的反射延长其作用时间，约束层材料可为普通流水或水晶玻璃等。

3.10 ■ 仿生制造技术

仿生制造（Bionic Manufacturing，BM）是制造科学与生命科学交叉结合的产物，是现代制造技术的新领域，现已成为先进制造技术的一个重要分支。目前，信息、生命和纳米科技正在引领 21 世纪科技发展的潮流，世界各国都十分重视仿生制造技术的研究和发展。美国在《2020 年制造技术的挑战》中将生物制造技术列为 11 个主要发展方向之一，我国机械工程学科发展战略报告（2011—2020 年）也明确将仿生制造列为未来主要的发展方向。

3.10.1　仿生制造技术内涵

仿生制造是模仿生物的组织、结构、功能和性能，制造仿生结构、仿生表面、仿生器具、仿真装备、生物组织及器官，以及借助于生物形体和生长机制进行加工成形的过程。仿生制造是传统制造技术与生命科学、信息科学、材料科学等多种学科的结合，以制造过程与生物生存过程的相似性为基础，学习模仿生物系统的组织结构、能量转换、控制机制以及生长方式，以提高和促进现有制造技术的发展和进步。

在自然界中，生物通过自然选择和长期的自身进化，对自然环境具有高度的适应性，它们的感知、决策、指令、反馈及运动等方面的机能，与现有人类已掌控的能量转换、控制调节、信息处理、导航和探测等技术相比有着不可比拟的长处。

制造过程和生物的生命过程有着相似之处，仿生制造是向生物体学习，实现诸如自发展、自组织、自适应和进化等功能，以适应日渐复杂的制造环境。传统制造可认为是一种"他成形"，即通过各种机械、物理、化学等手段实现强制成形，如车削、冲压、化学镀等；而生物体的生命过程则属于"自成形"，是依靠生物体本身的自我生长、发展、自组织以及

遗传过程完成的。为此，仿生制造应视为由传统"他成形"向生物体"自成形"方向转变。

仿生制造为传统制造技术的创新开辟了一个新的领域。人们在仿生制造中不仅是师法大自然，而且是学习与借鉴生物体自身的组织方式与运行模式。如果说制造过程的机械化和自动化延伸了人类的体力，智能化延伸了人类的智力，那么仿生制造则是延伸人类自身的组织结构和进化过程。

仿生制造所涉及较宽的技术领域，本节侧重介绍仿生机构制造、仿生功能表面制造、生物器官制造、生物成形等仿生制造技术。

3.10.2 仿生机构制造

仿生机构制造是在提取自然界生物优良特征的基础上，模仿生物的形态、结构、材料和控制功能，设计制造具有生物特征或优异功能的机构或系统的技术。

类似于动物肢体是由骨骼、韧带和肌腱组成，仿生机构也应由刚性构件、柔韧构件、仿生构件以及动力元件等结构组成，通过运动副或仿生关节的连接，各组成部分在控制系统的指控下，可实现某种程度上模拟特定生物的运动功能。

在仿生机构的组成构件中，刚性构件是整个机构的基础，是做刚体运动的单元体，决定着机构的自由度及活动范围。柔韧构件一般为弯曲刚度较小、不会伸长或缩短的带状构件，它决定着刚性构件的驱动方式以及机构运动的确定性。仿生构件是模仿生物运动器官自身特性的构件，在机构中独立存在，不影响机构的相对运动，仅为改善构件的传动质量；动力元件是在系统控制下直接能对柔韧构件施加张力的动力源，其功能相当于动物的肌肉。

假肢是一种典型的仿生机构。图 3-86 所示是一个受控于肌电信号的仿生手臂，它由 20 个微型马达驱动，每个关节都由一个微型液压驱动系统提供动力，在佩戴者肢体残端肌肉中植入传感器，通过佩戴者肌肉张紧松弛的肌电信号可控制每个关节的动作，这种假肢驱动和控制系统使得手臂、手腕和手指的运动更加自然，具有更好的动作灵活性。

目前的仿生假肢已具有脑-机接口功能，

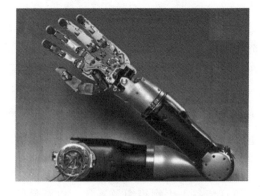

图 3-86　受控于肌电信号的仿生手臂

可将来自人脑的信号通过传感器传输到假肢，使假肢在一定程度上听从大脑的指令，可让残疾人像正常人一样行走，让仿生假肢感觉好像是自己身体的一部分，可轻松抓起物品，使曾经只在科幻作品出现的情景得以实现。

随着计算机、微处理器以及小型液压推动系统的进步与发展，以及新型工程材料的出现，将会制造出更加灵活、结实和轻便的仿生机构或产品。

3.10.3 功能表面仿生制造

功能表面通常是指具有减阻、湿润、隐形、散热和传感等功能的生命体表面。自然界生命体是最卓越的工程师，生命体表面精致绝伦，从分子尺度的纳米、微米乃至介观和宏观尺度的细胞、组织器官，均为复杂的、智能的、动态的、可修复的多功能表面，是具有有序、

多尺度的层次结构。生命体表面的许多功能至今人类还望尘莫及，如内量子效率几乎 100%
的叶绿素太阳能转换器，超高集水隔热的沙漠昆虫的甲壳，超越舰船航速的海豚、鲨鱼减阻
表面，高度环境协调的光、声、电、磁传感和响应的生物表皮，众多鱼类、鸟类、陆地爬行
类动物的摩擦力学行为等，它们对当今科学研究和技术开发具有重要意义。

　　功能表面仿生制造技术是制造科学与生物、医学、物理、化学等多学科交叉融合的产
物，功能表面仿生是未来高新科学技术发展的一个重要方向。

　　低阻功能表面仿生研究是当前仿生制造的热点之一，包括固体-固体、固体-液体、固体-
气体的界面结构、接触机制以及力学行为的研究。自然生物经过亿万年的进化，形成了非常
利于运动节能的低阻体表形貌和界面结构，如鱼类、鸟类、贝类、昆虫等形体表面都有低阻
功能的表现。人们经长期观察与研究，逐渐认识到鲨鱼皮的减阻效能，并采用纤维模仿鲨鱼
皮外表结构制成鲨鱼皮仿生泳衣，具有显著的减阻效果，如 2008 年奥运会菲尔普斯身披的
"鲨鱼皮"泳衣破纪录地独揽了 8 枚金牌。

　　经研究发现，鲨鱼体表是由若干菱形阵列的盾鳞覆盖，如图 3-87 所示。每个盾鳞都是
由非光滑的鳞棘和深埋在真皮中的基板构成，呈现肋条状的釉质结构表面，质鳞长度为
$100 \sim 200 \mu m$，结构面上的肋条间距为 $50 \sim 100 \mu m$。这种肋条状的盾鳞结构能够优化鲨鱼体表
流体边界层的流体结构，抑制和延迟湍流的发生，可有效减小水体阻力。

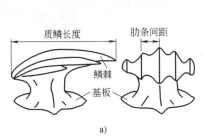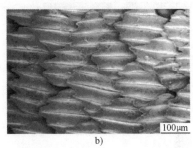

图 3-87　鲨鱼皮表面结构图

a）盾鳞结构　b）鲨鱼皮表面 SEM 照片

　　减小材料与流体间的摩擦阻力，对于设计与制造飞行器、航行船舶、流体输送管道等至
关重要。研究表明，飞机表面摩擦阻力占到总阻力的 48% 左右，船舶表面摩擦阻力占 70%~
80%，大量能源因表面阻力的存在而被消耗。为此，类似鲨鱼皮表面肋条结构的仿生减阻材
料在航运工具、发动机叶片、流体输送管道、高速列车、水下作战单元等方面已得到较多的
应用。例如，美国 NASA 兰利中心在 Learjet 飞机上采用沟槽表面，使减阻量达 6%；我国在
运七金属原型上粘贴了顺流向沟槽薄膜，减阻效果达到 5%~8%。

　　北京航空航天大学采用热压印复制法成功制备了仿生鲨鱼皮，其流程如图 3-88a 所示。

　　1）制作生物模板。首先以鲨鱼真皮取样，经强化处理后制作生物模板。由于鲨鱼盾鳞
质地非常坚硬，在古代曾当作砂纸使用，能够承受一定的力、热及化学过程作用而不致破坏
其表面结构。

　　2）加热基板。选用温态流动性较好的平板有机玻璃（PMMA）作为基板，将其放入压
力机内加热至玻璃化温度并保温。

　　3）复制模板。把鲨鱼皮模板鱼鳞面朝下平铺于基板上，用平板压平，在其上施加一定

静压力并保压。

4）弹性脱模。保压30min后，将温度降至70℃左右进行弹性脱模，便得到印有鲨鱼鳞片阴模结构的复型模板。由于鲨鱼鳞片为斜楔状，脱模困难，需在一定温度下进行弹性脱模。

5）复型翻模。选用硅橡胶等材料浇注于复型模板表面，静置24h固化后脱模便得到仿生鲨鱼皮，如图3-88b所示。

试验表明，用这种工艺制备的仿生鲨鱼皮表面，其最大减阻效率达到8.25%。

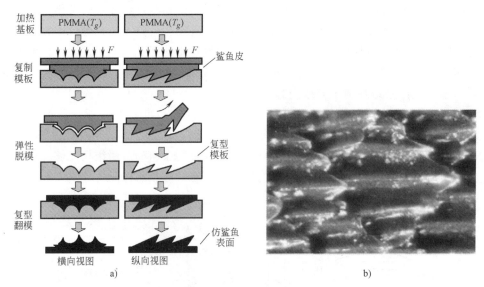

图 3-88　仿生鲨鱼皮热压印复制工艺

a）工艺流程　b）仿生鲨鱼皮

3.10.4　生物组织器官制造

生命与健康是人类社会的重要需求和社会文明的标志。长期以来，人们希望通过更换病变组织和器官提高生存质量，而社会人口的老龄化和疾病患者年轻化使得组织器官的供需矛盾日益尖锐，某些组织和器官的供求比例甚至达到1∶150之多，由此显示出研究和发展人体组织器官产品的必要性和迫切性。

所谓生物组织器官制造，即用生物材料、细胞和生物因子等制造具有生物学功能的人体组织或器官的替代物过程。目前生物组织器官的制造主要是围绕非活性组织的植入式假体、简单的活性组织和复杂的内脏器官及支架等，其中植入式假体是目前临床医学应用最广泛的

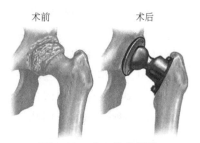

图 3-89　人工关节置换

产品，其特点是将非活性材料制造的组织与器官植入人体内以替代缺损的组织器官部分生理功能，例如人工关节、血管支架、人工眼、人工耳蜗、人工心脏等，图3-89所示为采用人工关节置换坏死的病残关节。

研发具有生物活性的人工骨及关节是制造人工关节的发展趋势。实现人工活性骨及关节

的难点在于，生物结构的多孔性与多孔结构强度间的矛盾。为此，人们利用各种生物材料功能特性的不同，提出由多种材料构建具有梯度特性的复合材料人工关节，使人工关节获得良好的力学支撑和生物学性能。图 3-90 所示为西安交通大学设计制造的金属/陶瓷复合结构的人工关节，目前已应用于临床治疗青少年保肢手术。

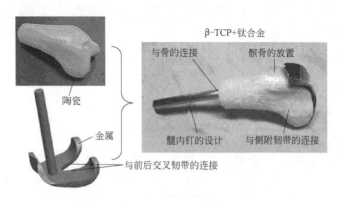

图 3-90　金属/陶瓷复合人工关节

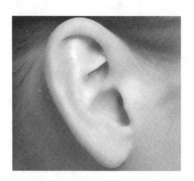

图 3-91　应用增材制造工艺成形的耳软骨支架

对于一些永久植入物的制造，要求所使用的材料必须具有良好的生物相容性，如人工骨、人工外耳、个性化种植牙等。图 3-91 所示是清华大学与中国医学科学院合作，应用增材制造工艺成形的耳软骨支架，其材料为生物组织相容且不降解的聚氨酯材料，植入后的效果很好，与人的健康耳朵的形状完全一致。

3.10.5　生物成形制造

生物成形制造是借助于生物形体及其生长过程完成具有新陈代谢特征生命体的成形和制造技术。与非生命系统相比，生物系统是尺度最微细、功能最复杂的系统。目前世界上发现有 10 万多种微生物，其大部分为微纳级尺度，具有不同的标准几何外形与亚结构，不同的生理机能和遗传特性。这就有可能找到 "吃" 某些工程材料的菌种，以实现生物的去除成形；可通过复制或金属化不同标准外形与亚结构的菌种，再经排序或微操作，实现生物的约束成形；也可通过控制基因的遗传形状特征和遗传生理特征，生长出所需的外形和物理功能，实现生物的生长成形；还可通过连接成形、自组装成形等技术实现不同生物体的成形制造，如图 3-92 所示。

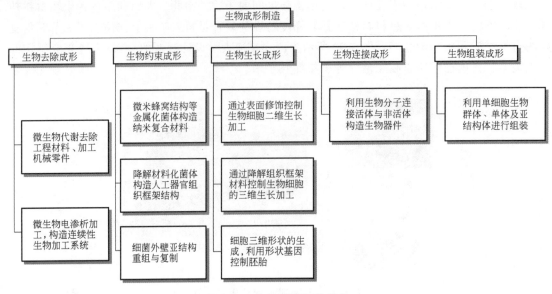

图 3-92　生物成形制造技术

下面列举两个生物成形制造的研究实例。

（1）硅藻基片组装成形　图 3-93 所示为北京航空航天大学采用生物组装成形工艺进行微流硅藻基片制造示意图。先将经清洗的硅藻均匀地撒在清洁的玻璃基片上，再利用毛细作用力等自然力对硅藻进行二维紧密排布，紧密排布后在其上滴加微量的氢氟酸溶液使硅藻相互间形成预键合体，在预键合体上面铺设一层防腐蚀片，并施加一定压力处理数小时便可获得具有生物特性的微流硅藻基片。这种微流硅藻基片可将实验室许多仪器的功能缩小到芯片级尺度上，具有较高的功能集成度，在 MEMS 领域担负有重要角色。

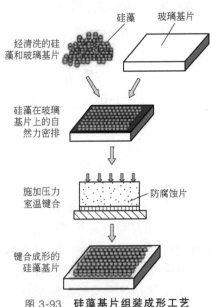

图 3-93　硅藻基片组装成形工艺

（2）脂质体基分子马达芯片连接成形　图 3-94 所示为北京航空航天大学采用生物连接

成形工艺制造的脂质体基分子马达芯片，这种分子马达芯片在环境监测、药物筛选、疾病监测、信息存储、信息传递等领域有广泛的应用前景。它是将光合细菌分子马达通过脂质体连接在缓湿基片的阵列上，并将纳米镍棒连接在分子马达上以使马达回转。图 3-94b 所示为具有微纳孔系的缓湿基片，该基片的阵列结构、连接关系、流体通道以及检测与驱动功能等均由生物成形技术制造而成。

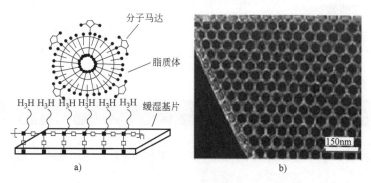

图 3-94　脂质体基分子马达芯片的生物成形

a）脂质体连接作用　b）缓湿基片硅藻孔系

本章小结

先进制造工艺是在传统制造工艺基础上经不断改进和提高形成的，具有优质、高效、低耗、洁净和灵活的特点。从材料成形学角度可将机械制造工艺分为材料受迫成形、材料去除成形、材料堆积成形三种不同的类型。

在材料受迫成形工艺领域，有精密洁净铸造、精密模锻、超塑性成形、精密冲裁、辊轧工艺、高分子材料注射成形等不同的先进、高效、低耗的成形工艺技术。

在超精密加工和高速加工的材料去除成形工艺领域，其加工精度已进入微纳精度级别，加工速度达到刀具和机床所承受的临界速度范围，涉及超精密加工机理、超精密加工刀具（磨具）及其制备技术、超精密加工机床、高速加工机床、精密测量及补偿、严格的工作环境等关键技术。

基于非机械能的特征加工是采用如电能、热能、光能、化学能、声能等非机械能实现材料去除的机械加工方法，属于非接触加工，不受被加工材料的物理和机械性能的限制，可加工各种硬、软、脆、热敏、耐腐蚀、高熔点、高强度以及特殊性能的金属和非金属材料，有电火花加工、电化学加工、激光加工、电子束加工、离子束加工、超声波加工，超高压水射流加工等不同的特种加工类型。

增材制造是采用软件离散-材料堆积成形原理实现零件的成形过程，有光敏液相固化法、叠层实体制造法、熔丝沉积成形法、选区激光烧结法、三维打印、金属材料增材制造等多种成熟的成形工艺方法。

表面工程技术是通过物理、化学、机械等工艺方法改变零件表面材料形态、化学成分、组织结构和应力状态，以获得零件表面特有性能的一项应用技术，有高能束表面改性、表面覆层工艺以及表面复合处理等工艺技术。

微纳制造是指尺度为微米级和纳米级的材料、设计、测量与控制的产品或系统加工制造及其应用技术。微制造有微机械加工以及诸如光刻、牺牲层、LIGA 等硅半导体材料的制造工艺；纳制造有纳米光刻以及基于 SPM 纳米加工和原子操纵工艺。

再制造是指以废旧产品为毛坯，通过专门化的工艺技术将之重新制造出全新产品的工艺过程，通常包括无损拆解、绿色清洗、损伤检测、寿命评估、再制造工艺设计、再制造加工以及再装配等工艺流程。

仿生制造是模仿生物的组织、结构及性能，进行具有生物特性的生物产品的制造过程，当前重点研究内容有仿生机构制造、仿生功能表面制造、生物器官制造、生物成形等仿生制造技术。

思考题

3.1 从材料成形学角度，零件成形工艺有哪几种类型？列举各种类型的具体工艺方法。

3.2 描述先进制造工艺的发展与特点。

3.3 查阅资料，列举现已成熟使用的精密洁净铸造成形工艺方法。

3.4 查阅资料，列举现已成熟使用的精密高效金属塑性成形工艺方法。

3.5 什么是超塑性？目前金属超塑性主要有哪两种工艺方法？

3.6 目前在高分子材料注射成形工艺中，有哪些先进成形技术？

3.7 就目前技术条件下，普通加工、精密加工和超精密加工是如何划分的？

3.8 超精密切削加工对刀具有哪些要求，金刚石刀具有哪些性能特征？

3.9 为什么超精密切削加工一般采用金刚石刀具？分析超精密切削时最小切削厚度与刃口圆弧半径的关系。

3.10 超精密磨削一般采用什么类型砂轮？这些砂轮有何特点以及如何进行修整？

3.11 超精密加工对机床设备和环境有何要求？

3.12 在什么速度范围下进行加工属于高速加工？分析高速切削加工所需解决的关键技术。

3.13 叙述高速磨削对砂轮的要求。

3.14 高速干切削需采取哪些技术措施？

3.15 与传统加工工艺比较，特种加工有哪些性能特征？

3.16 简述电火花加工原理，比较快走丝线切割机床与慢走丝线切割机床的性能特征。

3.17 简述电化学加工机理，比较电解加工与电铸加工在原理上的区别。

3.18 分别叙述激光加工、电子束加工、离子束加工以及水射流加工几种高能束流加工的工作原理。

3.19 分析增材制造工作原理和作业过程。

3.20 列举当前常用的增材制造工艺方法，并叙述各种工艺方法的工艺过程及其特点。

3.21 列举当前常用的表面改性、表面覆层和表面处理的工艺技术。

3.22 列举当前常用的微制造工艺技术以及纳制造工艺技术。

3.23 描述再制造工艺流程以及涉及的关键技术。

3.24 当前有哪些常用的再制造成形与加工工艺技术？描述其工艺原理。

3.25 叙述仿生制造内涵以及目前主要研究内容。

制造自动化技术

第4章

制造自动化技术是先进制造技术的一个重要组成部分。制造自动化是人们在长期生产活动中不断追求的目标之一。采用自动化制造技术，可以大大减轻操作者的劳动强度，提高劳动生产率和产品质量，降低制造成本，增强企业市场竞争力。制造自动化技术的发展加速了制造业由劳动密集型向技术密集和知识密集型产业转变的步伐，是制造业技术进步的重要标志。

内容要点：

本章在分析制造自动化技术内涵及其发展的基础上，从狭义制造的角度介绍生产车间层面上所涉及的制造自动化技术，包括自动化制造设备、物料运储自动化、装配过程自动化以及检测监控过程自动化等技术内容。

4.1 ▪ 概述

4.1.1　制造自动化技术内涵

制造自动化（Manufacturing Automation，MA）术语最早是由美国通用汽车公司 D. S. Harder 先生于 1936 年提出，当时其内容仅是以机器代替人工实现物料的自动搬运。经历了几十年的发展，尤其近 30 多年来随着科学技术的进步，制造技术、计算机技术、信息技术和控制技术的发展，制造自动化技术的功能目标和内涵都得到不断的丰富和完善。

初始，制造自动化的目的仅是以机器代替人的体力劳动，以省力为其功能目标。随着计算机和信息技术的引入，制造自动化的功能目标得到大大拓展，不仅以省力代替人的体力劳动，还以省脑部分替代或辅助人的脑力劳动。

与"制造"概念类似，制造自动化也有狭义和广义之分。"狭义制造"概念下的制造自动化通常是指车间生产过程的自动化，即产品生产过程中的加工、搬运、装配和检验等作业的自动化。"广义制造"概念下的制造自动化其作用范围要广得多，包含产品设计、加工制造、质量保证、企业管理等整个企业生产经营过程的自动化，其目标是实现高效、优质、低耗、及时和洁净的生产，以提高企业生产经营实力和市场竞争力。

本章内容仅限于狭义概念下的制造自动化技术，包括自动化制造设备、物料运储自动化、装配过程自动化、检测监控自动化等技术内容。

4.1.2　制造自动化技术发展

自 18 世纪由蒸汽机而引发的工业革命以来，制造自动化技术就伴随着制造技术的进步而渐次得到了发展，尤其自 1895 年由美国发明多轴自动车床以来其发展进程得到明显的加快。回顾制造业发展历程，可将制造自动化技术的发展分为刚性自动化、柔性自动化、综合自动化以及智能自动化几个发展阶段，如图 4-1 所示。

图 4-1　制造自动化技术的发展

（1）刚性自动化阶段　19 世纪末 20 世纪初，由于当时制造业自动化程度不高，生产率水平低下，社会商品紧缺，社会对商品市场的需求量大，导致该阶段制造业所面临的主要矛盾是如何提高生产效率以满足大量的社会需求。为此，在机械制造业陆续出现了针对特定产品的刚性自动化单机和刚性自动生产线。例如：1895 年美国发明了多轴自动车床，该车床采用纯机械凸轮轴控制实现了回转体零件的自动加工，极大提高了单机加工的效率；1924年英国莫里斯（Morris）汽车公司推出了世界第一条采用流水作业的机械加工自动生产线，标志着制造自动化技术由单机自动化在向自动生产线转变；1935 年苏联研制成功第一条汽车发动机气缸体加工自动线；第二次世界大战前后，美国福特汽车公司大量采用了自动化生产线，使汽车生产效率得到成倍地提高，生产成本大幅度下降。

到 20 世纪 50 年代，这种适合于单一品种大量生产的刚性自动化技术达到了顶峰，它极大提高了劳动生产率，降低了生产成本，满足了社会对基本物质商品的需求，对于人类社会的进步做出了巨大的贡献。

（2）柔性自动化阶段　随着社会商品的丰富，人们开始追求个性化、主体化、多样化的消费需求，使市场呈现动态多变的趋势。在这种市场趋势下，刚性自动化的生产品种单一、市场应变能力差的特点与个性化的市场需求已成为制造业的主要矛盾，为此制造自动化技术开始由刚性自动化向着柔性自动化方向转变。

1952 年美国麻省理工学院（MIT）成功研制了第一台数控机床，通过改变数控程序即可实现不同零件的自动加工，从而揭开了数字化、柔性自动化的序幕。1958 年第一台数控镗铣加工中心在美国研制成功，自带刀库，可根据加工需要自动更换刀具。1959 年第一台工业机器人在美国问世，可代替人工完成自动装卸工件的任务。

20 世纪 60 年代中期，由计算机控制的数控加工系统 CNC/DNC 问世，从而加速了制造过程数字化、柔性化的发展步伐。1967 年英国莫林公司建造了第一条柔性制造系统 "SYS-TEM 24"，它由六台数控机床组成，在无人看管环境下可连续 24h 工作，标志着制造自动化由数控化单机在向柔性制造系统（FMS）的转变。接着美国、日本、苏联、德国等工业国家也都在 20 世纪 60 年代末至 20 世纪 70 年代初，先后开展了 FMS 研究和开发。到 20 世纪 80年代，柔性制造系统在技术上已经成熟，进入了实用阶段，在数量上也有了较大发展。据不完全统计，目前全世界以柔性制造系统生产的制成品占全部制成品的 75% 以上，仅日本就有一百多套柔性制造系统在使用。迄今为止，柔性制造系统仍是机械制造业自动化程度最高并且最实用的制造系统。

柔性自动化将高效率与高柔性融于一体，生产工序集中，没有固定节拍，物料非顺序流动，降低了非大量生产的成本，较好地满足了多品种、中小批量生产的自动化要求。

（3）综合自动化阶段　到 20 世纪 80 年代后半叶，随着计算机及其应用技术的迅速发展，各种信息单元自动化技术逐渐成熟。为充分利用各种自动化单元的信息资源，发挥企业生产的综合效益，以计算机为中心的综合自动化技术得到快速的发展，其典型代表为计算机集成制造系统（Computer Integrated Manufacturing System，CIMS）。CIMS 是借助于计算机技术、现代系统管理技术、现代制造技术、网络信息技术、自动化技术和系统工程技术等，将企业内信息流、物料流和能量流有机集成，通过信息共享，以实现制造系统的优化运行。

CIMS 是制造型企业的信息集成系统，也是一种广义的制造自动化系统，它将企业内不同部门的自动化子系统，包括管理信息子系统（MIS）、制造资源计划子系统（MRPⅡ）、工程设计子系统（CAD/CAPP/CAM）、制造自动化子系统（CNC/DNC/FMS）、质量控制子系统（QCS）等集为一体，极大提高了企业制造自动化水平，增强了企业对市场反应的灵活性和敏锐性。

（4）智能自动化阶段 进入21世纪以来，尤其近十年来随着数字化、信息化和网络化技术的快速发展，全球出现了以物联网、云计算、大数据、移动互联网等为代表的新一轮技术创新浪潮，这些新技术的出现推动着制造业朝着智能自动化新时代发展。

智能制造是未来制造业的发展方向，也是各工业国家当前发展所瞄准的目标，无论是德国"工业4.0"，还是美国"工业互联网"以及我国"中国制造2025"，都在努力通过具有深度感知、智慧决策、自动执行功能的智能制造装备，应用大数据挖掘分析技术，实现设备控制、工艺优化和分析决策的智能化，以打造一个万物互联、信息互通的智能世界。

目前，我国制造自动化技术水平与西方先进工业国家相比，尚有较大的差距，尚处于"工业2.0"和"工业3.0"并行发展阶段，若要进入智能自动化新时代，尚需努力补上"工业2.0"以及"工业3.0"所存在的差距，其目标任重而道远。

4.2 ■ 自动化制造设备

目前，制造型企业所使用的自动化制造设备形式多样，就其应用范围分有刚性自动化和柔性自动化两类不同的自动化制造设备。

刚性自动化设备是应用机械、电气、液/气动元件进行控制，其加工效率高，加工对象单一，适用于大批量自动化生产，如全/半自动车床、专用机床、组合机床、刚性自动生产线等。由于市场需求的变化，这些刚性自动化设备大多已被淘汰，但在标准件、电动机、变压器等大批量生产的产品行业目前仍在使用。

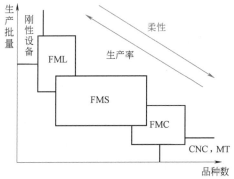

图4-2 自动化制造设备柔性度和生产率特性

柔性自动化设备是由计算机控制，通过控制程序的改变可加工多种结构不同的零件，适用于多品种、中小批量甚至单件自动化生产，如数控机床、加工中心机床（MT）、柔性制造单元（FMC）、柔性制造系统（FMS）、柔性制造生产线（FML）等，这些柔性自动化设备柔性好，生产效率适中（图4-2），是当前制造业主流的加工设备。

本节侧重介绍目前应用面较广的柔性自动化制造设备。

4.2.1 数控机床

数控机床是用数字信息对机床运动及其加工过程进行控制的机床，是典型的机电一体化制造装备。数控机床是现代制造自动化的基础，也是柔性制造系统以及先进集成制造系统的最基本组成单元。

1. 数控机床组成及其作业过程

数控机床通常包括机床本体、数控系统以及辅助装置等，如图4-3所示。机床本体包括机床床身、主轴部件、进给部件以及工作台等机床基础部件，其辅助装置一般有回转台、夹紧机构以及冷却、润滑、排屑和防护装置等。

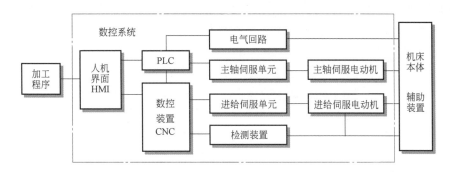

图 4-3 数控机床组成及工作原理

数控系统是数控机床的核心，担负着数控机床整个加工控制任务，包含计算机数控装置（CNC）、可编程序控制器（PLC）、主轴伺服驱动单元、进给伺服驱动单元、人机界面（HMI）以及检测反馈装置等。CNC装置为机床数控系统的大脑，是以数字形式控制机床的加工运动，通常具有多轴联动控制、运动插补、主轴转速及进给速度调节、误差补偿、故障诊断、程序编辑以及信息通信等功能；PLC是用于数控加工过程的逻辑量控制，包括控制面板、机床主轴启停及换向、刀具更换、冷却润滑启停、工件夹紧与松开、工作台分度等逻辑顺序和开关量的控制；伺服驱动单元是CNC装置和机床本体的连接环节，是数控系统的执行部件。

由图 4-3 可见，数控机床的工作过程如下：

1）首先，将编辑好的数控加工程序通过人机界面HMI输入CNC装置。

2）CNC装置逐段解读数控加工程序，依据各程序段的字地址将相关数据送入对应缓冲区。

3）根据数控程序进行刀具补偿、进给方向判断、进给速度换算等预处理计算。

4）根据预处理结果进行运动插补，以程序给定的速度驱动控制刀具按设定的轨迹运动。

5）由PLC根据数控程序中M、S、T等辅助功能代码进行逻辑量运算，控制机床继电器、电磁阀以及控制面板等开关元件的逻辑动作。

6）检测元件实时检测各伺服控制轴的实际位移及位移速度等状态信息，并将检测信号反馈到CNC装置进行处理。

7）CNC装置将所反馈的各控制轴实际工作状态与程序指令进行比较，并以其差值对系统控制量进行修正和调节，直至差值回零为止。

2. CNC 数控系统

CNC数控系统主要由系统软件和硬件两部分组成。系统软件是指系统的各个功能程序模块；系统硬件主要包括中央处理器（CPU）、输入输出接口（I/O）、伺服驱动单元和检测反馈单元等。

（1）系统软件 数控系统的软件结构如图 4-4 所示，通常由一个主控模块与若干功能模块组成。系统主控模块是为用户提供一个友好的系统操作界面，在此界面下系统各功能模块是以菜单或图标形式被调用。系统各功能模块可分为实时控制类模块和非实时管理类模块两大类。实时控制类模块是控制机床实时加工运动的软件模块，如程序译码、运动插补、速度处理、数据采集等，具有毫秒甚至更高级要求的时间响应；而非实时管理类模块包括程序编辑、参数输入、显示处理、文件管理等，这些软件模块没有较高的时间响应要求。

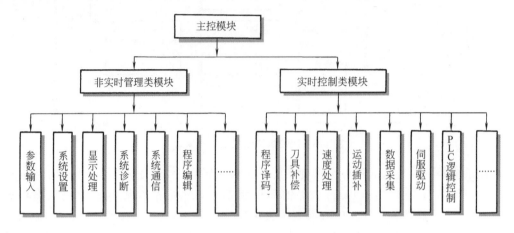

图 4-4 数控系统的软件结构

（2）CNC 系统硬件 目前，CNC 系统的硬件结构型式较多，有单 CPU、多 CPU、基于 PC 的开放式系统结构等。

1）单 CPU 数控系统。顾名思义，单 CPU 数控系统仅有 1 个 CPU 处理器，通过系统总线与存储器以及各类接口相连接，采用集中控制、分时处理的工作方式完成数控加工中各项控制任务。

2）多 CPU 数控系统。配置有多个 CPU 处理器，通过公用地址和数据总线实现各 CPU 间的通信，每个 CPU 共享系统的公用存储器与 I/O 接口，各自完成系统所分配的控制任务。多 CPU 系统为多任务并行处理模式，系统的计算速度和处理能力大为提高，改善了系统适应性、可靠性和可扩展性，性能价格比得到提高。目前，市场上的数控系统大多采用多 CPU 结构型式。图 4-5 所示为一典型的多 CPU 结构的 CNC 系统。

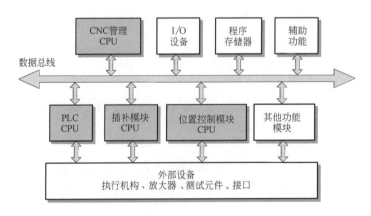

图 4-5 多 CPU 结构的 CNC 系统

3）开放式数控系统。基于 PC 的开放式数控系统是当前数控系统的一种发展趋势，它利用 PC 丰富的软硬件资源和友好的人机界面，可将许多现代控制技术融入数控系统，可为数控系统增添多媒体功能和网络功能，同时也可满足用户对数控系统自主开发的需要。目前，有 PC 嵌入 NC 型、NC 嵌入 PC 型以及纯 PC 软件型等多种开放式数控系统结构型式。

① PC 嵌入 NC 型。这类系统是将 PC 模块嵌入传统数控系统中，PC 与 NC 之间通过专用总线进行连接，其数据传输速度快，响应迅速，原数控系统无须太大的改动，利用 PC 的开放性可定制用户喜爱的界面，可与外部网络连接，但其内核仍属传统数控系统，其内部体系结构是不对外开放的，如 FANUC、SIEMENS 等公司开放式数控系统通常为这类结构型式。

② NC 嵌入 PC 型。这类系统是将运动控制 NC 模块插入通用 PC 扩展槽中构成 "PC+运动控制器" 结构的系统平台，是一种以工业 PC 为主机，以开放式多轴运动控制器为从机，以 PC 总线实现两者的通信，从而构成主从分布式的控制系统体系。这类系统的应用软件通用性强，编程处理方便灵活，具有上下两级开放性，是目前应用较多的一种开放式数控系统结构，如图 4-6 所示。

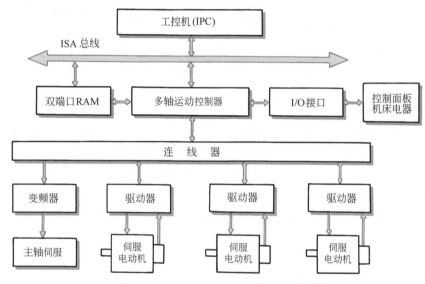

图 4-6　NC 嵌入 PC 型开放式数控系统结构

③ 纯 PC 软件型。该类系统是将 CNC 功能均由 PC 软件实现，通过 PC 扩展槽上伺服接口卡板实现对伺服驱动轴的控制，它除了支持上层用户界面开放性定制要求之外，还支持底层数控运动控制策略的用户定制，从而可实现上下两层全方位的开放性，这种开放性系统结构代表了数控系统的发展方向。

开放式数控系统与传统数控系统的性能比较见表 4-1。

表 4-1　开放式数控系统与传统数控系统的性能比较

性能	开放式数控系统	传统数控系统
可扩展性	基于 PC，通用操作系统，易扩展	专用软硬件，不易扩展
可维护性	跟随 PC 技术发展，容易升级	需专业性开发与维护
实现难易程度	依据开放平台，用户可自行开发	制造商拥有专利，用户难以二次开发
联网性	与 PC 联网技术相同，联网成本低	需专用硬件和通信技术，联网成本高
PLC 软件	可移植性强，容易开发	需专用语言，难以移植，维护困难
接口	标准接口，易于与各类伺服电动机连接	专用接口，使用特定电动机产品
程序容量	通用 RAM，可调入巨量程序	专用 RAM，容量小，需采用 DNC 传输

3. 数控机床伺服驱动单元

伺服驱动单元是数控系统的驱动执行装置，是以机床运动部件的位移及位移速度为控制对象的自动控制单元。按照伺服电动机类型的不同，机床伺服驱动单元有步进式伺服驱动、直流式伺服驱动和交流式伺服驱动不同形式。在20世纪90年代成功解决了交流伺服电动机控制技术难题后，具有结构简单、性价比高的交流伺服驱动成为当前数控机床主流的伺服驱动单元。

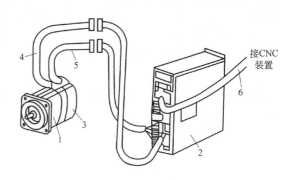

图4-7所示为一典型的交流伺服驱动单元，它由伺服电动机、伺服驱动器、检测反馈装置以及动力电缆等组成。伺服驱动器接收来自CNC装置的控制信息，经转换和放大后，驱动伺服电动机进行旋转，配置在伺服电动机尾部的检测反馈装置实时检测伺服电动机实际转角及角速度，并将之反馈至伺服驱动器以及CNC装置，由数控系统进行分析控制。

图4-7 交流伺服单元
1—伺服电动机 2—伺服驱动器 3—检测反馈装置
4—动力电缆 5—反馈电缆 6—系统控制电缆

按照检测反馈装置的有无以及安装位置的不同，机床伺服驱动单元有开环、半闭环和闭环几种不同的驱动形式。

（1）开环驱动 开环驱动伺服单元没有检测反馈装置和反馈电路，控制精度不高，一般用于步进伺服电动机的驱动控制。

（2）半闭环驱动 半闭环驱动的检测反馈装置安装于伺服电动机的输出轴端，通过对电动机实际转角的检测间接地计算机床运动部件的位移量。这种伺服驱动形式结构简洁，易于调节，但不能反馈补偿电动机输出端到机床运动部件间的传动误差。

（3）闭环驱动 闭环驱动的检测反馈装置安装于所控制的机床运动部件上，可直接对运动部件的运动误差进行反馈补偿，驱动精度高，一般用于高精密机床的驱动控制，但系统调节整定难度大。

由于数控机床传动系统的传动链短，除高精密机床之外，目前一般采用半闭环伺服驱动控制结构。如图4-8所示，半闭环驱动是直接借用交流伺服电动机自身的检测反馈装置，将伺服电动机的实际转角和角速度反馈给系统。由于控制环路中的非线性因素少，系统整定容易，机床传动误差可通过数控系统自身的误差补偿功能进行补偿，也可达到较高的驱动控制精度。

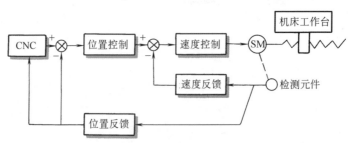

图4-8 半闭环伺服驱动控制结构

4. 数控机床编程

数控机床编程可由操作者手工编制，也可借助于 CAD/CAM 软件系统完成。

手工编程不用任何编程工具，完全由人工完成从工艺分析、数值计算以至数控代码编制等编程任务。但手工编程方法只能从事一些几何结构比较简单、计算量不大、程序段不多的零件程序的编制，而对于一些如带有非圆曲面的凸轮、模具等复杂结构零件，手工编程往往无法实现，必须借助于 CAD/CAM 软件工具来完成。

CAD/CAM 系统数控编程原理如图 4-9 所示，在系统给定环境下首先进行零件实体几何建模，建立被加工零件的三维几何模型，或调用已有的零件实体模型；利用所建几何模型对编程对象进行工艺分析，选择零件加工型面，定义刀具类型及其几何参数，指定装夹方式和加工坐标系统，确定对刀点，选择走刀方式和切削用量等；然后由系统自动完成刀具路径计算、刀位文件生成、后处理等编程任务，最终生成所需的数控加工程序。

应用 CAD/CAM 软件系统编程，整个编程过程是在系统图形环境下进行。在系统菜单和用户界面的引导提示下，编程者仅需交互完成零件实体结构几何建模和相关工艺参数设定，其余刀具路径计算、刀位文件生成、后处理等大量计算处理工作完全由系统自动完成，大大提高了编程效率和编程质量。

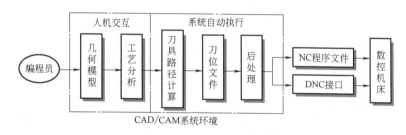

图 4-9　CAD/CAM 系统数控编程原理

4.2.2　加工中心

1. 加工中心结构组成

加工中心（Machining Center，MC）是一种配有刀库及自动换刀装置的高效数控机床，也是当前制造业使用最为普遍的一种通用加工设备。加工中心的种类繁多，按工艺用途分有镗铣加工中心、车削加工中心、钻削加工中心、车铣复合加工中心、五面体加工中心等；按机床结构型式分有立式加工中心、卧式加工中心、龙门式加工中心等。尽管其类型不同，但其组成结构基本类似。如图 4-10 所示，加工中心通常由机身、立柱、工作台、回转台、主轴头、数控系统、刀库及自动换刀装置等部件组成。与普通数控机床比较，加工中心有如下技术特点：

1）能够自动更换刀具，一次装夹可连续进行多工序加工，减少了辅助工作时间，提高了生产效率。

2）减少了装夹次数，可避免重复定位误差，提高了加工精度。

3）多工序集中加工，减少了机床和夹具的台套数，降低了设备成本。

2. 加工中心刀库形式

加工中心刀库有转塔式、盘式、链式等多种配置形式，如图 4-11 所示。转塔式和盘式

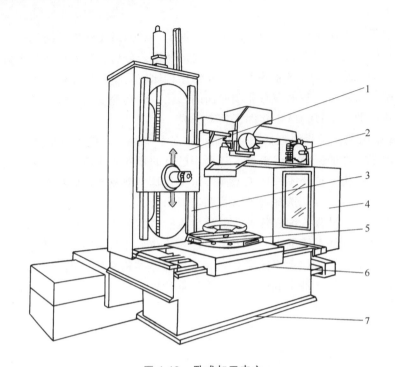

图 4-10　卧式加工中心

1—主轴头　2—刀库　3—立柱　4—数控系统　5—回转台　6—工作台　7—机身

a)　　　　　　　　　b)　　　　　　　　　c)

图 4-11　各类加工中心刀库

a) 转塔式刀库　b) 盘式刀库　c) 链式刀库

刀库的存储容量较小，一般可存放 20~40 把刀具；链式刀库的存储容量较大，空间利用率高，可存放 60 到 100 多把刀具。

3. 自动换刀装置

加工中心大多配置有机械手自动换刀装置，机械手有单臂式结构，也有双臂式结构，其手爪有钩手、抱手、叉手等不同结构型式。图 4-12 所示为不同手爪的双臂式机械手。机械手换刀时，有抓刀、拔刀、回转、插刀等动作过程，当一只手臂从刀库中拔出一把新刀具，另一只手臂同时从主轴头上拔出待更换的刀具，然后两臂旋转交换位置，再分别将新旧刀具分别插入主轴头和刀库内，从而完成换刀作业。这种配置有换刀机械手的加工中心，其换刀时间短，刀库的配置以及刀库相对主轴位置的设计都比较灵活，是较常见的加工中心结构型式。

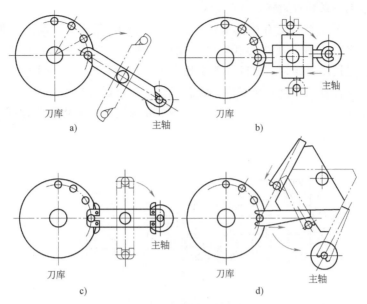

图 4-12　不同手爪的双臂式机械手

a) 钩手　b) 抱手　c) 伸缩手　d) 叉手

有些小型加工中心没有配置换刀装置，其换刀过程借助主轴运动实现。例如，对于刀库可转动的加工中心，换刀时它将刀库转动至主轴头正下方，利用主轴的上下垂直运动将已用过的刀具插入刀库某个空刀位，然后转动刀库，将刀库内某把新刀具转动至主轴头正下方，再次利用主轴头上下运动为主轴更换新的刀具。这种利用主轴自身运动换刀的加工中心，其机床结构简单，但换刀时间较长，往往为机械手换刀耗时的一倍左右。

4. 加工中心刀库选刀方式

加工中心刀库内刀具如何放置，换刀时如何进行刀具的选择，这对换刀效率以及刀库利用率影响较大。通常加工中心有如下几种选刀方式。

（1）顺序选用法　将刀具按加工顺序依次放入刀库的每个刀座内，换刀时刀库顺序地转动刀座位置取出所需要的刀具，使用过的刀具放回原刀座。这种刀具选用方式控制程序简单，但刀具在不同工序中不能重复使用，所需要的刀具数量较大，且刀具顺序不能搞错，否则将导致严重事故。

（2）刀具编码法　采用编码刀柄，换刀时通过编码识别装置，逐个比对刀库中每把刀具的刀柄，找出所需要的刀具。这种方法刀库中的刀具可以任意放置，刀具可多次重复使用，但需用对刀柄编码，选刀的效率较低。

（3）刀座编码法　对刀库的每个刀座进行编码，系统记录每个刀座所存放的刀具，可根据刀座编码选择刀具。这种方式是通过系统的刀具管理功能进行选刀，刀柄结构简单，刀具可多次重复使用，是当前加工中心最常用的刀具选用方法。

4.2.3　柔性制造单元

柔性制造单元（Flexible Manufacturing Cell，FMC）一般由 1~2 台加工单元、工件交换装置以及物料运储设备组成，在加工过程中不仅可以自动换刀，还可以自动上下料，是一种最小规模的柔性制造系统（FMS）。

　　FMC 常用的工件交换装置有托盘交换台和工业机器人两种不同的配置形式。如图 4-13 所示，托盘交换式 FMC 由加工中心和托盘存储库组成，主要用于非回转体零件加工。图中的环形托盘库，包括环形导轨、拖链及若干托盘等，环形导轨上的一个个托盘由环形链拖动运行。托盘库中设置有一托盘交换工位，载有工件的托盘运行到该工位时停下，通过托盘交换装置将其推入机床进行加工；加工完毕后，再由托盘交换装置将托盘连同已加工好的工件拖回托盘库。

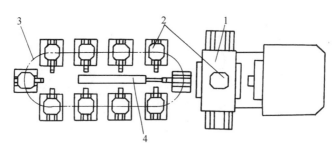

图 4-13　托盘交换式 FMC

1—加工中心　2—托盘　3—环形链　4—托盘交换装置

　　图 4-14 所示为工业机器人搬运式 FMC。该 FMC 由 2 台车削中心、1 部工业机器人以及工件运储装置组成，工业机器人负责在车削中心、毛坯台以及成品台之间装卸工件，工件运储装置主要由一台自动导向小车组成，担负着工件毛坯以及加工好的成品件与外部输运任务。由于工业机器人的抓取力和抓取尺寸的限制，这种形式的 FMC 主要用于小型件或回转体零件的加工。

　　由上述两例可见，FMC 有如下技术特征：

　　（1）自动化程度高　FMC 配备有物料运储以及工件交换装置，在加工过程中不仅能够自动更换刀具，还具有工件自动装卸功能，可在无人值守状态下自动加工。

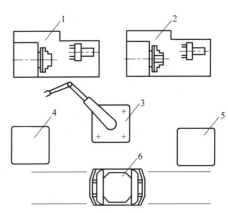

图 4-14　工业机器人搬运式 FMC

1、2—车削中心　3—工业机器人
4—毛坯台　5—成品台　6—自动导向小车

　　（2）柔性性能好　能够加工某"零件族"中不同尺寸和结构的所有零件。

　　（3）具有自动检验监控功能　可实时监控刀具的磨损、破损和机床工作状态。

　　（4）占用面积和投资相对较少

4.2.4　柔性制造系统

　　柔性制造系统（FMS）是在计算机统一控制下，由物料运储系统将若干台数控加工设备连接起来，构成适合于多品种、中小批量生产的一种先进制造系统，也是当前制造技术水平层次最高、应用较为广泛的机械制造装备。

　　1. FMS 的组成与特征

　　如图 4-15 所示，FMS 主要包括加工子系统、物料运储子系统和控制子系统三大部分，也可进一步将物料运储子系统分为工件运储子系统和刀具运储子系统。

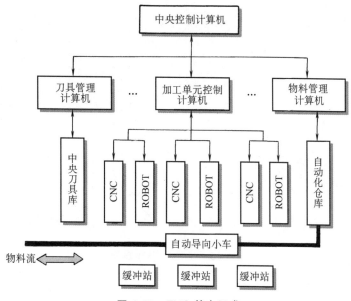

图 4-15 FMS 基本组成

（1）加工子系统 包括由两台以上的 CNC 机床、加工中心或柔性制造单元（FMC）以及其他如测量机、动平衡机和各种特种加工设备组成。

（2）工件运储子系统 负责对工件、原材料以及成品件的自动装卸、输运和存储等作业任务，是由工件装卸站、自动化输运小车、工业机器人、托盘缓冲站、托盘交换装置、自动化仓库等组成。

（3）刀具运储子系统 包括中央刀库、机床刀库、刀具预调站、刀具装卸站、刀具输运小车、工业机器人、换刀机械手等。

（4）计算机控制子系统 负责 FMS 计划调度、运行控制、物流管理、系统监控和网络通信等任务。

除了上述基本组成部分之外，FMS 还包含冷却润滑系统、切屑输运系统、自动清洗装置、自动去毛刺设备等附属系统。

图 4-16 所示是一条典型的 FMS 示意图。操作者在工件装卸站将工件毛坯安装在托盘夹具上，由自动输运小车将毛坯连同托盘夹具输运到自动化仓库或托盘缓冲站暂时存放，等待加工；一旦有空闲的机床加工单元，便由托盘交换装置自动将工件毛坯送至空闲的机床上进行加工；加工完毕后由托盘交换装置取出，等待自动输运小车将加工完成的工件送至另一台机床进行后一道工序的加工；如此持续，直至完成最后工序加工后送至自动化仓库存储。

从 FMS 组成结构和作业过程可以看出，FMS 具有如下技术特征。

1）柔性度高，适合多品种、中小批量生产。

2）系统内的机床在工艺能力上可相互补充或相互替代。

3）可混流加工不同的零件。

4）系统局部调整或维护可不中断整个系统的运行。

5）递阶结构的计算机控制，便于扩展和维护，可与企业生产管理系统联网通信。

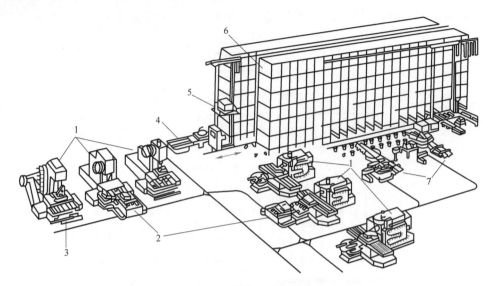

图 4-16　**典型 FMS 示意图**

1—加工中心　2—自动输运小车　3—托盘交换装置　4—仓库进出站　5—堆垛机　6—自动化仓库　7—工件装卸站

6）能够 24h 连续作业，可在第三班无人值守状态下安全生产。

2．FMS 加工子系统

（1）FMS 加工子系统功能要求　加工子系统是 FMS 最基本组成部分，很大程度上决定着 FMS 的加工能力。FMS 加工子系统包括机床主机、夹具、托盘以及自动装卸料等机床附件。加工子系统的构成形式及所配置的机床数量、规格和类型取决于被加工对象要求和生产批量。FMS 加工对象多种多样，所需的机床类型也是多样化的。为保证 FMS 自动、可靠、高效地运行，FMS 加工子系统应满足如下的功能要求。

1）加工工序集中。加工工序集中可减少机床数目、减轻物流负担、减少工件装夹次数，为此宜选用加工中心这类多功能机床。

2）控制功能强、扩展性能好。宜选用模块化结构的机床控制系统，其信息通信和管理功能强，易于与辅助装置连接，方便系统调整与扩展。

3）高刚性、高精度和高速度。选用的加工单元应为切削能力强、加工质量稳定、生产效率高的机床单元。

4）自保护与维护性好。配置过载保护装置、行程与工作区域限制装置以及故障诊断监控及预警装置。

5）使用性能好。有良好的断、排屑装置，以保证系统安全、稳定、长时间无人值守自动运行。

6）环境适应性及保护性能好。对工作环境温度、湿度、粉尘等要求不高，密封件性能可靠、无渗透，噪声振动小，保证良好的生产环境。

（2）FMS 加工子系统常用配置形式　根据加工对象合理选配 FMS 加工子系统。对于棱体类零件加工对象，一般选用立式、卧式或立卧两用加工中心机床（图 4-10），工件经一次装夹后能够自动完成铣、镗、钻、铰等多工序加工，其自动化程度高，加工质量好。对于回转体零件加工对象，通常选用数控车床或车削加工中心，如图 4-17 所示。

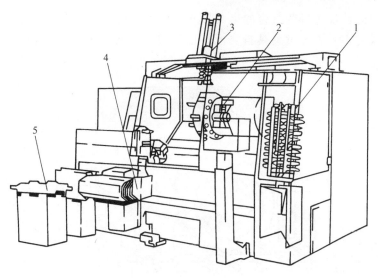

图 4-17 车削加工中心

1—刀库 2—回转刀架 3—换刀机械手 4—装卸工件机器人 5—工件存储站

FMS 机床的配置通常有互替式、互补式以及混合式等多种形式（图 4-18），以满足 FMS 高柔性和高效率生产加工要求。

1）互替式配置。是指 FMS 中各加工机床功能可互相替代，为一种并联配置结构（图 4-18a），工件可随机输送到任何一台恰好空闲的机床上加工。这种配置形式中，若某台机床发生了故障，系统仍能维持正常运行，具有较大的工艺柔性和较好的工作稳定性。

2）互补式配置。是指 FMS 中各机床功能是相互补充的，为串联配置结构（图 4-18b），各自完成特定的加工任务，在一定程度上工件必须按照规定的工艺顺序经过每一台加工机床。这种配置形式具有较高的生产率，能充分发挥各机床性能，但系统可靠性有所降低，即当某台机床发生故障时，系统将需暂停工作。

3）混合式。鉴于互替式和互补式结构配置的各自特点，在现有大型 FMS 中常采用混合式配置，即关键工序段机床采用并联互替式配置，一般工序段则按串联式互补配置，这样可发挥各自的优势（图 4-18c）。

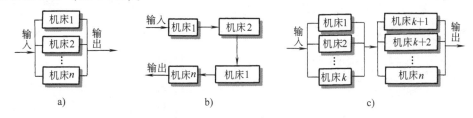

图 4-18 FMS 机床配置形式

a）互替式 b）互补式 c）混合式

（3）FMS 加工子系统辅助装置 FMS 加工子系统的辅助装置包括机床夹具、托盘和自动装卸料装置等。

1）机床夹具。FMS 所加工的零件类型较多，要求机床夹具的结构种类也多种多样。FMS 机床夹具的合理选用将直接影响工件装夹时间、系统加工循环以及系统投入成本。目前，FMS 机床夹具常有如下两种类型：①组合夹具，是针对不同加工对象由一系列标准化和系列化的夹具元件快速拼装组合的夹具形式，可大大提高夹具元件的重复利用率，如图 4-19 所示；②柔性夹具，通过夹具自身元件的调整可满足多种零件定位夹紧的加工要求，如图 4-20 所示。

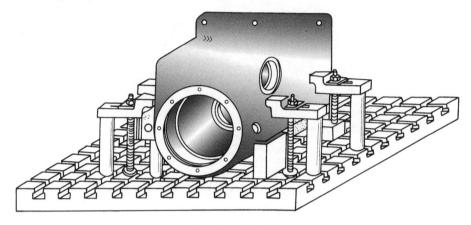

图 4-19　组合夹具

2）托盘。托盘作为工件和夹具的承载体，是 FMS 加工子系统中重要的配套件。为保证托盘在 FMS 各加工单元以及运储系统中互通互用，国际标准化组织制定了托盘标准（ISO/DIS8526），规定了与工件安装直接有关的顶面结构和与自动化运储系统有关的底面结构。图 4-21 所示为 ISO 标准规定的托盘基本结构。

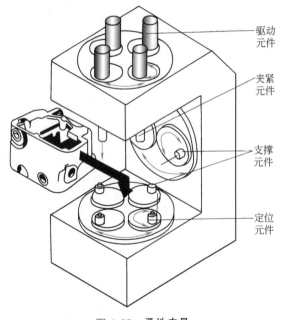

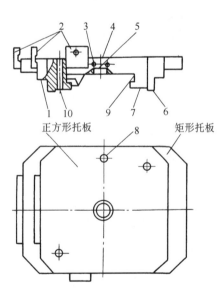

图 4-20　柔性夹具

图 4-21　ISO 标准规定的托盘基本结构

1—托盘导向面　2—侧面定位块　3—安装锁定机构螺孔
4—工件安装面　5—中心孔　6—托盘搁置面
7—托盘支承面　8—工件或夹具定位孔
9—托盘夹紧面　10—托盘定位面

3）自动装卸料装置。在 FMS 中，通常采用托盘交换器（Automated Pallet Changing, APC）或工业机器人为加工设备装卸工件。托盘交换器一般设置在机床附近，有不同的结构型式。图 4-22 所示为一个双工位回转式托盘交换器，其上两条平行导轨供托盘移动导向之用，当机床加工完毕后，托盘交换器便从机床工作台上移出已加工工件的托盘，然后旋转 180°，将载有未加工工件的托盘送到机床的加工位置。类似于机床回转工作台，回转式托盘交换器有双工位、四工位和多工位不同结构型式。

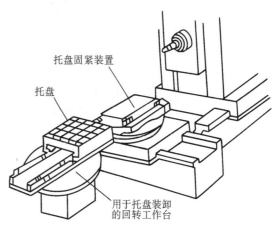

托盘固紧装置

托盘

用于托盘装卸的回转工作台

图 4-22　回转式托盘交换器

图 4-23 所示为一种往复式托盘交换器，它由一个托盘交换器、托盘库以及有轨小车组成，托盘交换器设置在有轨小车上，有轨小车可沿直线导轨往复运动，托盘库沿直线导轨两侧布置。通过有轨小车承载和移动，托盘交换器可在加工机床和托盘库各个托盘站点进行托盘的交换。

3. FMS 工件运储子系统

工件运储子系统是 FMS 的重要组成部分，通常包括工件装卸站、托盘缓冲站、自动化仓库和工件运载工具。

（1）**工件装卸站**　是供人工装载工件毛坯以及卸载已加工工件，一般设置在 FMS 入口处。

（2）**托盘缓冲站**　FMS 中各加工单元生产节拍不尽相同，设置托盘缓冲站是为了弥补各机床生产节拍的差异。

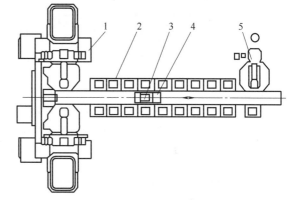

图 4-23　往复式托盘交换器
1—加工中心　2—托盘库　3—托盘交换器
4—有轨小车　5—工件装卸站

托盘缓冲站通常设置在加工机床附近，呈直线或环形布置，可存储若干只工件和夹具组合体。

（3）**自动化仓库**　属于一种工艺性仓库，用于存放工件毛坯、中间在制品和成品等。这种仓库一般采用多层立体布局结构，由计算机控制，服从 FMS 总控系统的命令和调度。

（4）**工件运载工具**　负责在各加工机床、自动化仓库和托盘缓冲站之间进行工件输运任务，常见的工件运载工具有传送带、自动输运小车和搬运机器人等。传送带一般用于小型零件短距离传送；自动输运小车形式多样，包括有轨小车和无轨小车等；搬运机器人具有较高的柔性和较强的控制水平，是 FMS 中不可缺少的一员。自动输运小车、搬运机器人以及自动化仓库将在下一小节详细介绍。

FMS 物料系统的输运线路通常有直线输运回路、环形输运回路以及网状输运回路几种基本回路形式。

1）直线输运回路。FMS 运载工具沿直线线路双向运行，各加工单元以及物料装卸站分布于直线线路的两侧，可顺序或随机停靠各个连接站点，主要用于小型 FMS。

2）环形输运回路。是利用直线段和圆弧段构成的环形封闭输运回路，运载工具可沿这环状封闭回路双向运行，系统输运效率高。FMS 各加工单元以及其他站点一般沿环形输运回路外侧布置，可顺序或随机停靠各个连接站点。

3）网状输运回路。网状输运回路由多个回路相互交叉构成，FMS 运载工具可由一个环路移动到另一回路，各环路交叉运行，主要采用无轨小车输运工具，具有较高的柔性，输运设备的利用率和容错性高，但控制和调度复杂，需要按交通管理规则由计算机进行控制管理，一般用于较大规模的 FMS，如图 4-24 所示。

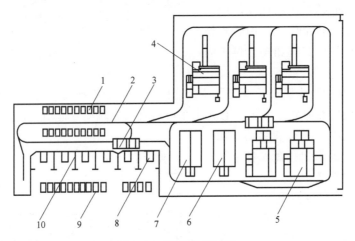

图 4-24　网状输运回路

1—托盘缓冲站　2—输运回路　3—自动导向小车　4—立式机床　5—卧式机床
6—研磨机　7—测量机　8—刀具装卸站　9—工件存储站　10—工件装卸站

4. FMS 刀具运储子系统

（1）刀具运储子系统组成及其作业过程　一个典型 FMS 刀具运储子系统通常由刀具预调站、刀具装卸站、刀库系统、刀具运载交换装置以及刀具管理系统组成。刀具预调站是供刀具组装和调试所用，一般设置在 FMS 之外；刀具装卸站是刀具进出 FMS 的门户，多为排架式结构；FMS 刀库系统包括机床刀库和中央刀具，机床刀库存放该机床当前所需用刀具，而中央刀库是各加工单元的共享刀具，容量较大，往往有数百把甚至上千把刀具；刀具运载交换装置是负责在刀具装卸站、中央刀库、各机床刀具库之间进行刀具输运和交换的工具。

刀具运储子系统主要职能是负责刀具的输运、存储和管理，适时地向加工单元提供所需的刀具，监控管理刀具的使用，及时取走已报废或刀具寿命已耗尽的刀具，在保证正常生产的同时，最大限度地降低刀具成本。其作业过程如下：

1）新刀具组装及调试。新刀具在进入 FMS 之前，首先由人工将刀具与标准刀柄、刀套等进行组装，然后在刀具预调站由人工通过对刀仪对刀具进行调试和检测，并将刀具相关参数输入 FMS 刀具管理系统。

2）新刀具进入系统。将预调好的刀具放入刀具装卸站排架上，这是刀具进入 FMS 的临时存储点。

3）新刀具转运至中央刀具库待用。刀具运载交换装置根据系统指令将新刀具从刀具装卸站转运至中央刀具库储存，以供各加工机床调用。

4）加工机床调用。根据系统工艺规划要求，刀具运载交换装置从中央刀库中将所需刀具取出，送至相应加工机床刀具库，以便新刀具参与切削加工。

5）取回不用或已磨损报废刀具。若系统检测发现某刀具需要刃磨或报废以及暂时不再使用，将由刀具运载交换装置将该刀具从加工机床刀具库取出，送回至中央刀库，或直接送至刀具装卸站退出 FMS。

（2）刀具运载交换装置 FMS 刀具运载通常由换刀机器人或刀具运载小车（AGV）完成，负责在刀具装卸站、中央刀库以及各加工机床之间进行刀具的输运和交换。

换刀机器人有地轨式和天轨式结构。若地面空间允许，尽可能采用地轨式换刀机器人。若地面空间狭小，可采用天轨式换刀机器人，它由纵向行走的横梁、横向移动的滑台以及垂直升降的机械手组成，一般平行于加工机床和中央刀库布置，以方便刀具的运送和交换。

刀具运载小车与工件输运小车结构类似，只是刀具 AGV 小车往往设置有一个小型装载刀架，可容纳 5~20 把刀具，某些刀具 AGV 小车还附设有小型机器人，当 AGV 小车到达某目标位置时，由该小型机器人负责刀具的交换，如图 4-25 所示。

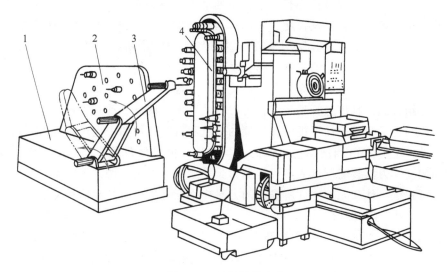

图 4-25 **刀具运载小车**

1—AGV 小车 2—装载刀架 3—机器人 4—机床刀库

（3）刀具信息管理系统 FMS 所使用的刀具品种多、数量大，所涉及的信息量也很大。例如我国镗铣类数控机床刀具有 12 大类，45 个品种，674 个规格。一条 FMS 常常有上千把刀具参加工作，每一把进入 FMS 的刀具均需对之信息进行管理。为此，FMS 一般配置有专用刀具信息管理系统，专门负责刀具信息的录入、存储、跟踪、查询以及刀具规划等。

FMS 中的刀具信息可分为静态信息和动态信息。所谓静态信息即为加工过程中固定不变的刀具信息，如刀具类型、属性、编码、几何结构参数等。动态信息是指在使用过程中不断变化的刀具参数，如刀具寿命、工作直径和长度以及其他刀具动态参数等，这类信息反映了刀具所使用的时间长短、磨损量大小，直接影响着工件的加工精度和表面质量。

不同的刀具信息管理系统有各自的结构组成和功能特点。图 4-26 所示的某刀具信息管

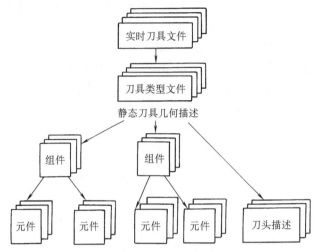

图 4-26　FMS 刀具信息管理系统层次结构

理系统将刀具信息分为四个不同的层次，每个层次由若干数据文件组成：第一层为刀具实时动态数据文件，每一把在线刀具都有一个相应的动态文件，记载着该刀具的实时动态数据，包括刀具几何尺寸、工作直径及长度、实际参与切削时间等；第二层为刀具静态数据文件，提供每一类刀具的结构组成及其结构参数，它既表示 FMS 中所存在的刀具，又表示可利用相关刀具组件和元件进行刀具的组装；第三层为刀具组件文件，记载各种刀具组件参数，如刀柄组件、夹紧组件等；第四层为刀具元件文件，为各个刀具元件参数。

这种四层结构的刀具信息管理系统，为刀具的装配、调试、动态管理、生产调度计划以及物料的采购与订货管理等均可提供有价值的信息和资料。例如，生产调度人员可根据刀具实时动态文件，了解 FMS 当前参与工作的刀具类型、位置分布及使用寿命，合理地进行生产的管理和调度；刀具装配调试人员可根据刀具类型文件组装和调试系统所需要的刀具；采购供应人员可根据组件和元件文件所描述的刀具规格标准进行刀具元器件的采购。

5. FMS 控制子系统

FMS 控制子系统是 FMS 大脑和神经中枢，担负着 FMS 加工过程的控制、调度、监控和管理等任务，是由计算机、可编程序控制器、通信网络、数据库和相关控制与管理软件组成。FMS 控制系统控制内容多，信息处理量大，为了便于系统的设计和维护，提高系统的可靠性，一般采用单元控制层、工作站控制层和设备控制层三层递阶控制结构，如图 4-27 所示。

(1) 单元控制层　该层控制器主要负责执行企业管理部门下达的生产任务，制订本系统生产作业计划，实时为本系统各工作站点分配作业任务，监控各工作站点工作状态，并将本系统的实时状态信息向企业管理部门反馈。

(2) 工作站控制层　主要负责控制与协调各自工作站点的加工任务分配和物流管理，控制站点内设备的运行，检测监控其运行状态，采集设备运行数据并向上级控制器反馈。

(3) 设备控制层　设备控制层是由加工机床、搬运机器人、AGV 小车、自动化仓库等现场设备的 CNC 和 PLC 控制元件组成，直接负责控制各类加工设备和物料系统的自动工作循环，接收和执行上级系统的控制指令，并向上级系统反馈现场运行数据和控制信息。

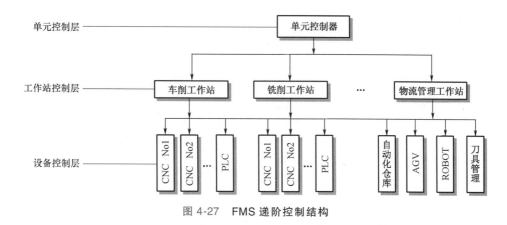

图 4-27　FMS 递阶控制结构

在 FMS 多层递阶控制结构中，每层信息流都是双向流动的，越往底层其控制的实时性要求越高，而处理的信息量则越少；越到上层其处理的信息量越大，而对实时性要求则越小。这种 FMS 控制结构，各控制层信息处理相对独立，易于实现模块化，局部增、删、扩展容易，拓展了系统的开放性和可维护性。

4.3 ■ 物料运储系统自动化

物料运储系统是自动化制造系统的重要组成部分，担负着将制造系统中的毛坯、半成品、成品及工夹具等物料及时准确地运输到指定的地点进行加工或存储。物料运储系统的自动化可极大提高制造系统的生产效率，压缩在制品和库存，降低生产成本，提高综合经济效益。

物料运储系统的组成单元和结构型式随着制造系统的类型和服务对象的不同差异较大。刚性制造系统面向单件大批量生产，物料的运储往往是通过专用的料仓、料斗、上料器、送料器、输送机、输送带等刚性输运装置实现。而柔性制造系统是面向多品种、中小批量加工对象，其物料运储系统也必须具有较大的柔性，通常采用自动输运小车、工业机器人、托盘交换器、自动化仓库等柔性运储装备。

本节主要介绍柔性化物料运储装备，包括自动输运小车、工业机器人和自动化仓库。

4.3.1　自动输运小车

自动输运小车是一种在计算机控制下按照一定程序或轨道自动完成输运任务的物料运载装置，在 FMS 中得到广泛的应用。

图 4-28 所示为一种常见的自动输运小车，主要有车架、托盘交换装置、蓄电池、充电装置、驱动装置、转向装置、导向系统等组成。车架本体上部为一平台，平台上设置有托盘交换装置，以便与加工机床或工件装卸站进行托盘的交换。小车前后附设有传感器的安全防护装置，在小车驱动轮处配有安全制动器，当小车轻微接触障碍物时，保险杠受压，小车立即停止运行。小车上还设有蓄电池检测管理系统，能够判别蓄电池容量自动到维护区自行充电。小车顶部的托盘交换装置有辊轮式、滑叉式、升降台等多种结构型式。

自动输运小车按导轨的有无，可分为有轨导向小车（Rail Guided Vehicle，RGV）和无轨导向小车（Automatic Guided Vehicle，AGV）。若按自动导向原理的不同，又可将无轨导向小车分为线导小车、光导小车、激光制导小车和遥控小车等。

（1）RGV 小车　RGV 小车是依靠铺设在地面上的轨道进行导向的，可以方便地在轨道上来回移动。RGV 小车具有移动速度高、加速性能好、承载力大、停靠准确、可靠性高、制造成本低的特点，易于与传统设备配套。但 RGV 小车也有众多不足，如柔性差，铺设后的导轨不便更动，转弯半径不宜太小，空间利用率低，噪声大等。RGV 小车一般用于物料承载重、直线输运回路的 FMS。

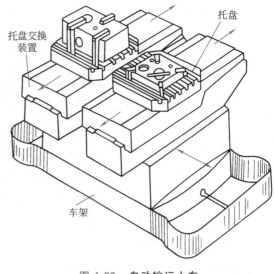

图 4-28　自动输运小车

（2）线导 AGV 小车　线导 AGV 小车是通过埋设的导线，利用电磁感应原理进行制导的。如图 4-29 所示，线导 AGV 小车前部装有一对扫描线圈，当埋设在地沟内的导线通以低频交变电流时，在导线四周便形成一个环形磁场，该磁场致使位于导线附近的扫描线圈产生感应电势。若小车沿该导线移动，也就是说两扫描线圈对称在导线两侧运动，两线圈所产生的感应电势相等；若小车偏离导线，在两扫描线圈上便产生相应的感应电势差，将该电势差信号放大，由此控制制导电动机转向，使小车朝着减少电势差方向偏转，直至电势差消失，从而保证小车沿着埋设的导线运动。

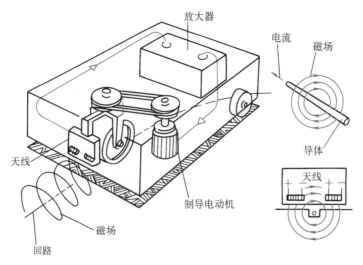

图 4-29　线导 AGV 小车导向原理

可见，线导 AGV 小车具有：①易于控制，可采用不同频率的交变电流同时对多台小车进行制导，每台小车只响应符合自身频率的信号；②扩展性好，仅需在地沟内延伸导线便可扩展工作范围，简单方便，投资较少；③可靠性好，埋设导线的地沟可用塑料填塞，地面平整，不受油污、尘土污染影响。因而，这种 AGV 小车在 FMS 中得到普遍应用。

（3）**光导 AGV 小车**　光导 AGV 小车是采用光电原理进行制导的。它采用一种带有荧光材料的油漆或色带在地板上铺设输运线路，在小车车身底部安装有光源及光敏元件。小车运行时，车身上的光源发出的光束照射在地板上，小车内的光敏元件接收到反射光，通过光电信号转换产生线路识别信号，从而控制小车沿着铺设的线路运行。这种制导方式改变输运线路非常容易，但对地面清洁度有较严格的要求。

（4）**激光制导 AGV 小车**　如图 4-30 所示，在 AGV 小车顶部设置一个可沿 360° 发射的激光装置，同时在小车运动周边范围固定安置一些激光反射片。小车运行时通过接收至少来自两个不同位置的反射光束，经运算后即可精确计算确定小车所在位置，从而实现小车的导向。

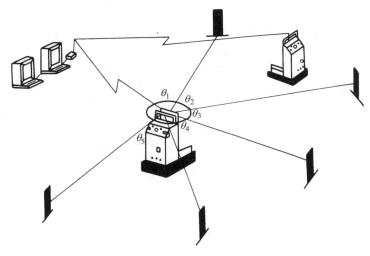

图 4-30　激光制导 AGV 小车原理

（5）**遥控 AGV 小车**　这种 AGV 小车没有传输信息的电缆，而是以无线通信设备传送控制指令，其活动范围和行车路线基本不受限制，比上述几种 AGV 小车柔性要好，是一种很有发展前景并逐渐成熟的 AGV 小车。

4.3.2　工业机器人

工业机器人是面向工业领域的多自由度、可编程实现不同动作要求的一种自动操作机器，是集精密化、柔性化、智能化等先进技术于一体，全面延伸人的体力和智力的新一代生产工具，被广泛用于制造、检测、装配以及物流装卸和搬运等作业。

1. 工业机器人的分类

工业机器人类型较多，可从不同角度对其进行分类。

（1）**按应用类型分类**　可将工业机器人分为加工类（如焊接、切割、研磨抛光等机器人）、装配类（如装配、涂装等机器人）、搬运类（如输运、装卸等机器人）、包装类（如码垛、包装等机器人）等用途类型。

（2）**按控制功能分类**

1）示教再现式机器人。这是第一代机器人，具有记忆功能，可记忆示教的动作过程，当需要再现操作时，能够按示教时的动作顺序、坐标位置、工作参数进行作业。

2）感知机器人。这是第二代机器人，这类机器人设置有一些对环境感知的传感器，使之能够了解、适应作业环境，例如配置有激光传感器的焊接机器人，具有焊缝跟踪功能，大大提高了焊接质量。

3）智能机器人。这是第三代机器人，这类机器人具有视觉、听觉、触觉等多种感知和识别功能，通过比较和识别，能够自动进行信息反馈，自主规划和决策自身的下一步动作。

目前，第一代示教再现式工业机器人已实用、普及，在役的绝大多数工业机器人都属于第一代机器人，第二代机器人技术上已经成熟，第三代机器人正处于实验和研究阶段。

（3）**按结构型式分类**　若按结构型式分类，有如图 4-31 所示的各种结构机器人。

1）直角坐标机器人。由三个相互正交的移动坐标轴组成，各坐标轴运动独立，具有控制简单、定位精度高的特点。

2）圆柱坐标机器人。该类机器人具有一个旋转轴和两个移动轴，通常由一根立柱和一个安装在立柱上的水平臂组成，其立柱安装在回转机座上，水平臂既可自由伸缩，又可沿立柱上下移动。

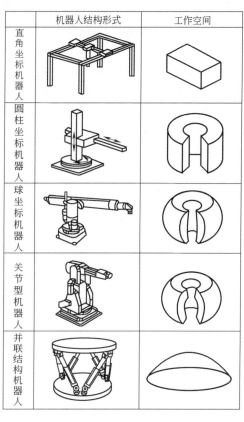

机器人结构形式	工作空间
直角坐标机器人	
圆柱坐标机器人	
球坐标机器人	
关节型机器人	
并联结构机器人	

图 4-31　常用工业机器人结构型式及其工作空间

3）球坐标机器人。球坐标机器人具有两个旋转轴和一个移动轴，通常由回转机座、俯仰铰链以及可伸缩的摇臂组成，其伸缩摇臂结构与坦克的转塔类似，可实现旋转和俯仰动作。

4）关节型机器人。关节型机器人是由若干回转关节相互串联而成。如图 4-32 所示，类似人的手腕、小臂、大臂和躯干，大臂与小臂以及大臂与机身之间都是通过铰链联接的，形成关节，能抓取靠近机座的物件，也能绕过机体和目标间的障碍物去抓取物件，具有较高的运动速度和极好的灵活性，为当前最常用的工业机器人。

5）并联结构机器人。不同于上述串联结构机器人，它通过多杆件的复合运动实现机器人末端所要求的运动轨迹，如图 4-33 所示。与传统串联结构机器人比较，并联结构机器人具有质量轻、刚度高、结构简单、制造方便等特点。

2. 工业机器人的结构组成

尽管不同类型的机器人结构差异较大，但总体上说都包含机械执行机构、驱动系统、检测及控制系统等几个组成部分，其中机械执行机构主要由手部、腕部、臂部和机身等部件构成。

（1）**手部**　又称末端执行器、抓取机构或夹持器，它安装于机器人手臂的前端，用于直接抓取工件或工具，具有模仿人手的功能。根据被夹持的对象不同，机器人手部结构多样，有机械夹持式、真空吸附式、磁性吸附式等不同的结构型式，如图 4-34 所示。

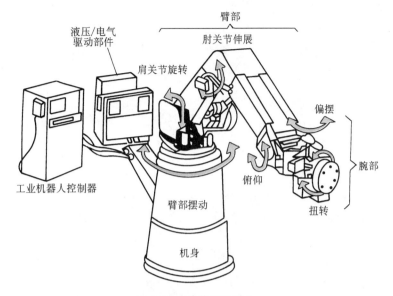

图 4-32　关节型机器人

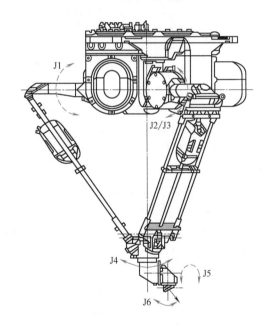

图 4-33　并联结构机器人

（2）腕部　是连接手部和手臂的部件，用以调整手部的姿态和方位。

（3）臂部　又有大臂和小臂之分，都属于支撑手部和腕部的部件，由动力关节和连杆构成，用以承受工件或工具的负荷，改变工件或工具的空间位置。

（4）机身　是机器人整体的支撑部件，有时为扩大机器人的作业范围，其机身还包括行走机构，用以改变机器人的工作位置。

3. 工业机器人技术指标

由于机器人的结构类型及其用途不同，其技术指标也不尽相同，常有的技术指标有：

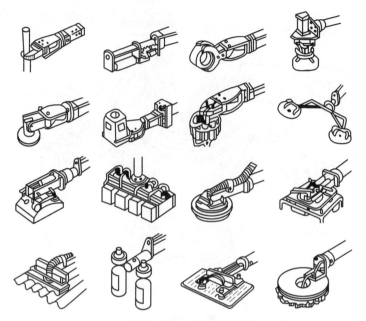

图 4-34　机器人手部结构类型

（1）**自由度**　自由度是指机器人运动部件相对于固定坐标系具有的独立运动。机器人每个自由度均由一个伺服轴驱动，自由度越多，其功能越强，通用性越高，应用范围也越广，但相应地带来的技术实现难度也越大。工业机器人通常有 3~6 个自由度。

（2）**工作空间**　机器人的工作空间是指机器人手部作业的空间范围，它取决于机器人的结构型式和每个关节的运动范围。如图 4-31 所示，直角坐标机器人的工作空间是一个矩形体空间，圆柱坐标机器人工作空间为不完整的圆柱体空间等。

（3）**提取重力**　机器人提取重力大小是反映其承载能力的一个指标。根据机器人提取重力的不同，可将机器人大致分为：①微型机器人，提取重力在 10N 以下；②小型机器人，提取重力为 10~50N；③中型机器人，提取重力 50~300N；④大型机器人，提取重力为 300~500N；⑤重型机器人，提取重力大于 500N。

（4）**运动速度**　运动速度直接影响机器人的工作效率，它与机器人所提取的重力和位置精度关系密切。机器人运动速度越高，所承受的动态载荷和惯性载荷越大，因而过高的运动速度会影响机器人的工作平稳性和位置精度。就目前的技术水平而言，通用机器人的最大线速度大多低于 1000mm/s，最大回转速度一般不超过 120°/s。

（5）**位置精度**　机器人位置精度的高低取决于运动控制方式以及机器人运动部件本身的精度和刚度，此外它还与所提取的重力以及运动速度等因素密切相关。通用工业机器人的定位精度一般为 ±(0.02~5)mm。

4. 工业机器人编程技术

目前所普遍使用的第一代工业机器人通常有示教编程和离线编程两种不同方法。

（1）**示教编程**　示教编程是在作业现场应用示教盒（图 4-35a）通过人机对话方式完成机器人的编程。在示教盒上，机器人的每一控制轴都有一对按钮与之对应，分别控制该轴的两个运动方向。示教编程通过这些控制按钮引导机器人完成所要求的动作顺序及其速度，其控制系统将以命令形式记录保存每一示教动作，示教结束后将由系统生成一个完整的控制程序。在机器人实际操作时，控制系统将自动执行由示教过程生成的控制程序，"再现"示教时全部动作，其工作原理如图 4-35b 所示。

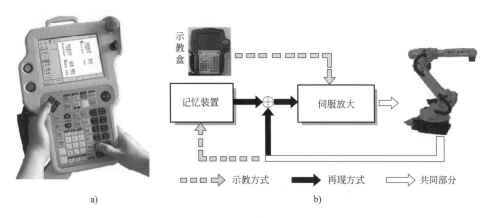

图 4-35　示教编程

a) 示教盒　b) 示教工作原理

工业机器人也有利用示教臂实现其示教过程，如图 4-36 所示。操作者手握示教臂引导机器人末端执行器经过所要求运动轨迹中的各个控制点，其控制系统自动检测记录经过各个控制点时的每个关节坐标值及其运动速度，最终生成一个完整的控制程序。

示教编程不需要编写程序代码，编程过程简单方便，但这种编程方法需在现场进行，且难以实现多关节联动编程以及复杂运动轨迹编程，也难以与其他设备运行配合与同步。

（2）离线编程　离线编程则是应用机器人编程语言完成其编程过程，其特点为：①可减少停机时间，编写下一个工作程序时机器人可仍在线

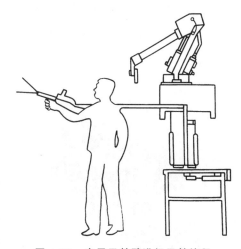

图 4-36　应用示教臂进行示教编程

工作；②可实现复杂运动编程，程序更新容易；③便于实现 CAD/CAM/ROBOTICS 系统的集成；④可在办公室编程，改善了编程环境。

目前，离线编程技术已经成熟，各个机器人公司都有自身的编程语言，如安川机器人公司的 FORM、ABB 公司的 RAPID、KUKA 公司的 KSS 等，应用机器人编程语言中的一个个控制指令即可离线完成机器人编程作业。图 4-37 所示即为应用 KSS 编程语言，为 KUKA 机器人编制完成的图示运动轨迹的控制程序。

5. 工业机器人应用实例

目前，工业机器人已广泛应用于制造业物流搬运作业。如图 4-38 所示为某工业机器人正从输送带上抓取物料，并根据物料形状、材质及规格大小按照给定模式完成物料码垛作业；图 4-39 所示机器人在为加工中心装卸工件。

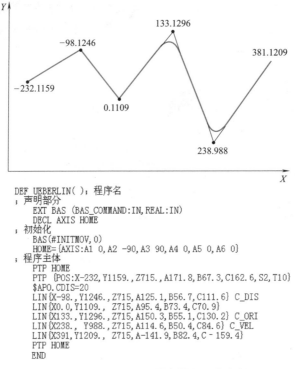

```
DEF UEBERLIN( );程序名
;声明部分
    EXT BAS (BAS_COMMAND:IN,REAL:IN)
    DECL AXIS HOME
;初始化
    BAS(#INITMOV,0)
    HOME={AXIS:A1 0,A2 -90,A3 90,A4 0,A5 0,A6 0}
;程序主体
    PTP HOME
    PTP {POS:X-232,Y1159.,Z715.,A171.8,B67.3,C162.6,S2,T10}
    $APO.CDIS=20
    LIN{X-98.,Y1246.,Z715,A125.1,B56.7,C111.6} C_DIS
    LIN{X0.0,Y1109.,Z715,A95.4,B73.4,C70.9}
    LIN{X133.,Y1296.,Z715,A150.3,B55.1,C130.2} C_ORI
    LIN{X238.,Y988.,Z715,A114.6,B50.4,C84.6} C_VEL
    LIN{X391,Y1209.,Z715,A-141.9,B82.4,C-159.4}
    PTP HOME
    END
```

图 4-37　KUKA 机器人控制程序实例

图 4-38　机器人在码垛作业

图 4-39　机器人在为加工中心装卸工件

4.3.3　自动化仓库

1. 自动化仓库的功能特点

自动化仓库一般是指没有人工的直接干预，能够自动进行物料存取作业的仓储设施。自动化仓库通常是由多层货架和巷道式堆垛机构成，在计算机控制和管理下由巷道堆垛机自由地将物料在各个存储单元进行存放或提取。由于自动化仓库基本上都是立体式的，又被称为自动化立体仓库或高层货架仓库。相对于传统仓库而言，自动化仓库具有如下功能特点：

1) 计算机控制与管理。由计算机控制和管理整个仓库的物料，记忆每一货架清单，便于物料清点和盘存，可合理规划库存，压缩库存资金，快速响应物料需求。

2）多层立体存储方式。充分利用仓库的地面和空间，节省占地面积，提高空间利用率。

3）自动存取作业。由计算机系统自动控制堆垛机作业，自动进行物料存取，存取效率高，减少了仓库管理员工，降低了仓库管理费用。

4）便于信息集成。可将仓库管理系统与企业生产经营信息系统进行集成，随时掌握实际的库存量，增强企业生产的响应应变能力和决策能力。

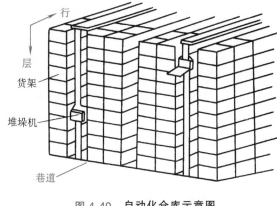

图 4-40　自动化仓库示意图

2. 自动化仓库的结构组成

如图 4-40 所示，自动化仓库一般由货架、堆垛机以及计算机控制与管理系统组成。

（1）**货架**　货架是由一个个存储单元构成，通常成对布置，从而形成一条条供物料进出的巷道，每条巷道配置有一台专用堆垛机，负责物料的进出搬运任务。自动化仓库物料出库和入库作业一般安排在巷道一端进行。货架的每个存储单元都设有固定的地址编码，每件物料也编有物料码，这两种编码按照对应关系存储在计算机管理系统，可根据存储单元地址查找所存放的物件信息，也可根据物件代码查询所在存储单元。

（2）**堆垛机**　堆垛机是自动化仓库的搬运设备，通常由托架、货叉、支柱、上下导轨、驱动电动机以及定位传感器构成，如图 4-41 所示。堆垛机承载着物料可沿巷道纵向移动，其托架可沿支柱做上下升降运动，托架上的货叉可做左右伸缩运动。由此可见，巷道堆垛机实质上是一种具有三维运动的专用起重机，它能够将物件或货箱自动存入货架的任意存储单元，或从存储单元中自由提取所需的物件。

（3）**计算机控制与管理系统**　自动化仓库的计算机控制与管理系统主要担负着如下控制和管理任务。

1）物料信息登录。自动化仓库作为制造系统的一个重要组成部分，在物料入库时必须对物料信息进行登录。当物料进入仓库时，位于仓库入口处的编码阅读器可自动扫描物料编码，存入系统。

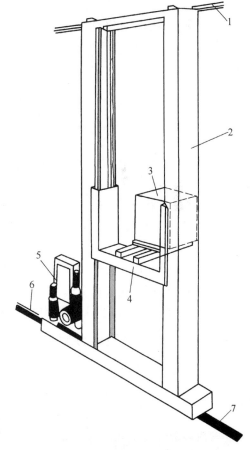

图 4-41　堆垛机结构示意图
1—上导轨　2—支柱　3—物件　4—托架与货叉
5—驱动电动机　6—定位传感器　7—下导轨

2）物料自动存取控制。物料入库、搬运和出库等作业均由仓库控制与管理系统自动控制完成。物料入库时，仓库管理人员将物料所需存放的地址输入系统，或由系统自行搜索确定存放地址，系统便按照所确定的存储地址驱动控制堆垛机自动到达指定位置，将物件存入所确定的存储单元；物料出库时，当管理员输入待出库物料代码后，系统将自动查寻该物料所存放地址，并驱动堆垛机到该存储单元取出物料，送出仓库。

3）仓库信息管理。自动化仓库的控制与管理系统可对整个仓库的物料、台账、货位等信息进行全方位管理：入库时将物件合理分配到空闲库位，出库时可将指定货物安排出库；定期或不定期打印各种报表；可随时查询物件存放地址；系统出现故障时，判断故障所发生的巷道，并及时封闭故障巷道以等待修复等。

4.4 ■ 装配过程自动化

装配是机械制造过程的最后一个生产环节，是整个生产系统的一个重要组成部分。相对于加工技术而言，装配自动化要落后多年。实现装配过程自动化是提升产品质量、提高劳动生产率、降低生产成本、保证产品精度一致性的有效途径。

4.4.1　装配过程自动化现状与意义

与机械加工工艺比较，机械产品的装配是一项较为复杂的工艺过程，有其自身的特殊性。在较多产品的装配过程中，所施加力的大小、推进速度、安装姿态等都需要操作者的感知、判断和决策，需要操作者的实际装配经验。为此，现今大多机械产品的装配工艺仍是由人工完成，但存在着工作效率低，装配质量的一致性和稳定性难以保证，已远不能满足现代制造业的发展需要。

机械产品的装配工艺是耗时最多的一种生产工艺过程。据有关资料统计，一些典型产品装配所需工时往往占到该产品总工时的 50% ~ 60%。相对机械加工技术，机械产品装配自动化技术的发展比较滞后，现已成为现代化生产的一个薄弱关节。即使是工业发达国家，目前在役的自动装配机台套数也只占金属切削机床数量的百分之几。因此，实现装配过程自动化，提高装配效率和装配质量，是机械制造业急待解决的关键工艺问题。

自动化装配是通过自动化装配设备取代人的技巧和判断力进行自动装配作业的一项工艺技术，是实现生产过程综合自动化的重要组成部分。装配过程自动化对于提高劳动生产率、保证产品质量、减轻劳动强度以及增强企业市场竞争力，均具有十分重要意义。

4.4.2　自动装配工艺过程分析与设计

自动装配工艺过程设计，需要在熟悉掌握常用装配件连接方法、装配工艺设计基本准则以及对装配件结构工艺性分析基础上，进行具体产品的装配工艺过程设计，以使用尽可能简化的自动化装配工艺及其装配设备完成产品的装配过程。

1. 常用装配件连接方法及运动形式

机械产品装配实质上是通过不同工艺方法将两个或两个以上装配件连接成为部件或产品的过程。机械装配件有多种不同的连接方法，有插入、压入、涨入、铆接、粘接、焊接以及螺纹联接等，见表4-2。据资料统计，其螺纹联接方法所占的比例最大，可达 68% 左右，其他方法为压接 10.5%、销接 1.6%、弹性涨入 1.3%、粘接 1%等。装配自动化工艺技术的研究应选择应用最多的连接方式入手，努力实现其连接过程的自动化。

表 4-2　常用装配件连接方式

方法	图示	说明	方法	图示	说明
折边	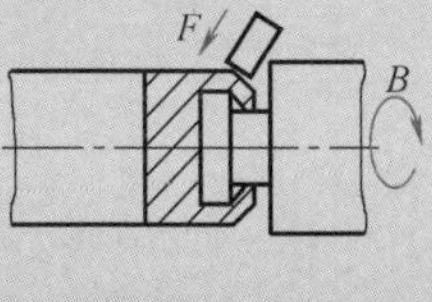	将管状零件边缘折边连接	压入	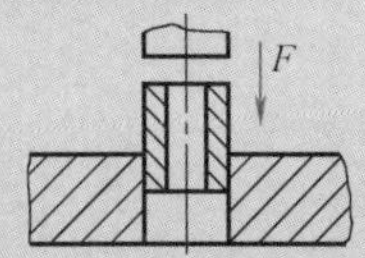	将一个零件通过压力压入另一零件
插入	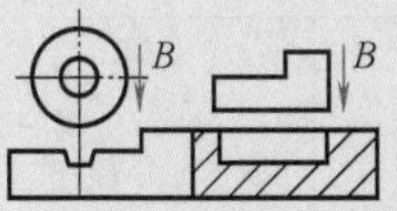	将小零件插入大零件	凸缘连接		将一个零件凸缘插入另一零件并折弯
融入	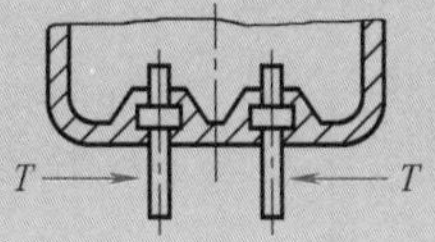	铸造大零件时植入小零件	铆接	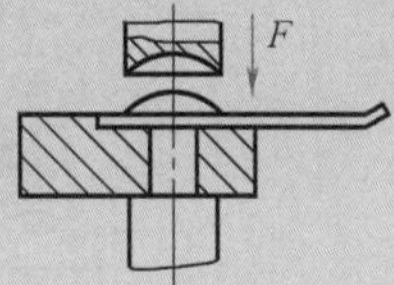	用铆钉进行连接
涨入	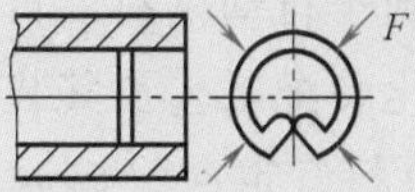	将一个零件通过预变形嵌入另一零件	螺纹联接	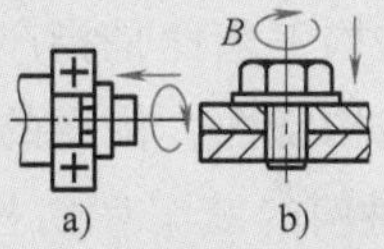 a) b)	用螺纹联接件进行联接
粘结	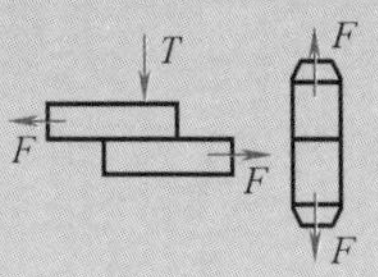	用粘接剂粘合，有时需要加热	焊接	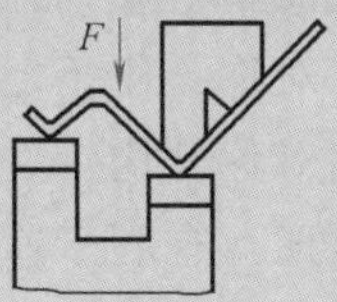	用电焊、弧焊、激光焊等
翻边咬接	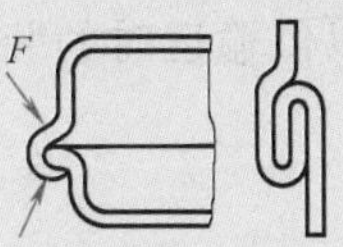	通过板材边缘变形进行咬合连接	铆合	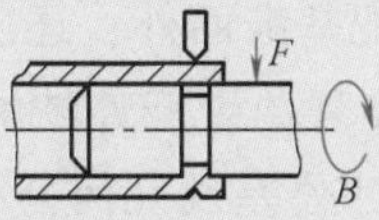	通过薄壁材料变形挤入另一零件槽缝实现连接

注：上表中 F 为作用力；B 为运动；T 为加热或埋入。

产品装配过程的操作可分解为若干简单的运动。常见装配过程有单一的直线运动，也有直线与旋转等复合运动，可根据这些装配过程的动作运动设计自动装配机械的运动驱动机构。典型的装配运动形式见表 4-3。

表 4-3　典型的装配运动形式

名　称	原　理	运　动	说　明
插入或压入	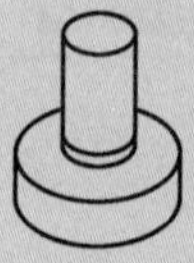	↓	直线运动 靠形状定心
插入旋转		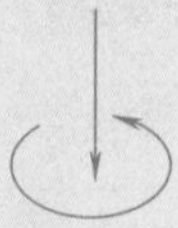 ↓ ↻	先直线后旋转 形状耦合联接
插入锁住	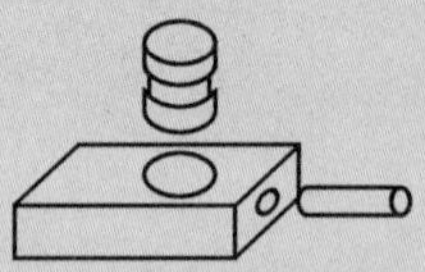	 ↓ ←	顺序进行 两个直线运动
旋入	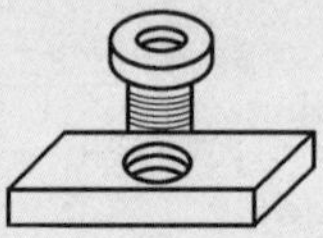	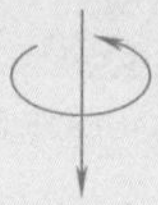 ↻ ↓	边旋转 边做直线运动

2. 产品装配结构的工艺性

所谓产品装配结构工艺性是指产品结构在装配过程中是否有利于自动供料、自动传送以及自动装配作业等结构特性，优良的装配结构工艺性可简化自动化装配工艺及其装备。

（1）便于自动供料的装配件结构　其结构特征应便于包括上料、定向、输运及分离等自动供料过程的自动化。

1）外形结构尽量简单、规则，其尺寸小、重量轻。

2）结构形状力求对称，便于定向处理。

3）如果不能采用对称结构，尽可能合理扩大使其结构的不对称程度，以便于自动定向。

4）一端做成圆弧形，有利于输运过程的导向作用。

5）应防止互相间结构嵌套、不易分离，如有内、外锥形面的零件应使其内、外锥度不等，避免相互嵌套、卡住。

6）除了具有装配基准面外，还应考虑设置装夹用的基准面，以供输运时的装夹和支承。

（2）便于自动装配的装配件结构

1）装配件的尺寸公差及几何公差应保证装配时完全互换。

2）需装配的零件数尽可能少，最大程度采用标准件和通用件，有利于简化装配工艺。

3）尽量采用易于装配的连接方式，以最简运动把装配件安装到基础件上，如压入、粘接、点焊等。

4）结构上应为自动装配工具留有足够的自由空间，如图 4-42 所示的螺钉旋入操作的装配件结构。

5）若为易碎材料，宜采用塑料代替。

6）为便于装配，可在装配面上增加辅助定位面或导向面，如图 4-43 所示的 A 面。

7）尽量避免易于嵌套的零件结构，不得已时可在两者之间增加隔离装置。

8）最好在同一方向进行装配，尽量避免基础件翻转，简化自动化装配设备。

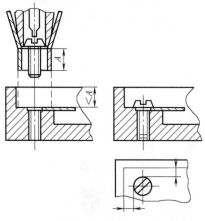

图 4-42　留有螺钉旋入工具足够空间

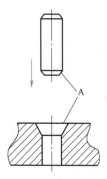

图 4-43　辅助导向面

3. 自动装配工艺设计基本原则

自动化装配要比手工装配复杂得多。手工装配很容易完成的工作，对于自动化装配却需要设计复杂的传送机构、驱动装置和控制系统。为使自动化装配系统适用、经济、可靠，应遵循如下基本设计原则。

（1）装配工序确定原则　应遵循先下后上、先内后外、先重后轻、先精密后一般的原则。

（2）基础件选择原则　选择具有可靠定位面、体积或重量较大的零件作为装配基础件。

（3）装配工位数确定原则　合理设计自动装配工艺，尽量减少装配工位数，以减少重复定位次数。

（4）装配基准面选择原则　应选择精加工面或面积较大的配合面作为装配基准面，同时应考虑装配夹具所必需的装夹面和导向面。

（5）自动定向原则　对于形状规则的零件尽可能使之自动供料和定向，对于难以自动供料和定向的关键件和复杂件，可考虑手工定向或逐个装入方式，不致使自动装配设备结构过于复杂，争取经济上更合理。

（6）零件隔离原则　对于易缠绕的螺旋弹簧、纸箔、垫片等装配件，应考虑在两传送件之间进行空间隔离。

（7）精密配合副分组原则　精密配合副的装配精度通常是通过选配来保证的，根据配合精度要求合理进行精度分组，一般可分为 3~20 组，分组越多，其配合精度越高，但储料机构结构越复杂，设备成本也越高。

（8）自动化程度确定原则　应根据工艺成熟程度和实际经济效益合理确定装配自动化程度。例如，结构形状规则的装配件易于实现自动供料，可采用自动化程度较高的装配工艺；结构形状复杂零件，宜选用自动化程度较低的装配工艺；对于尚不成熟的装配工艺，可考虑采用半自动化甚至完全采用人工装配工艺方法；对于螺纹联接装配件，宜采用单轴联接头装置，因多轴联接头增加了螺纹孔相互间的位置精度要求，致使装配设备结构的复杂化。

4. 自动装配工艺设计基本内容

虽然产品结构型式多样，各自装配工艺也不尽相同，但装配工艺设计的内容基本类似，一般包含如下基本设计任务。

(1) 产品结构分析和装配阶段划分　认真分析产品的装配结构，将复杂的产品装配过程按适当的部件形式划分为若干装配阶段，在完成一个结构单元装配后，再将其与其他装配单元继续装配。

(2) 基础件的选择　基础件选择对装配工艺过程有重要影响，所选择的基础件应能完成尽可能多的装配任务。基础件作为第一个装配件，将其固定在托盘或夹具上，以此为基础，装配其他零件。

(3) 装配工序分解　将整个装配过程分解为不同的装配工序，如定位工序、装配连接工序、检验工序、输出工序等，确定各工序的装配动作、运动驱动形式以及其结构方案。

(4) 确定装配工位数　在一台自动化装配设备上，可安排多个装配工序，选定每个工序工作头及其执行机构，确定其运动速度，计算装配循环时间。根据工序集中的可能性和合理性，合并相关工序，尽可能减少自动装配设备的工位数量。工位数量过多，将导致自动装配系统过于复杂，降低系统的可靠性，也不便于系统的调整和维护。

(5) 计算确定各个装配工序的作业参数　根据各装配工序特点和装配连接方式，确定工作头运动速度和运动轨迹等，计算工序作业时间和辅助时间。

(6) 装配系统合理性和经济性分析　根据拟订的装配工艺方案，分析自动化装配系统结构实现的合理性和经济性，根据分析结果调整或修改工艺方案。

4.4.3　自动化装配设备

自动化装配设备多种多样，有自动化装配单机、装配机器人、自动装配生产线，有专用自动化装配设备和通用自动化装配设备等。

1. 自动化装配单机

(1) 单工位装配机　单工位装配机只有一个装配工位，其基础件固定，只有一种或几种简单装配动作，多限于只有少数几个零件的装配。这种装配机所装配的零件较小，多采用振动料斗供料，装配速度可达 30～12000 个/h，具有结构简单、装配效率高的特点，尤其在电子工业、精密工具业应用较多。

图 4-44a 所示为一台自动旋入螺钉的单工位装配机，它由送料器、振动料斗、旋入工作头以及机架组成，每当一个基础件落入夹具体后，旋入工作头便将一只螺钉自动旋入基础件以完成螺钉联接装配任务。图 4-44b 所示是将两个零件同时压入基础件的自动装配机，通过送料器将基础件送入装配工位后，待压入的左右两个零件分别由两个振动料斗送料，并由各自的输入分配器推入装配位置，然后自动起动压头从顶部将两个零件同时压入基础件。

(2) 多工位装配机　多工位装配机是具有多个装配工位的自动化装配设备，装配工位数量由装配动作确定。装配工位多，意味着装配设备功能强、效率高，但受到传送装置以及设备空间结构的限制。图 4-45 所示为一台圆形回转台式多工位装配机，回转台可由机械、气动或电气驱动机构控制，装配机的上料、安装、连接、检验、下料等工位围绕着回转台圆周布置。

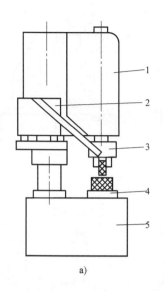
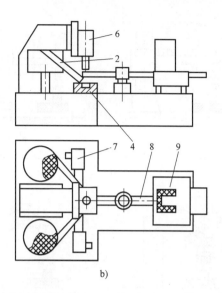

a)　　　　　　　　　　　　　b)

图 4-44　单工位装配机

a）自动旋入螺钉　b）自动压入装配

1—螺钉料斗　2—振动料斗　3—旋入工作头　4—夹具　5—机架

6—压头　7—输入分配器　8—送料器　9—基础件料仓

2. 装配机器人

近年来，装配机器人越来越多地被应用到装配工艺。这不仅提高了自动化装配系统的柔性，特别是在高温、高辐射等对健康有害以及要求有超高清洁环境下，机器人起着无可替代的作用。

装配机器人的组成结构与通用机器人基本相同，包括机身、手臂、手腕、手爪、控制系统等。根据服务对象以及装配运动的不同，装配机器人有多种结构型式，如图 4-46 所示。

SCARA 机器人（图 4-46a）是自动化装配领域应用最多的机器人，它具有大小臂水平回转、腕部垂直升降及回转等多个自由度，水平方向运动像人手臂一样柔顺，在垂直方向有较大的装配刚度，最适合于垂直装配作业。

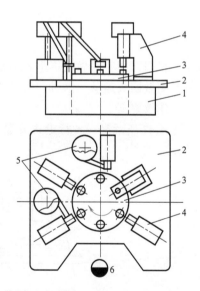

图 4-45　圆形回转台式多工位装配机

1—机架　2—工作台　3—回转台

4—连接工位　5—上料工位　6—装卸工位

悬臂机器人（图 4-46b）与十字龙门式机器人（图 4-46c）属于直角坐标机器人，适合于大跨度的零件传送。

摆臂机器人（图 4-46d）其手臂是通过铰节悬挂，运动速度极快。

垂直关节机器人（图 4-46e）如同人的手臂，其大臂和小臂均可弯曲，其运动非常灵活，多用于小型零件的装配工艺。

摆头机器人（图 4-46f）是通过两手臂联合伸缩运动以实现所需要的动作：若两手臂运

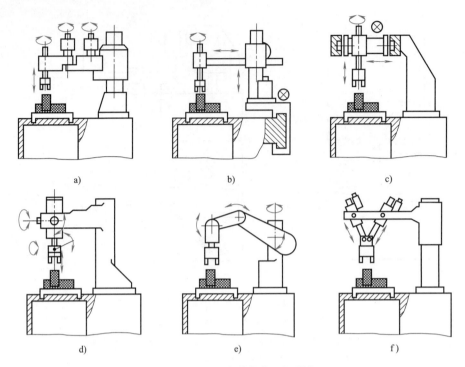

图 4-46　不同类型的装配机器人

a）SCARA 机器人　b）悬臂机器人　c）十字龙门式机器人

d）摆臂机器人　e）垂直关节机器人　f）摆头机器人

动速度相同，则手部做上下垂直运动；若两手臂以不同速度或方向运动，可控制手部向左或向右两侧做摆头运动。这种机器人常用于荷重较小的商品自动包装工艺，其服务对象质量小、工作效率高。

图 4-47 所示是一种行走式装配机器人，通过 4 个轮子组合转动可实现任意方向的行走运动。

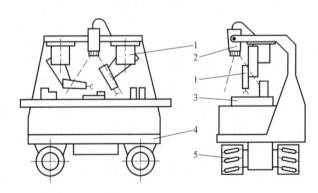

图 4-47　行走式装配机器人

1—垂直关节手臂　2—视觉系统　3—工作托盘　4—行走机构　5—多向轮

图 4-48 所示是火花式雷管机器人装配系统。雷管易燃易爆，装配环境危险，其整个装配过程是由机器人安全、快捷、可靠地完成。

　　雷管由雷管体、导电帽、螺旋弹簧和紧固螺钉 4 个零件组成，其中导电帽与弹簧为组合件。由图 4-48 可见，在雷管体料盘 8 上放置有雷管体，导电帽与弹簧的组合体放置在组合件料盘 4 上，紧固螺钉置于振动料斗 6 内。

　　装配过程为：①首先，左侧机器人从雷管体料盘 8 抓取一只雷管体运送至工作台 5 的夹具体内；②右侧机器人从组合件料盘 4 抓取一只导电帽与弹簧组合体插入夹具中雷管体内；③中间机器人气动螺钉旋具 7 从振动料斗 6 拾取一只紧固螺钉，将导电帽组合体与雷管体进行联接，便完成雷管的装配；④位于工作台的检测装置自动检测装配质量；⑤检测合格后，左侧机器人将装配好的雷管成品件取出，放置到成品料盘 9 上，一个装配循环结束，其整个装配过程不到 20s。

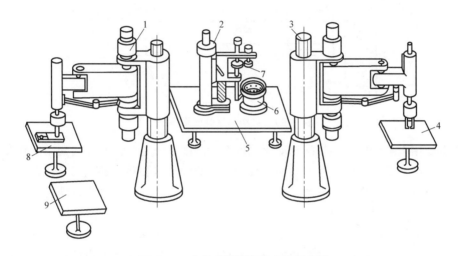

图 4-48　火花式雷管机器人装配系统

1—左机器人　2—中机器人　3—右机器人　4—组合件料盘　5—工作台
6—振动料斗　7—气动螺钉旋具　8—雷管体料盘　9—成品料盘

3. 自动装配生产线

　　自动装配生产线是通过自动输送系统将一台台装配机相互连接而构成，不仅控制各装配机自动完成各自的装配任务，还需控制装配线的供料、定位、夹紧等各个装配环节，以保证整个装配线协调一致地工作。自动装配线实现难度较大，投入成本很高，目前仅用于一些特殊产品的自动装配过程。

　　装配件自动输运装置是装配生产线的重要组成部分，通常应具有两个功能：其一，装配件在输运过程中保持一定的排列次序和定向状态；其二，有一定的装配件缓冲量。第一个要求一般采用随行夹具即可满足，但需要考虑随行夹具如何返回的问题；第二个要求需根据系统的工作循环、零件尺寸以及系统所允许的缓冲时间，计算缓冲件数量及其缓冲长度，例如某装配线装配循环时间为 5s，随行夹具长度为 50mm，允许的缓冲时间为 2min，那么该输运装置应保持 24 件缓冲件，其长度应不小于 1200mm。

　　图 4-49 所示为由两台装配机组成的自动装配生产线。经装配机 1 所完成的装配件由气缸 1 将其放置在输送带 1 的随行夹具上；输送带 1 将位于 a 处的随行夹具连同装配件从 a 处输送至 b 处；在 b 处，装配机 2 的物料装置（图中未显示）将 b 处随行夹具上的装配件取

下，并将之转换放置在输送带 2 的随行夹具上，与此同时气缸 2 将 b 处空置的随行夹具横向推入返回的输送带上；输送带 2 将载有装配件的随行夹具传送至装配机 2 装配工位继续进行后续的装配作业。

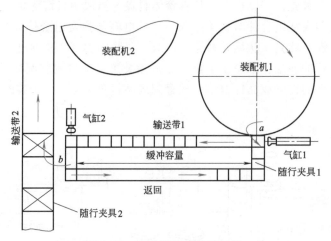

图 4-49　自动装配线输送系统

随着自动化水平的提高，装配自动化也由刚性装配系统逐步向柔性装配系统转变。柔性自动装配系统可根据装配要求通过增加或减少一些装配节点，更换装配工具，在装配系统功能、功率和几何结构允许的范围内，可满足特定产品族的所有产品进行自动装配。

图 4-50 所示为某小型电子元器件柔性装配系统，由装配机器人、工具库、供料器、储料仓、传送钢带等组成。其中储料仓内存储着一个个承载着基础件的托盘，托盘是由内嵌磁芯的圆柱塑料块制成。由传送钢带利用磁性力将这些磁性托盘在系统内进行传送，若发生堵塞，磁性托盘可在钢带上打滑，从而形成一个小小的缓冲仓。在装配工位，用定位销将托盘

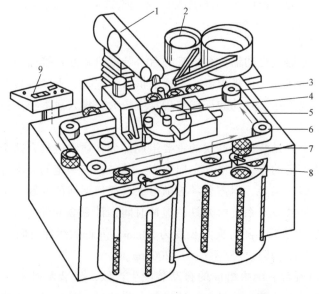

图 4-50　某小型电子元器件柔性装配系统

1—装配机器人　2—供料器　3—传动辊　4—工具库　5—传送钢带　6—导辊　7—托盘　8—储料仓　9—操作台

进行定位，装配件由振动送料器供应，装配机器人将该装配件与磁性托盘上基础件进行装配。若更换装配对象，仅需更换装配机器人上的装配工具即可，也可根据装配工艺需要在该装配系统上配置多台装配机器人。

4.5 ■ 检测过程自动化

检测是制造过程自动化不可或缺的组成部分，是通过不同的检测工具或自动化检测装置，检测产品的尺寸偏差，监控制造系统的生产过程，为产品质量保证和制造系统安全稳定地运行提供保障。

4.5.1　检测系统的功能作用与检测内容

1. 检测系统的功能作用

自动化检测系统类似人的眼、耳及其他器官，检测监控自动化制造系统的运行状态和加工质量。检测系统是自动化制造系统的重要组成部分，是获取加工制造过程信息的基本手段。通过检测可获取制造系统运行的各类状态信息，经系统控制器的诊断、判别，及时对系统运行进行必要的调节和控制，以保证制造系统稳定、可靠地生产出合格产品。

概括地说，自动化检测系统具有如下的功能作用：

1）保证制造系统按照设定的工作流程进行安全生产作业。

2）保证制造系统生产出符合质量要求的产品。

3）防止制造系统运行异常所引发的生产事故。

4）分析制造系统运行趋势，及时提出防范措施。

5）对制造系统所产生的故障进行分析、诊断，快速准确地找出故障根源，及时排除故障，恢复系统正常运行。

2. 自动化机械制造系统的检测内容

自动化机械制造系统是一种复杂的自动化系统，整个制造过程所涉及的信息类型较多，因此要求检测系统所承担的检测内容也较多。

1）毛坯或零件检测。在制造系统加工或装配之前，首先需要对毛坯或零件进行必要检测和识别，若不符合规定要求应予以提示或自动剔除。

2）工位状态检测。对已位于加工或装配工位上的毛坯或零件，应检测其定位误差和夹紧力大小，以判别是否正确定位与夹紧。

3）加工过程检测。通过对加工过程中的产品尺寸、几何误差的检测获得加工状态，以便制造系统根据加工状态给予及时调节或补偿，若无法调节应给予及时显示提醒或报警。

4）加工设备状态检测。在生产过程中，自动检测监控生产设备的关键参数，如工作力矩、轴承温度、刀具磨损、齿轮润滑等，以保证生产设备在最佳状态下安全、可靠地运行。

5）物料运储系统检测。为了保证物料高效、安全地输运和存储，需检测 AGV 小车运行线路、仓库仓位、堆垛机工作状态等。

6）环境参数监测。包括系统供电电压、环境温度、湿度、粉尘等环境参数的监测，一旦某环境参数超出正常范围，应及时予以报警或停机处理。

7）系统故障诊断。通过检测分析制造系统的各类参数信息，判断机械设备及其控制系统有无发生故障的可能性。

8）操作人员的安全监测。设置安全门或安全栅栏等，一旦有操作者进入危险区域，应立即暂停系统运行。

4.5.2　检测系统的基本组成

机械制造过程的自动检测系统是由一个个基本检测单元组成，每个检测单元包含传感器、前置处理器以及信息处理器等组成部分，如图4-51所示。

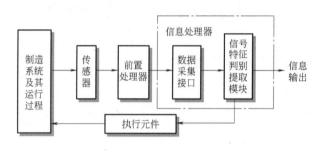

图 4-51　基本检测单元结构组成

（1）传感器　传感器是检测系统最基本的组成元件，通常安装于制造系统相关设备上，用于获取所需的制造系统状态信息。根据检测对象的不同，可选用不同类型的传感器，通过这些传感器将制造系统在运行过程中的各类动态信息转换为连续变化的电流或电压信号。

（2）前置处理器　通常传感器所检测的信号比较微弱，且渗夹较多的噪声和干扰信号，需要对之进行放大、滤波及整形处理。前置处理器即为一种对传感信号进行放大和滤波的预处理器，它可将传感器信号进行放大，通过高通、低通、带通或数字式等滤波器去除或抑制信号中的干扰噪声，为后续的信息处理过程提供足够能量和信噪比高的信号源。

（3）数据采集接口　数据采集接口是信息处理器的输入元件，其接口电路与信息处理器的地址总线、控制总线和数据总线相连接，担负端口寻址和数据采集等任务。所谓数据采集即为模数转换（A/D）过程，是将传感器获得的电流或电压信号，经采样、量化处理后转换为离散的数字信号。模拟信号的采样过程应服从香农定理，即采样频率大于或等于被采样信号最高频率的两倍，以避免原始信号的丢失或混叠现象。

（4）信号特征判别提取模块　传感器所检测的信号往往是制造系统运行过程中众多信息的综合反映，信号特征判别提取模块即为从这些信息源中判别并提取能够反映系统状态的有用特征值，判断制造系统是否正常工作，用以作为系统调节和控制的依据。目前，已有较多信息分析处理技术可用于制造系统状态特征的判别和提取，既包括统计分析、时域分析、频域分析、时频分析、功率谱分析等常规分析方法，又包括神经网络、模糊分析、遗传算法等先进智能分析方法。

4.5.3　常用检测元件

自动化制造系统需要检测的信号类型较多，包括机械量、电工量、热工量、流体量等，因而所采用的检测元件有电阻式、电容式、电感式、光电式、电磁式等各种不同类型。表4-4列出了自动化机械制造系统中常用的检测传感器及其应用场合。

表 4-4　机械量检测常用的传感器

工作原理	类型	应用范围								
		几何量 (位移角度)	速度 加速度	扭矩	力	质量	转速	振动	计数	探伤
电阻式	电位器式、应变式、压阻式、湿敏式等	√		√	√	√	√	√		
电容式	可调极距式、变换介质式等	√	√	√	√	√	√	√		
电感式	自感式、差动变压器式等	√	√	√	√	√	√	√		
电磁式	感应同步器式、涡流式等	√	√	√		√	√	√	√	√
光电式	光电管式、光敏电阻式等	√	√	√		√	√	√	√	
压电式	压电石英式、压电陶瓷式等		√	√	√		√		√	
半导体式	PN结式、磁敏式、力敏式、霍尔变换式等	√	√	√	√	√	√	√		
射线式	X、α、β、γ等	√								√

4.5.4　制造过程自动检测应用实例

　　检测技术在机械制造自动化系统中的应用十分广泛，根据不同的检测对象，其检测系统的结构组成、功能作用以及数据处理方法等也不尽相同，这里仅列举加工尺寸在线检测和刀具磨损/破损在线监控的具体应用。

1. 加工尺寸在线检测

　　图 4-52 所示为加工中心常用的一种尺寸在线检测系统，具有红外发射功能的三维测量头为该系统的主要组成部分。由图 4-52 可见，三维测量头的柄部与普通刀具结构类似，可将其放置在机床刀具库内。需要检测时，由换刀机械手将该测量头安装到机床主轴孔内，在数控系统控制下可对加工中的工件尺寸进行检测。检测时，一旦测量头触针接触工件，其红外发射装置立即发出红外信号，该信号被机床上的红外接收装置接收后传送至数控系统，数控系统便立即记录测量头触点所在的坐标位置。为此，可由数控系统控制检测加工工件表面上各个检测点。通过两个检测坐标值即可计算两点间的距离以及被加工件的尺寸偏差和几何

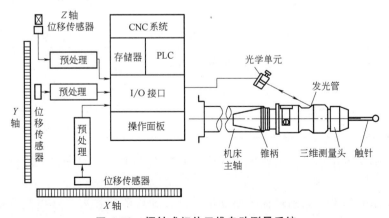

图 4-52　探针式红外三维自动测量系统

误差，数控系统可根据检测结果对其加工误差进行调节或补偿。

图 4-53 所示为磨削加工的一种自动测量装置。由图可见，机床磨头 5 在磨削工件 1 的同时，自动测量头 2 可自动在线检测被磨削的工件尺寸，检测信号经放大、处理转换后，传送给机床控制系统，机床控制系统将所测得的实际尺寸与要求尺寸进行比较，以判断是否需要继续磨削加工。

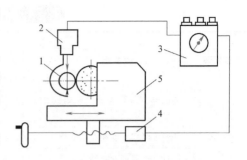

图 4-53　磨削加工自动测量装置

1—工件　2—自动测量头　3—控制系统
4—执行机构　5—机床磨头

2. 刀具工作状态监测

在机械加工中，切削刀具在切除材料的同时自身也会不断地消耗磨损，当刀具磨损到一定程度后将会完全失去切削能力。有时，往往由于一些偶然因素会发生刀具的断折或破损，若不及时发现和处理，将导致机床设备的损坏或产生严重的生产事故。为此，在自动化机械制造系统中，对刀具磨损或破损的监测是一项重要的任务。目前，对于刀具磨损/破损工作状态的监测有多种技术手段，有直接法和间接法，有接触式和非接触式，有力学的、电学的、光学的、声学的等不同监测方法，见表 4-5。这些刀具状态监测技术各有特点，也存在各自不足。为此，在实际应用中往往将几种技术结合使用，可取得较好的效果。

表 4-5　刀具磨损、破损检测监控方法

监控方法		传感原理	传感器	主要特征
直接法	光学图像	光发射、折射、TV 图像	光敏、激光、光纤等 CCD 或摄像管	可提供直观图像，较精确，但受切削条件影响，不易实现实时监视
	接触式	电阻变化、磁力线	电阻片、磁间隙传感器	简便，但受切削温度、切削力和切屑变化影响，不能实时监视
间接法	切削力	切削力变化量 切削分力比例	力传感器	灵敏、简便，有商品供应，但动态应变仪难以装于机床上，主要障碍是识别阈值的确定
	转矩	电动机、主轴或进给系统转矩	应变片、电流表	成本低，易使用，对大钻头破损探测有效，但灵敏度不高
	功率	电动机或进给系统功率消耗	功率传感器	成本低，易使用，灵敏度不高，有商品供应
	振动	切削过程振动信号	加速度计、振动传感器	灵敏，有应用前途和工业使用潜力
	超声波	超声波的反射波信号	超声波换能器与接收器	可克服转矩限制，但受切削振动变化的影响
	噪声	切削区环境噪声信号	拾音器	简便，有应用前途和工业使用潜力
	声发射	刀具破损时产生的声发射信号	声发射传感器	灵敏、实时、使用方便，成本适中，有商品供应，有工业应用潜力

图 4-54 所示是采用三坐标测量头在线接触式检测加工尺寸的变化来监控制造系统中的刀具磨损。

图 4-55 所示是借助于切削过程的振动信号间接地检测监控刀具磨损或破损，用于检测切削振动信号的加速度计安装在刀架上，检测信号经放大、滤波及模数转换后被传送至计算

机控制器进行识别处理。若切削振动信号的振幅、能量、频率或振铃数等某振动特征值达到刀具磨损或破损所设定阈值时，控制器便发出报警或换刀信号。切削过程的振动信号对刀具磨损或破损较为敏感，系统构造也较简单，在实际系统中得到较多的应用。然而，切削过程的振动信号随工件材料、切削用量等切削条件的变化其差异较大，实际使用时往往需要根据切削条件的改变能够自动修正识别函数的特征阈值，方能保证稳定、可靠地进行系统监控。

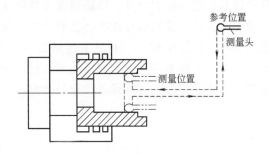

图 4-54　在线接触测量加工尺寸变化
监控刀具磨损

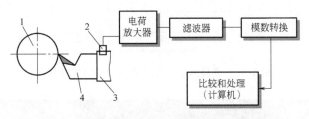

图 4-55　通过切削振动信号监控刀具磨损或破损

1—工件　2—加速度计　3—刀架　4—车刀

图 4-56 所示是应用刀具-工件自然热电偶技术检测切削温度的变化，间接监控刀具的磨损。在图示中，将刀具和工件作为自然热电偶的两极，切削加工时两者相互接触便自然构成一个测温回路，以刀具和工件接触处的高温区作为热端，以刀具和工件的引出端作为冷端，随着热端切削温度的升高，相对于保持室温的冷端便产生了一个温差电势。随着刀具磨损加剧，切削区的温度不断提高，其温差电势随之增大，当达到一定阈值后便自动报警，提示刀具磨损已达到设定程度，应予以及时换刀。

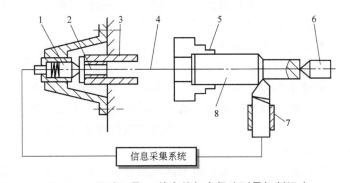

图 4-56　通过刀具-工件自然热电偶法测量切削温度

1、6—顶尖　2—铜轴　3—主轴　4—细导线　5—卡盘　7—刀具及隔热材料　8—工件

图 4-57 所示是应用声发射技术来监控刀具的工作状态。所谓声发射是固体材料受到外力或内力的作用所导致内部晶体的变形、破裂或相位改变而释放的一种弹性应力波现象。在切削加工中，若刀具锋利，切削就轻快，刀具所释放的应变能较小，声发射信号微弱；当刀

具磨损后，切削抗力上升，从而导致刀具的变形增大，将大大增强了声发射信号；在刀具接近破损时，该声发射信号往往会急剧增加。这种声发射信号的变化非常有利于对刀具工作状态的监控。在图 4-57 中，声发射传感器固定在机床工作台上，系统不断检测来自该传感器的信号，若所检测的声发射信号达到或超过所设定的阈值时，表明刀具寿命已到极限状态，便指令机床及时停止运行或进行换刀处理。

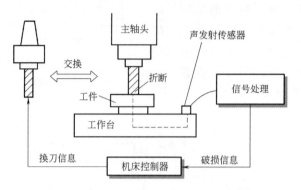

图 4-57　应用声发射技术监控刀具的工作状态

本章小结

　　制造自动化技术的发展可分为刚性自动化、柔性自动化、综合自动化以及智能自动化几个发展阶段。"狭义制造"概念下的制造自动化通常是指车间层面上的生产过程自动化，即包括加工、搬运、装配和检验等产品生产过程的自动化。

　　自动化制造设备有刚性自动化设备和柔性自动化设备。目前常用的柔性自动化设备包括数控机床、加工中心、柔性制造单元、柔性制造系统、柔性制造生产线等。数控机床是用数字信息对机床运动及其加工过程进行控制的自动化加工设备；加工中心是配有刀库及自动换刀装置的一种高效数控机床；柔性制造单元通常是由 1~2 台加工中心以及工件交换装置和物料运储设备组成；柔性制造系统是由加工子系统、工件运储子系统、刀具运储子系统以及控制子系统组成的一种高自动化水平的机械加工系统。

　　柔性化物料运储系统通常由自动输运小车、工业机器人、自动化仓库组成，其中自动输运小车是一种由程序控制自动完成物料输运任务的物料运载装置，包括有轨小车、线导小车、光导小车、激光制导小车和遥控小车等；工业机器人是面向工业领域的多自由度、可编程实现不同动作要求的一种自动操作机器，有多种结构型式，有示教编程和离线编程不同编程方法；自动化仓库是由货架、堆垛机以及计算机控制管理系统组成，是一种能够自动完成物料存取作业的仓储设施。

　　装配过程自动化是制造自动化技术中最为薄弱的环节，影响因素多，装配过程复杂，目前仍需努力提高装配自动化水平。自动化装配设备也是多种多样，有自动化装配单机、装配机器人、自动化装配生产线，有专用自动化装配设备和通用自动化装配设备等。

　　检测过程自动化是通过不同的检测工具或自动化检测装置，在线检测产品的尺寸偏差、监控制造系统的生产过程，为产品质量保证和制造系统安全稳定地运行提供保障。自动检测系统通常是由一个个基本检测单元组成，每个检测单元包含传感器、前置处理器以及信息处理器等组成部分。

　　4.1　简述制造自动化技术发展及内涵。

　　4.2　分析机床数控系统的组成和工作过程。

　　4.3　什么是开放式数控系统，开放式数控系统有哪些实现途径？

　　4.4　伺服系统包括哪些组成部分，比较开环、半闭环以及闭环伺服系统构成原理及功能作用。

　　4.5　简述计算机辅助数控编程的原理与特点。

　　4.6　分析加工中心换刀和选刀方式。

　　4.7　分析 FMS 结构组成、功能特点和适用范围。

　　4.8　叙述 FMS 加工系统的功能要求，分析互替式与互补式机床配置形式的特点。

　　4.9　分别从工件和刀具两个方面分析 FMS 物流运储系统的组成和流动形式。

　　4.10　简述 FMS 控制系统体系结构以及功能作用。

　　4.11　分别从组成结构、加工功能、柔性和生产效率等角度，综合分析数控机床、加工中心、柔性制造单元以及柔性制造系统几种不同的柔性自动化设备的特点和区别。

　　4.12　简述 AGV 小车类型以及各自导向原理和特点。

　　4.13　分析工业机器人的结构组成、技术指标以及编程方法。

　　4.14　分析直角坐标机器人、圆柱坐标机器人、球坐标机器人和关节机器人坐标轴的构成和工作空间。

　　4.15　简述自动化仓库的结构组成和功能特点。

　　4.16　列举机械零件结构常用装配连接方式和装配运动，举例说明零件结构的装配工艺性。

　　4.17　分析自动检测系统基本组成、工作原理以及各组成部分的功能作用。

　　4.18　列举刀具工作状态检测监控方法，分析各种监测方法的工作原理。

现代企业信息化管理技术

第5章

企业信息化管理即在计算机网络环境下借助于现代信息管理系统对企业的经营运作过程进行管理。目前，较多信息化管理系统在企业内使用，包括企业资源计划（ERP）、产品数据管理（PDM）、制造执行系统（MES）、供应链管理（SCM）、客户关系管理（CRM）等，通过这类信息管理系统把企业的设计、采购、生产、制造、财务和营销等各个环节管理起来，并实现资源和信息的共享，有力支持了企业的经营决策过程，提高企业管理效能，降低运作成本，快速响应客户需求，增强企业的市场竞争力。

内容要点：

本章在分析企业信息化内涵以及企业信息化管理技术体系基础上，侧重介绍企业管理层的企业资源计划（ERP）、开发设计层的产品数据管理（PDM）、生产制造层的制造执行系统（MES）以及流通层的供应链管理（SCM）和客户关系管理（CRM）几种常用的信息化管理系统。

5.1 ■ 概述

5.1.1　企业信息化内涵

人类社会进入 21 世纪以来，随着计算机网络与信息技术的发展与成熟，生产制造过程的数字化、企业管理的信息化理念已被较多的企业经营者所接受，众多企业越来越认识到以计算机为代表的信息技术已经成为提高企业竞争力和竞争优势的重要途径。我国《2006—2020 年国家信息化发展战略》指出："信息化是充分利用信息技术，开发利用信息资源，促进信息交流和知识共享，提高经济增长质量，推动经济社会发展转型的历史进程"。

所谓企业信息化，是将信息技术、现代企业管理技术和制造技术相结合，应用计算机网络，在企业生产经营、管理决策、研究开发、市场营销等企业产品全生命周期内通过对信息和知识资源的有效开发利用，重构企业组织结构和业务流程，服务于企业的发展目标，以提高企业的市场竞争力。

企业信息化的主要对象是企业的管理运行模式，其目的是应用现代企业管理理念去转变现有企业的生产经营方式，其内容包括企业领导和员工理念的信息化、企业组织管理和决策的信息化、企业经营手段的信息化、企业产品开发设计以及加工制造过程的信息化等。

从形式上，也可以将企业信息化概括为如下两个方面：

一是企业数据的电子化，将企业的相关数据包括企业产品数据、物料数据、财务数据、人力资源数据、客户资源数据等按一定结构模式存入企业数据库，便于企业运营管理时的统计、查询以及共享调用。

二是企业业务流程的计算机化，包括企业决策流程、运营管理流程、产品开发流程、生产制造流程、销售服务流程等，按照企业业务流程规范进行企业信息管理系统的开发设计，按照规范化的企业业务流程进行作业管理，以减少人为控制因素，使企业管理更为合理、高效和通畅。

5.1.2　企业信息化管理技术体系

企业信息化涉及整个企业数据和业务流程。当前，在企业产品全生命周期已有众多不同类型的信息化管理技术与系统可供选用，如产品数据管理系统（PDM）、物料需求计划（MRP）、企业资源计划（ERP）、客户关系管理（CRM）等，如图 5-1 所示。

按企业信息管理层次，可将现有企业信息化管理系统分为如表 5-1 所示的四个层次类型。

（1）经营管理层　该类信息管理系统主要为企业领导层以及相关职能管理部门提供一种先进经营管理工具和方法，辅助制订企业经营管理决策和相关业务管理流程，有企业决策支持系统（DSS）、办公自动化系统（OA）、物料需求计划（MRP）、制造资源计划（MRPⅡ）、企业资源计划（ERP）等。其中，DSS 系统为企业领导从大量繁杂的企业数据中获取关键决策信息，及时把握市场脉络，制订正确有效的企业经营决策；MRP/MRPⅡ/ERP 是集企业生产、供应、库存、销售和财务信息为一体，在统一的数据环境下实现企业信息的集成管理，以缩短产品生产周期，降低生产成本，提高企业市场响应能力。

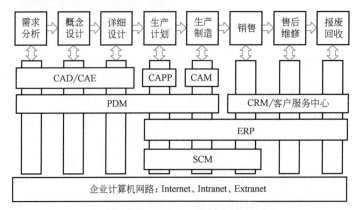

图 5-1　产品不同生命周期内的信息管理技术与系统

表 5-1　企业化信息管理技术体系

名称	技术和系统	说明
经营管理层	DSS 、OA 、MRP/MRP II/ERP	DSS 为企业决策支持系统；OA 为办公自动化系统；MRP/MRP II/ERP 为企业运营管理的信息系统
开发设计层	CAD/CAE/CAPP/CAM、PDM	CAD/CAE/CAPP/CAM 是产品设计数字化、信息化的基本工具；PDM 是对产品相关设计信息和设计过程管理和集成的软件平台
生产制造层	PLC、CNC、DNC、DCS、MES	PLC、CNC、DNC、DCS 为数控机床、加工中心、柔性制造单元/系统的基本控制单元，也是实现制造自动化、数字化及柔性化的基本技术；MES 为服务于车间层的制造执行系统
商务流通层	SCM、CRM、EC	通过供应链管理 SCM、客户关系管理 CRM 以及电子商务 EC 等信息管理技术，可实现企业内外资源的集成

　　(2) 开发设计层　在企业产品开发设计层，提供有 CAD/CAE/CAPP/CAM/PDM 等各类计算机辅助设计与制造软件系统，可实现产品结构、工艺流程以及制造过程的数字化。其中的产品数据管理系统（PDM），它既是管理所有与产品相关信息与过程的软件工具，又是 CAD、CAE、CAPP、CAM 等各应用系统的集成平台，在 PDM 环境下可实现不同应用系统之间数据的交流和共享。

　　(3) 加工制造层　加工制造层位于企业产品制造活动的底层，通过制造设备的 PLC、CNC、DNC、DCS 等基本控制单元，实现企业产品制造过程的自动化、数字化和柔性化。在该层次中，制造执行系统（MES）作为企业管理层与设备控制层的桥梁，一方面将来自生产管理层的生产计划进行细化和分解，将之转化为详细的生产操作指令，以控制车间层面的生产设备；另一方面对生产现场进行实时监控，采集现场实时信息，处理现场突发事件，并将现场信息向上层系统进行反馈。

　　(4) 商务流通层　商务流通层的信息管理系统通过企业网络和公共互联网，将企业信息化由企业内部扩展到企业外部，包括 SCM、CRM、EC 等信息管理系统。其中，供应链管理系统（SCM）是通过信息网络将企业生产信息与供应商信息进行整合，以提高企业物资采购的效率；客户关系管理系统（CRM）是利用信息技术来收集、处理和分析客户信息，便于更好地满足客户的需求；电子商务（EC）是以信息网络为手段，以电子交易方式实现传统商业活动的电子化、网络化和信息化，现已成为企业信息管理系统的一项重要内容。

5.1.3　企业信息管理的网络环境

企业计算机网络是企业信息管理的物理基础，它把分布在不同地理位置上的企业计算机节点连接起来，为企业信息互通和资源共享提供了有效的物理通道。企业计算机网络由 Internet、Intranet 和 Extranet 不同类型的网络构成。

（1）Internet　Internet 是采用 TCP/IP 协议所构建的全球共享的计算机网络。企业信息管理系统需要通过 Internet 网络获取企业外部信息和相关资源，也需要通过 Internet 对外发布企业相关产品和技术信息。

（2）Intranet　Intranet 是企业计算机网络最基本的组成部分，采用 B/S（Brower/Server）结构和 TCP/IP 协议，将企业内的所有网络应用、逻辑计算以及数据存取都放在服务器端，在客户端仅需通过标准浏览器即可从事各种应用操作。通过 Intranet 网络可以将企业共享的数据以文字、图形、图像、声音、影像等多媒体信息形式供企业内部各计算机节点共享调用。

（3）Extranet　Intranet 仅能供企业内部信息访问与传递，这将与企业有紧密关系的子公司、伙伴企业以及主要客户挡在了门外。而 Extranet 则是一种通过专线或 Internet 将企业与合作伙伴连接在一起的企业网络，可使企业之间能够方便地获取 Intranet 网络上所共享的信息，将 Intranet 给企业内各部门所带来的便利扩大到了企业与企业之间，从而降低了企业间的通信成本，推动了企业间信息的及时交流。Extranet 是一种网络互联技术，也是一种网络管理思想，它不一定是构建在企业与企业之间的实际网络，可通过网络互联技术将 Intranet 扩展到企业之间所形成的一个更大范围的虚拟企业网。

图 5-2 所示为一典型的企业计算机网络。为了企业信息安全的需要，该企业网分为内网和外网两部分。企业外网是以电子商务（EC）为中心，包括供应链管理（SCM）、客户关系

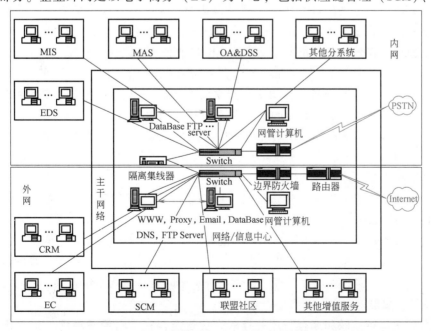

图 5-2　一种典型的企业计算机网络结构

管理（CRM）、联盟社会信息服务以及其他增值服务系统等。企业内网包括管理信息系统（MIS）、制造自动化系统（MAS）、工程设计系统（EDS）、办公自动化系统（OA）以及决策支持系统（DDS）等。企业外网配置有边界防火墙，在企业内、外网链之间采用隔离集线器进行物理隔离。通过这些防火墙和安全隔离设备，既不影响外部电子商务系统与内网的数据交换，又可极大降低外网黑客入侵及内网泄密的可能性。

5.2 ■ 企业资源计划（ERP）

企业资源计划（Enterprise Resource Planning，ERP）为企业经营管理层的一个信息管理系统，它以客户为中心，将客户需求、企业内的制造活动以及供应商、代销商和分销商等所有企业资源整合在一起，以充分利用一切社会资源，满足企业快捷、高效的生产经营的需要，现已成为当前制造业主流的企业信息化管理系统。

5.2.1 ERP 内涵与作用

ERP 是由美国 Garter Group 咨询公司首先提出的一个先进的企业信息管理系统，其宗旨是对企业所拥有的人、财、物、信息、时间和空间等资源进行综合平衡和优化管理。面向全球市场，协调企业各个管理部门，围绕市场导向开展业务活动，使企业在激烈的市场竞争中全方位地发挥其能力，以取得最好的经济效益。

虽然当前业界对 ERP 内涵有较多的定义，但普遍还是比较认同 Garter Group 公司对 ERP 的定义，即 ERP 是集采购、销售、制造、成本、财务、服务和质量等管理功能为一体，以市场需求为导向，以实现企业内、外资源优化配置，消除一切无效劳动和资源消耗，实现企业信息流、物料流、资金流集成，是面向供应链管理的思想方法和信息化管理工具。

由上述 ERP 定义可见：①ERP 是一种管理思想，是将企业信息集成管理的范围由企业内部扩大至企业外部，整合与管理企业整个供应链上的所有资源；②ERP 是一个集企业整个业务流程、基础数据、人力和物力资源为一体的企业信息化管理系统。

作为企业的一个信息化管理系统，ERP 系统可发挥如下作用：

（1）可解决多变的市场与企业均衡生产之间的矛盾　变化莫测的市场与企业生产的均衡性要求是所有制造型企业所面对的一对基本矛盾。ERP 系统的计划功能就是要使企业的生产计划量和市场需求量在某一计划期内的总量上相平衡，而不追求每个具体时刻的匹配。即使在某一时刻的市场需求发生了变化，但只要在该计划期内的总需求不变，就可以保持企业按相对稳定和均衡的计划进行生产。

（2）可更好地满足对客户的供货承诺　ERP 系统可根据自身的生产能力和条件自动计算生成对客户的数据承诺，只要将客户对某产品的订货量和交货期录入系统，系统可根据自身的生产能力计算分析，便能自动给用户答复如下问题：①能否满足客户需求？②若不能按时按量满足客户需求，那么在客户所要求的期限内可承诺的数量是多少？不足的数量何时可以提供？这样，企业销售人员在对客户做出供货承诺时能够做到心中有数，从而可把对客户的供货承诺做得更好。

（3）可解决库存短缺和库存积压并存的企业普遍存在物料管理难题　企业在物料管理上常常处于两难之中，多存物料会占压资金，少存物料又担心物料短缺、影响生产。企业传统的物料管理方法总存在着物料短缺和库存积压并存的现象。ERP 系统的物料需求计划（MRP）功能模块正是为解决该难题而发展起来的，借助于 MRP 功能模块可实现企业物料的供应"在正确的时间、以正确的数量、提供正确的物料"。

（4）可提高企业整体管理效率，降低运营成本　ERP 系统将企业各业务部门的工作流程集成到统一的工作平台，在该平台上企业各职能部门能够协同一致地工作，打破了原有企业部门的本位观，强调协调一致的整体观，大大提高了企业的整体管理效率，降低了企业经营管理成本。

ERP 作为一种先进的企业信息管理系统，已在当今制造业得到普遍的应用。目前国外供应商提供的常用 ERP 系统有 SAP、Oracle、PeopleSoft、Sage、Baan 等，国产 ERP 系统有用友、金蝶、神州数码、速达等。

5.2.2　ERP 系统发展演变历程

面对市场竞争，企业总是千方百计考虑如何合理地应用自身资源，以获取最大的经济效益。为此，企业首先需要面对的是物料库存管理与控制问题，譬如原材料能否及时供应、零部件能否准确配套、库存是否积压等。因而，ERP 的发展也正是从传统库存管理出发，经历了订货点法、基本 MRP、闭环 MRP、MRP II 直至 ERP 的发展演变过程，如图 5-3 所示。

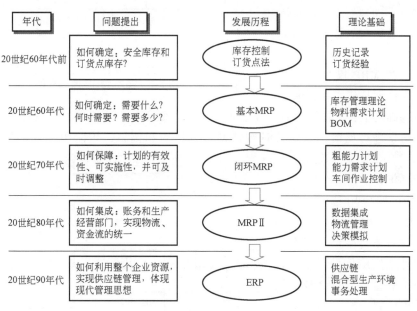

图 5-3　ERP 发展历程

1. 订货点法

所谓订货点法就是针对企业生产中所需要的各种物料，根据生产需求量及其供应和存储条件，规定一个安全库存以及订货点库存。在日常消耗中各种物料的库存量都不得低于它的安全库存，如果随着物料的耗用，当库存量下降到某个时刻的订货点库存时，就要下达订单以补充库存，如图 5-4 所示。

在计算机尚未在企业应用之前，人们就通过这种传统订货点法进行物料的库存管理，即根据历史记录和经验确定一个安全库存，以保证物料的供应。为了不致出现停工待料，在任何时刻仓库里都有一定数量的库存。应用这种传统库存管理方法常常造成库存过多甚至库存积压的现象。

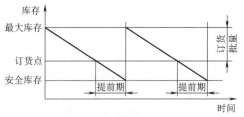

图 5-4　订货点法原理图

2. 基本 MRP

随着计算机的出现并在企业管理中的应用，开辟了企业信息管理的新纪元。在 20 世纪 60 年代由美国首先推出了计算机辅助管理与控制库存的新方法，即物料需求计划（Material Requirements Planning，MRP）。

MRP 是从企业所需要生产的产品数量和交付时间出发，根据现有库存以及已经订货或正在生产但尚未入库的物料数量，制订出实际的物料需求计划，如图 5-5 所示。应用 MRP 对物料进行管理与控制，可实现在需要的时间、向需要的部门、按照需要的数量提供所需物料的要求，可解决企业生产在某时段"需要什么、何时需要、需要多少"的难题，大大压缩了企业库存量和在制品数量，降低了库存成本。

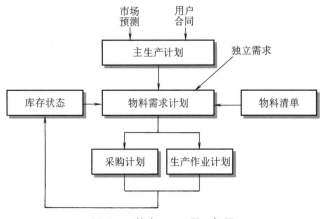

图 5-5　基本 MRP 原理框图

然而，这种 MRP 仅是一个开环系统，整个计划是建立在企业无限生产能力基础之上，未能考虑计划实施的可行性，缺少计划所需的各种资源保证，未将计划实施过程信息进行反馈，以便及时对计划进行平衡和调整，该阶段的 MRP 只能称为基本 MRP。

3. 闭环 MRP

随着 MRP 的应用与改进，在原有基本 MRP 基础上纳入了能力需求计划，并将来自生产车间和供应商反馈的计划实施信息对生产计划进行了平衡和调整，使之成为闭环的物料需求计划，如图 5-6 所示。

闭环 MRP 在物料需求计划实施之前，首先由能力需求计划核算企业的生产能力，并将企业生产能力与生产负荷进行平衡。没有足够的生产能力，无法组织生产。在闭环 MRP 中，若发现其生产能力有所不足，便要求对企业

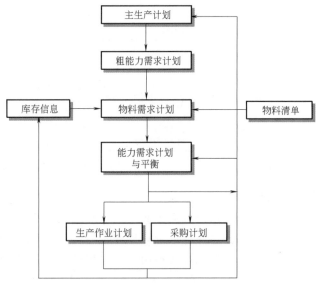

图 5-6　闭环 MRP 原理框图

生产能力进行调节，对生产设备以及对人力资源进行调整和补充；若经调节其生产能力仍然无法平衡，则需将能力平衡信息反馈到上层计划，对上层生产计划进行及时的修改和调整。经能力平衡后，物料需求计划将实际需求的物料清单分别下达给企业生产部门和供应部门，以便组织生产和采购。在计划实施过程要求将计划实施信息进行及时反馈，必要时也可能对物料计划再次做相应的平衡和调整。

可见，闭环 MRP 是一个"计划-实施-评价-反馈-计划"不断反复的循环过程，它将企业的物料需求计划、能力需求计划、生产作业计划、采购作业计划等各个离散的子系统集成起来，得到统一的控制和管理，形成一个实用可行的物料计划系统。

然而，闭环 MRP 所涉及的仅为企业的物流计划，未能将与之密切相关的企业资金流纳入其中，难以对企业生产成本进行实时的优化与核算。

4. MRP II

到 20 世纪 80 年代，随着企业信息管理水平的提高，借助于共享数据库，人们将闭环 MRP 与企业的财务系统结合起来，形成一个集计划、物流、财务、销售、供应等各个子系统为一体的企业管理信息系统，称为制造资源计划（Manufacturing Resources Planning，MRP II），如图 5-7 所示。

MRP II 将企业经营管理、生产过程与财务系统相结合，涵盖了企业生产活动中的设备、物料、资金、人力等多种资源，不仅对企业生产过程进行有效的管理和控制，还可对整个企业计划的经济效益进行模拟，具有市场预测、经营计划、物料管理、设备人力资源、工艺路线、企业基础数据等管理功能，是一个面向整个企业的生产经营信息管理系统。

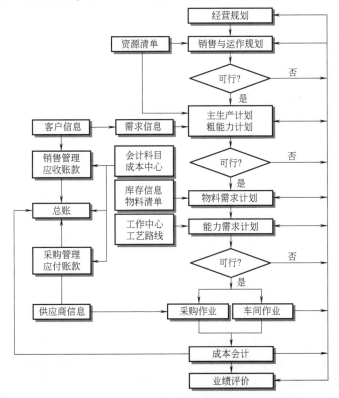

图 5-7　MRP II 原理框图

5. ERP

到20世纪90年代，随着经济全球化和市场国际化的发展形势，制造业开始由以企业自身为中心的经营模式向着以客户为中心的经营模式转变。为此，以客户为中心，基于时间、面向供应链管理理念的企业资源计划（Enterprise Resource Planning，ERP）便应运而生。

ERP是在MRPⅡ基础上拓展了企业信息管理的范围，通过前馈的物流和反馈的信息流和资金流，把客户需求、企业内部的制造活动以及供应商、代销商和分销商等所有企业资源整合在一起，体现了以客户为中心的"供应链"管理思想，以满足企业利用一切社会资源快速、高效地进行企业生产经营的要求。

ERP支持企业在世界范围内拥有多个工厂，企业零部件和原材料可来源于全球各地，企业产品可在全球范围内分销，打破了原有的企业壁垒，将企业信息集成的范围由企业内部扩展到企业上下游的整个供应链，是当前主流的企业经营管理模式，如图5-8所示。

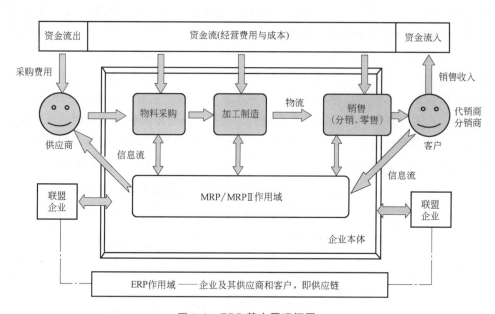

图5-8　ERP基本原理框图

综观ERP发展，从订货点法到MRP及MRPⅡ，再到ERP，每个阶段的发展都是与当时的市场环境、企业需求以及技术条件密切关联，是为适应企业经营发展需求而逐步发展成熟起来的。未来的ERP发展在整体思路上必将实现更大范围的集成，支持以相互信任、相互协同、互利共赢的协同商务机制为特征的供应链管理模式，将实现更大范围的资源优化，以提高企业快速响应的竞争能力。

5.2.3　ERP组成结构及计划层次

1. ERP组成结构

ERP是基于MRPⅡ，由企业内部向供应商和经销商两个方向外延的企业信息管理系统，其核心仍然是MRPⅡ。由MRPⅡ原理框图（图5-7）可见，ERP系统主要由计划控制、物流管理和财务管理三大子系统组成。

（1）计划控制子系统　该子系统由经营规划、销售与运作规划、主生产计划、物料需求计划、能力需求计划、生产作业计划和采购作业计划等各类企业生产管理计划模块组成，是 ERP 系统的核心组成部分。ERP 通过计划控制子系统的合理计划和对计划的有效控制，充分利用企业资源，优化高效地组织生产，控制物流，最大限度地压缩库存和在制品，可获得企业最佳的经济效益。

（2）物流管理子系统　包括库存管理、物料采购供应、产品销售管理等。在 ERP 物料需求计划控制下，物流管理子系统为采购、销售以及库房管理人员提供了灵活的日常业务处理功能，并能自动将物料计划的执行信息反馈给企业生产计划部门和财务部门。

（3）财务管理子系统　该子系统是负责对企业各类往来账目和日常发生的货币支付账目进行管理和控制，并根据销售供应部门的销售单、发票、采购单以及库存资金可向财务管理人员和企业领导层提供实时的库存资金占用情况和企业运营经济状态，及时进行企业的生产成本核算。

2. ERP 计划层次

ERP 是以计划为导向的先进生产管理系统，通过各个层次的计划控制模块将企业内的各种资源和产、供、销、财等各个管理环节构成一个有机整体，借助计算机对包括人力、资金、物料、设备、信息等制造资源进行统一的计划和控制，以实现企业的整体优化。

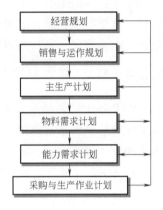

图 5-9　ERP 生产计划层次

如图 5-9 所示，ERP 系统将企业计划分为如下六个层次。

（1）经营规划　企业经营规划是企业长期发展规划，也是企业战略型的宏观计划，是由企业最高决策层制订。企业经营规划是以年为单位，其展望期一般为 3~7 年，以确定企业的经营目标和发展策略。其主要内容包括：①确定产品开发方向及市场定位，预期市场占有率；②预期营业额、销售收入与利润、资金周转次数；③制订长远能力规划、技术改造、企业扩建或基本建设；④制订员工培训及职工队伍建设规划。

（2）销售与运作规划　销售与运作规划是企业经营规划的细化或具体化，是企业生产运作的具体目标规划，起着联接经营规划与主生产计划的作用。该规划通常是以月为单位，制订 1~3 年内的企业产品品种、数量以及资源的需求量。

（3）主生产计划（MPS）　MPS（Master Production Schedule）由企业管理层的计划员编制，是描述企业生产什么、生产多少以及什么时段完成的生产计划。MPS 是企业销售与运作规划的细化，是指导企业生产管理部门开展生产管理和调度活动的权威性计划。MPS 通常是以周、旬为单位，计划展望期一般为 3~18 个月，以确定在计划周期内的企业生产产品的类型、品种和数量。

（4）物料需求计划（MRP）　MRP 是 ERP 的核心内容，是 MPS 的细化过程。MRP 根据主生产计划（MPS）、物料清单（BOM）、库存记录、批量法则以及提前期等技术和管理特征，将 MPS 分解计算为原材料、毛坯和外购件等每一种物料的具体需求，以便下达采购计划和生产作业计划，从而将企业产品的宏观计划转化为可执行的微观生产计划。MRP 通常是以日、周为单位，计划展望期一般为 3~18 个月。

（5）能力需求计划（CRP）　CRP（Capacity Requirements Planning）是对 MRP 所需能力进行核算，将 MRP 分时段的物料需求计划转换为包括企业人力、设备、资金等资源的企业能力需求计划，是协调与处理企业生产能力与生产负荷之间平衡的计划管理方法。

（6）采购与生产作业计划　MRP 运算结果为采购作业计划和生产作业计划，前者用于外购件和原材料的采购管理，后者用于自制件的生产作业管理。采购作业计划与生产作业计划都是 ERP 计划的执行层次，两者均只能执行计划，而不能改动计划。采购作业计划需根据企业的供应链进行采购作业。生产作业计划用于企业内部生产加工单的下达、投入产出工作量以及加工成本核算等。采购与生产作业计划往往以小时、天为单位，以满足企业准时生产的要求。

由此上述 ERP 计划层次可见：①经营规划和销售与运作规划为企业的宏观计划，MPS 为宏观到微观的过渡性计划，MRP 为企业微观计划的开始，CRP 是将企业生产的物料需求转化为其能力需求，采购与生产作业计划则为具体的执行计划；②ERP 上层计划是下层计划制订的依据，下层计划的执行不能偏离上层计划的目标，为此可保证企业生产遵循一致的计划实施；③ERP 计划从顶层到底层是逐步由宏观到微观，从战略到战术，由粗到细的深化和具体化过程，越接近顶层，其需求预测成分越大，计划内容越粗略和概括，计划展望期越长；越到底层，其计划内容越细致和具体，计划时间单位和展望期越短。

5.2.4　MRP 基本原理及计算流程

ERP 各类计划都是根据上层计划给定的目标或根据客户订单和市场预测进行制订的，其操作计算流程基本类似。为此，下面仅以物料需求计划 MRP 为例，介绍该计划模块的基本原理及计算流程。

1. MRP 作用及基本工作原理

MRP 是 ERP 系统的核心模块，也是一种企业物料管理方式。MRP 根据主生产计划、产品物料清单和库存信息，分解计算企业生产所需的各种物料，下达采购订单和生产订单，从而实现对企业生产所需的物料进行有效的管理和控制。

作为企业物料的一种管理方式，MRP 可实现企业生产的两个目标：一是保证整个生产过程连续进行，不能因物料供应不足而出现生产中断的现象；二是尽可能减少库存量，避免因库存过多、积压而占用过多的流动资金。

如图 5-10 所示，MRP 基本工作原理为：MRP 根据主生产计划所提供的最终生产产品品种、数量和交货期，按照各自产品的物料清单（BOM）对产品结构进行分解，推算出企业生产所需的原材料、毛坯以及零部件的需求量；根据现有库存状态以及已经采购和已加工生产的订单，计算确定各种物料的实际需求；再根据各种物料所需的订货提前期和批量法则，确定每一物料的订货时间和数量，最后下达采购订单和加工生产订单。

从 MRP 工作原理可以看出，MRP 可实现"在需要的时间、向需要的部门、按照需要的数量提供所需的物料"的管理目标，可最大限度地减少库存，以降低库存成本。

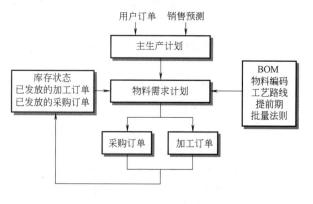

图 5-10　MRP 基本原理框图

2. MRP 输入信息

MRP 是一种分时段的物料管理计划，需要计算确定具体物料的需求数量和时间，其输入信息包括：

1）主生产计划（MPS）。MPS 是根据客户订单和市场预测所制订的企业产品计划表，指明企业在各个计划时段应生产完成的产品品种和数量。

2）物料清单（BOM）。BOM（Bill Of Material）是一种产品结构文件，包含了该产品所有零部件组成以及各零部件间的装配关系。BOM 由产品结构树产生，在 MRP 中主要用来分解物料的相关需求。如图 5-11 中某产品 X 的结构树：它由 1 个 A 部件和 1 个 B 部件组成；A 部件包含 1 个 C 零件和 1 个 D 零件；B 部件则由 2 个 C 零件和 2 个 E 零件组成。产品 X 的 BOM 表见表 5-2。

表 5-2　产品 X 的 BOM 表

编号	数量	单位	装配号	层次
X		台		0
A	1	件	X	1
B	1	件	X	1
C	1	件	A	2
D	1	件	A	2
C	2	件	B	2
E	2	件	B	2

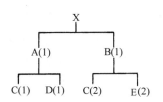

图 5-11　**某产品 X 的结构树**

3）库存记录。包括每项物料的现有库存量、已订货采购或加工生产尚未入库量以及已分配尚未提取的物料数据。库存记录是 MRP 中变动最频繁的数据文件，MRP 每次运行均需更新库存记录数据。

4）其他数据。除了上述输入信息之外，MRP 运行还需有提前期和批量法则等输入数据。所谓提前期即指一个生产作业过程从开始到结束所需花费的时间，是企业制订生产计划的一个重要基础数据；所谓批量法则是指某物料订货所遵循的准则，以确定订货批量。

3. MRP 输出信息

MRP 主要输出信息包括：

1）下达计划订单，包括外购件的采购订单和自制件的加工生产订单。

2）日程计划改变通知，即对已下达的订单要求提前或推迟完工的日期。

3）由于用户订单的取消或暂停，对已下达订货取消或暂停执行的通知。

4）未来库存状态的报告。

5）未来计划时间段的采购或加工生产计划订单。

6）各种例外信息报告等。

4. 订货批量法则

企业通常采用如下一些订货批量法则。

（1）**直接批量法**　即订货的批量等于物料的实际需求量，常用于订货的时间和数量基本能满足物料的需求，且物料的价格较高，不允许有过多的生产或保存。

（2）**固定批量法**　即每次订货的数量一致，但订货的时间间隔不一定相同，一般用于订货费用较大的物料，其批量的大小受企业生产能力、装配能力、库存容量等多方面因素影响，往往凭经验设定。

（3）**固定周期法**　即每次订货的时间周期相同，但其数量不一定相等，常用于自制件的生产加工。

（4）**经济批量法（EOQ）**　是指包括物料订货费用和保管费用等总费用最低的最佳批量，一般适用于外购物料，其计算公式为

$$EOQ = \sqrt{2 \times 年总需求量 \times 每次订购成本 / (物料单价 + 保管成本)}$$

5. MRP 计算操作流程

如图 5-12 所示，MRP 计算操作流程可概括为：①由主生产计划所提供的在计划期内所需交付的最终产品品种和数量，根据各自产品 BOM 表，自上而下逐层对物料进行分解，计算确定所需物料的总需求量；②由物料总需求量和现有库存量，得到物料的净需求量；③根据批量法则确定物料的计划交付量；④最后，由订货提前期，确定物料投放的时间和数量。

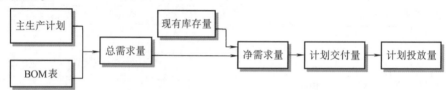

图 5-12　MRP 操作计算流程框图

为此，在 MRP 运行需要进行如下具体数值计算：

（1）**计算总需求量**　例如某零件 j 在某时段 t 总需求量 $G_j(t)$ 的计算，它应为该时段所有需要交付产品中所包含零件 j 数量的总和，即

$$G_j(t) = a_1 X_1 + a_2 X_2 + \cdots + a_n X_n$$

式中　X_1，X_2，$\cdots$，X_n——在 t 时段计划交付 n 种产品的数量；

a_1，a_2，$\cdots$，a_n——产品 X_1，X_2，$\cdots$，X_n 各自所包含零件 j 的数量。

（2）**现有库存量**　现有库存量是指在计划周期满足总需求量之后，可供下一计划周期使用的库存量。MRP 规定，现有库存量是以每个计划周期的期末库存量来表示。

（3）**计划到货量**　是指已经订购或已经加工生产，预期在计划期内即将到货入库的物料量。设 $H_j(t)$ 为本计划周期的期末库存量（即现有库存量）；$H_j(t-1)$ 为上一计划周期的期末库存量；$S_j(t)$ 为本周期的计划到货量；$G_j(t)$ 为本周期的总需求量。那么，本计划周期的现有库存量 $H_j(t)$ 为

$$H_j(t) = H_j(t-1) + S_j(t) - G_j(t)$$

（4）**净需求量**　是指现有库存量不能满足总需求量时的短缺部分。设净需求量以 $N_j(t)$ 表示，则

$$N_j(t) = G_j(t) - H_j(t-1) - S_j(t)$$

（5）**计划交付量**　是指净需求量经批量法则调整后所确定的正式投入生产或提出采购的计划批量。批量调整应考虑废品率和批量法则，需注意处于物料清单上层物料的批量调整应避免批量放大效应，以致造成库存的积压。

（6）**计划投放量**　计划投放量与计划交付量在数量上是相等的，只是将投放时间比交付时间前置了一个提前期。

例 5.1   现以图 5-11 所示的产品 X 为例，根据其产品 BOM 表、批量法则、提前期以及各计划期的总需求量，计算单一产品 X 中的零件 C 投放时间和数量。

表 5-3 为产品 X 的主要生产参数。表 5-4 为产品 X 的主生产计划。

表 5-3   产品 X 的主要生产参数

物　　料	提前期/周	批量法则	第 0 周的库存量/个
X	1	直接批量	80
A	2	直接批量	0
B	1	直接批量	0
C	1	固定周期 2 周	25
⋮	⋮	⋮	⋮

表 5-4   产品 X 的主生产计划

计划期/周	1	2	3	4	5	6	7	8
产品 X 总需求量	20	25	30	20	25	30	30	40

由于产品 X 的部件 A 和 B 均包含零件 C，因而需要分别计算产品 X、部件 A 和部件 B 的投放时间和投放量，然后才能计算得到零件 C 的投放时间及其数量。MRP 操作计算过程见表 5-5。

下面以产品 X 第 5 周总需求 25 部为例，分步计算零件 C 的投放时间及其数量。

1）计算产品 X 投放时间与数量（第 5 周）。

总需求量：产品 X 在第 5 周总需求为 25 部。

净需求量：产品 X 第 5 周的现有库存为 0，故其净需求等于总需求，即为 25 部。

计划交付量：产品 X 为直接批量法订货，故其计划交付量等于净需求量，即为 25 部。

计划投放时间与数量：产品 X 提前期为 1 周，故产品 X 应于第 4 周投放装配，其数量为 25 部。

2）计算部件 A 投放时间与数量（第 4 周）。由于第 4 周要求开始装配 25 部 X 产品，为此：

总需求量：第 4 周需提交 A 部件数量为 25×1 台 = 25 台。

净需求量：第 4 周 A 部件现有库存为 0，故其净需求等于总需求，即为（25−0）台 = 25 台。

计划交付量：A 部件采用直接批量法，故其计划交付量等于净需求量，即为 25 台。

计划投放时间与数量：A 部件提前期为 2 周，故 A 部件应于第 2 周投放，其数量为 25 台。

3）计算部件 B 投放时间与数量（第 4 周）。与 A 部件相同，B 部件总需求量、净需求量和计划交付量均为 25 台。

计划投放时间与数量：B 部件提前期为 1 周，故 B 部件应于第 3 周投放，其数量为 25 台。

4）计算零件 C 投放时间与数量（第 2 周）。A 部件在第 2 周投放 25 台，B 部件 15 台，为此：

总需求量：第 2 周需要提交 C 零件总数为 (25×1+15×2)件 = 55 件。

净需求量：本周零件 C 现有库存为 10 件，故其净需求为 (55−10)件 = 45 件。

计划交付量：因零件 C 采用固定周期法，每 2 周订货一次，为此零件 C 计划交付量应为第 2 周与第 3 周净需求量之和，即 (45+40)件 = 85 件。

计划投放时间与数量：零件 C 提前期为 1 周，故零件 C 应于第 1 周投放，其数量为 85 件。

5）本例计算结束。

表 5-5　MRP 操作计算过程 　　　　　　　　　　　　　　　　　　（单位：台）

产品 X 计算过程								
计划期/周		1	2	3	4	5	6	7	8
产品 X 总需求量		20	25	30	20	25	30	30	40
现有库存量	80	60	35	5	0	0	0	0	0
净需求量					15	25	30	30	40
计划交付量					15	25	30	30	40
计划投放量				15	25	30	30	40	
部件 A 计算过程								
部件 A 总需求量				15	25	30	30	40	
计划到货量				0	0	0	0	0	
现有库存量	0			0	0	0	0	0	
净需求量				15	25	30	30	40	
计划交付量				15	25	30	30	40	
计划投放量		15	25	30	30	40			
部件 B 计算过程								
部件 B 总需求量				15	25	30	30	40	
计划到货量				0	0	0	0	0	
现有库存量	0			0	0	0	0	0	
净需求量				15	25	30	30	40	
计划交付量				15	25	30	30	40	
计划投放量			15	25	30	30	40		
零件 C 计算过程								
零件 C 总需求量		15	55	80	90	100	80		
计划到货量				40					
现有库存量	25	10							
净需求量				45	40	90	100	80	
计划交付量			85		190		80		
计划投放量		85		190		80			

5.3 ■ 产品数据管理（PDM）

产品数据管理（Product Data Management，PDM）属于企业开发设计层的一个信息管理系统，是管理所有与产品相关的数据和相关过程的软件工具，也是一个应用软件集成或封装的开发平台，它为企业设计人员提供了一个协同集成的工作环境，可传递和共享产品的相关信息。

5.3.1　PDM 产生背景及其发展

20 世纪七八十年代，CAD/CAE/CAPP/CAM 等各种不同的应用软件与技术开始应用于企业的产品设计与制造过程。新技术的应用大大促进了企业的发展，有效提高了企业产品设计与制造的效率，但与此同时也给企业带来了新的挑战：各类应用软件系统自成体系，彼此之间缺少有效的信息共享和利用，形成了一个个"信息化孤岛"，阻碍着企业整体效益的进一步提高；在企业产品设计与制造过程中，这些计算机应用软件系统所产生的形形色色海量数据，使企业遭受到数据种类繁多、检索困难、数据安全性难以保证等诸多问题的困扰。

如何消除所存在的"信息化孤岛"，有效管理海量的产品数据，突破企业信息化瓶颈，这是企业在新形势下所面临的难题，也是企业在未来竞争中努力保持领先地位的关键因素。为此，20 世纪 80 年代初在上述背景下产品数据管理（PDM）技术便应运而生。

PDM 是在现代产品开发环境中成长发展起来的，是一项以软件为基础的产品数据管理新技术。它将所有与产品有关的信息和所有与产品相关的过程集成在一起，使产品数据在其整个生命周期内保持一致，保证已有产品信息为整个企业用户共享使用，帮助企业管理贯穿整个产品生命周期的产品数据及开发过程，有力地促进了新产品的开发与设计，提高了设计效率，缩短产品的研制周期，大大增强企业市场竞争能力。

自 PDM 问世、发展到如今的广泛应用，已有三十多年时间，也历经了如下三个发展阶段。

第一阶段为简单功能 PDM，始于 20 世纪 80 年代初。当时 CAD 系统已经在企业中得到了广泛的应用，设计人员在享受 CAD 带来好处的同时，不得不将大量的时间浪费在查找设计所需的信息上，对于电子文档存储与管理新方法的需求变得越来越迫切。针对这种需求，众多 CAD 公司推出了各自第一代 PDM 产品，其主要目标是解决大量电子数据的存储与管理问题。第一代 PDM 产品功能普遍不强，在一定程度上仅仅缓解了"信息化孤岛"问题，在系统功能、集成能力和开放程度上还存在很多的缺陷和不足。

第二阶段为专业化 PDM，始于 20 世纪 80 年代末。随着第一代 PDM 产品功能的不断扩展，涌现了包括电子图档管理、工程更改管理和材料清单管理等功能在内的专业化 PDM 产品，如 SDRC 公司的 Metaphase、EDS 公司的 IMAN、IBM 公司的 PM 等。在这一阶段，PDM 系统功能得到大大的提升，可从事产品生命周期内各种类型的产品数据管理、产品结构与配置管理、电子数据发布和更改控制、基于成组技术的零件分类管理与查询等。此外，系统的集成能力和开放程度也有较大的提高，不少优秀的 PDM 产品可真正实现企业级的信息集成。

第三阶段为标准化 PDM。1997 年 7 月国际 OMG 组织公布了第一个国际化标准草案

PDM Enabler，该草案就 PDM 的系统功能、系统逻辑模型和 PDM 产品相互间的互操作性等方面提出了标准。PDM Enabler 草案标准的制订标志着 PDM 产品向标准化迈出了重要的一步，成为 PDM 发展史上一次大的跨越。

目前，有关产品数据管理的概念及其系统，除了 PDM 之外，还有一个产品生命周期管理（Product Lifecycle Management，PLM）的概念。PDM 与 PLM 两者都是以产品数据管理为核心的信息管理系统，其中 PLM 概念范畴和作用域均比 PDM 更宽一些。PLM 是作用于产品整个生命周期的数据管理，其定义："PLM 是一个集成的、由信息驱动的产品数据管理方法，涵盖从产品设计、制造、配置、维护、服务到最终报废的产品生命周期的所有方面"。PLM 核心是通过结构化的产品数据来驱动不同产品生命周期内各个阶段的业务开展，即产品数据的全生命周期管理。PLM 概念在国外更流行一点，而在国内较习惯称为 PDM。

当前在制造业较常用的 PDM 或 PLM 系统有：西门子公司 Teamcenter、SAP 公司 PLM、PTC 公司 WindChill、达索公司 Enovia 等。

5.3.2　PDM 系统基本功能

PDM 系统功能覆盖产品生命周期内全部产品信息，为企业提供了一种宏观管理与控制所有与产品相关信息的机制，并从全局共享的角度，为不同地点、不同部门的人员营造了一个虚拟协同的工作环境，使其在同一数字化产品模型上一道协同工作。如图 5-13 所示，一个完善的 PDM 系统应包括如下基本功能。

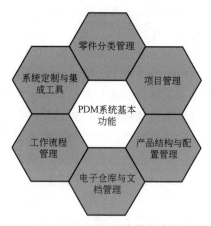

图 5-13　PDM 系统基本功能

1. 电子仓库与文档管理

电子仓库与文档管理是 PDM 系统的基本功能模块。对于大多数企业来说，通常是在不同的计算机系统、不同的计算机软件以及不同的网络体系上，生成不同产品生命周期所需的不同类型的产品数据。为此，如何保证这些数据的完整性和安全性，并使在整个企业范围内得到充分的共享，免遭有意或无意的破坏，这是企业迫切需要解决的问题。PDM 系统的电子资料库和文档管理模块不仅为用户提供了对分布式异构数据的存储、检索和管理功能，还可通过用户权限的设置来保证产品数据的安全性。在 PDM 系统中电子数据的分布及变更必须经过事先定义的审批流程后才能生效，这就保证了用户所得到的数据总是经过审批的正确数据信息。

电子仓库是 PDM 系统核心的功能部件，它保存所有与产品相关的物理数据、文件元数据以及指向物理数据的文件指针。电子仓库的主要功能有：数据对象的录入、检出和传送；改变数据对象的属主或受者的关系；按照数据属性进行检索；数据对象的静、动态浏览和导航；数据对象的安全控制与管理；电子仓库的创建、删除和修改等。

PDM 的文档管理是将企业各种信息以文档形式作为管理的对象，其基本功能包括：文档的创建、查询、编辑和捕捉等操作；外来文档的注册和注销；文档复制、删除、移交、签入、签出；文档版本的冻结、修订、增加、扩展等控制管理；文档审核、格式转换、圈阅、浏览等。

2. 产品结构与配置管理

产品结构与配置管理是以电子仓库为其底层支持，以物料清单（BOM）为其组织核心，把定义最终产品的所有工程数据和文档联系起来，对产品对象及其相互之间的联系进行维护和管理，实现产品数据的组织、控制和管理，并在一定目标或规则约束下向用户或应用系统提供产品结构的不同视图和描述。

PDM系统的产品结构管理，主要包括产品结构层次关系、产品与文档关系以及产品版本等管理功能。其中的产品结构层次关系管理即通过产品结构树方式，将与产品有关的各种数据（如图档、工艺、文档、工艺路线、工装、材料、毛坯等）有机地关联在一起，从而使得产品数据的组织和管理变得十分方便快捷，数据关系更加清晰，为各种产品数据的组织、检索和统计提供了强有力的手段。产品与文档关系管理是通过文件夹来实现，以文件夹作为链接产品零部件与文档的桥梁，通过对文件夹的分类实现对各种不同文档的分类管理，例如针对设计过程、制造过程、更改过程等每一个作业过程，都建立一个专门的文件夹来管理该过程中所涉及的相关活动文档，为此可以很好地完成从设计、制造到销售整个生命周期的产品信息管理工

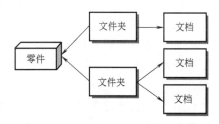

图5-14　产品对象、文件夹以及文档之间的关系

作。图5-14表示了产品对象、文件夹以及文档之间的关系。产品版本管理是负责记载产品结构的动态变化过程以及产品设计版本与其相关文档的关联。

PDM系统的产品配置管理是在产品结构管理的基础上，根据各种不同产品零部件配置规则，按照用户要求而进行产品结构的不同配置。产品配置管理的目的是根据用户给出的配置要求，基于通用的产品类结构，在不同版本的零部件、结构可选件、互换件、替换件中选择出完全或部分满足用户需要的零部件，以配置出用户满意的产品结构。

3. 工作流程管理

PDM工作流程管理模块是规范企业管理的有力执行工具。它是在对企业常规业务流程分析基础上，通过PDM系统定义和建立企业相关业务的工作流程，对所建立的工作流程进行运行、维护和控制，对各种流程的历史过程进行记载，以便将产品数据与其相关过程有机结合起来。工作流程管理可使企业员工在相关的企业业务中能够在正确的时间、以正确的方式得到正确的任务，从而保证企业内部工作有计划地进行。

PDM系统的工作流程管理模块具有如下基本功能：

（1）定义并建立工作流程　包含：①采用分支、嵌套、串行、并行等不同结构型式，定义所需的业务工作流程；②定义流程中产品数据的审批程序，包括审核、审批、会签等环节，如图5-15所示；③给工作流程中每一节点指派责任员工，使之在一定约束条件下工作。

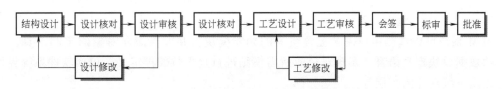

图5-15　某设计数据的审批会签流程

（2）运行并控制工作流程　将每个参与工作的员工任务放到其个人任务列表中，每个责任员工可从PDM系统中查看自己工作任务，并在流程的规定下并行地工作。

（3）查看流程文档状态　在工作流程运行过程中，任何授权的员工均可查看流程执行情况、流程文档状态、浏览流程历史记录以及执行结果注释，管理人员可以根据流程任务制定的期限，检查各参与人员的工作进展，并及时通知下道工序人员做好接手准备，以保证工作的顺利进行。

4. 零件分类管理

零件分类管理是将企业的零件按照相似性原理划分成若干类，形成零件族，以便于按零件族组织生产和加工工艺的安排，以降低生产成本，提高生产效率。

PDM系统的零件分类管理主要功能包括：

（1）对零件进行编码　建立或选用合适的编码系统，按照零件结构、形状、尺寸和材料等特征对企业所有零件按照给定的编码规则进行统一编码，以便于对零件的分类处理和快速查询。

（2）零件分类及零件族构建　由零件编码所蕴含的零件功能、结构、工艺等相似性特征对零件进行分类，构建一个个零件族。

（3）建立分类结构树和分类目录　根据分类方法建立零件分类结构树和分类目录，使用户在分类系统中能够用简单方法找到产品的标准件、外购件、自制件以及有关零件的结构形状要素。

（4）零部件的查询管理　为用户提供分类层次查询、特征查询、零件标识号查询、分类结构查询等多种不同信息的查询方法。

5. 项目管理

项目管理是指在项目实施过程中的计划、组织、人员及相关数据的管理与配置，并对项目进度进行监控与反馈。PDM系统的项目管理模块是建立在工作流程管理基础之上，其管理内容包括项目和任务的描述、项目成员组成与角色分配、项目工作流程管理、时间与费用管理、项目资源管理等。该模块可控制项目的开发时间和费用，协调项目开发活动，为保证项目正常运行提供一个可视化的管理工具。

PDM系统的项目管理并不存在固定的模式，因每个项目的生命周期不可能相同。PDM项目管理控制流程通常包括需求分析、任务分解、任务规划、任务调度、目标评估5个环节，如图5-16所示。

图5-16　PDM项目管理控制流程

6. 系统定制与集成工具

PDM系统可以按照用户需求配置所需的功能模块，并提供面向对象的定制工具，通过专门的数据模块定义语言，实现对企业所需模型进行全方位的再定义，包括软件系统界面的改造以及系统功能的扩展等。

为了使不同应用系统实现数据的共享，并对应用系统所产生的数据进行统一的管理，

PDM 可将不同的应用系统通过"封装"或其他方法集成到 PDM 系统中，实现应用系统与 PDM 之间的信息集成。

PDM 系统作为一个集成平台，可将诸如 CAD/CAE/CAPP/CAM、ERP、OA 等各种应用系统集成起来，将分布在不同地点、不同系统的产品数据得以协调和共享，使企业生产过程得以优化和重组。

5.3.3　PDM 与 ERP 之间的区别和联系

产品数据管理（PDM）和企业资源计划（ERP）均为企业的信息管理软件系统，两者在其出发点、作用域、基本功能和系统结构等方面既有不同点，又有交叉和重叠，如图 5-17 所示。

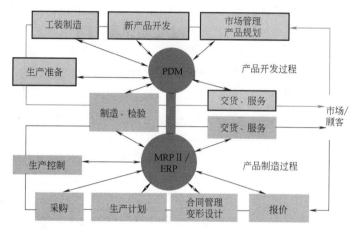

图 5-17　PDM 与 ERP 在企业的作用领域

1. PDM 与 ERP 之间的区别

PDM 是管理与产品相关信息与过程的信息系统，侧重于企业产品信息流的管理；ERP 是管理企业资源的信息系统，侧重于企业物料流的管理。下面分别从管理对象、管理过程以及管理对象内部之间的关系几方面分析两者间的区别。

（1）管理对象　PDM 管理对象是描述产品自身数据间的逻辑关系，以及利用、再生和传递这些产品数据的过程以及过程支持的条件，如产品的方案论证、概念设计、详细设计、工艺制订等产品设计过程，以及这些过程开展的人员配置、协作关系等。ERP 管理对象则是参与产品生产的制造资源以及制造资源利用的生产过程，主要包括产品的原材料和零部件采购、加工制造、装配、销售、服务等。因而，两者的管理对象在内容、时间、地点、作用领域以及相关的支持工具和手段等方面存在着区别。

（2）管理过程　PDM 管理过程是与产品数据生成的相关过程，过程的产物是描述产品状态的数据信息，过程作用对象是产品几何、拓扑等结构信息，过程作用人员是对产品信息进行利用和再生的脑力劳动的技术人员。ERP 管理过程是与产品物理结构和性能形成的相关过程，过程的指导信息是 PDM 所产生的产品数据信息，过程的产物是具体产品或产品零部件实体，过程作用人员主要是以体力劳动为主的操作员工。

（3）管理对象内部间的关系　PDM 管理对象内部间的关系是：产品数据发展的载体是过程，过程的阶段产物是新的产品数据，产品数据主要是从概念角度描述产品的几何与拓扑信息。ERP 管理对象之间的关系是：物质实体变化的载体是过程，过程作用和消耗的对象是物质实体，其信息主要是从物流配置方面对生产进行安排的资源信息。

2. PDM 与 ERP 之间的联系

(1) 过程作用对象间因果关系　PDM 过程作用对象是用以描述零部件或产品的数据信息；ERP 过程作用对象是以物质实体出现的零部件或产品。

(2) 过程间存在执行和验证关系　ERP 过程是对 PDM 过程所产生产品数据信息的执行和验证。

(3) 管理目标的一致性　PDM 和 ERP 在管理目标上有着高度的一致性。虽然两者的管理对象及其过程存在区别，但其管理目标都是力图减少失误和返工，以尽可能短的时间，最少的资源消耗，用最为经济的手段和方式保证产品尽早投放市场。

(4) 过程支持条件有着固有的联系　产品抽象的几何与拓扑信息既是 PDM 过程的产物，也是 ERP 过程的指导基础和结果验证的条件，PDM 和 ERP 两者之间是利用统一的产品数据信息进行联系和沟通。

由于 PDM 和 ERP 在逻辑关系上有着密切联系，使得这两个先进的信息管理系统在企业信息管理中相互配合，相得益彰。

5.3.4　基于 PDM 的应用系统集成

PDM 作为应用系统的集成平台，可以通过不同的方式将各类应用系统集成到该平台上工作，可实现各应用系统之间数据的交换与共享，可对各应用系统所产生的数据进行统一的管理，实现同一目标下的协同作业。

基于 PDM 的应用系统集成有应用封装、接口交换以及深度集成等多种不同的实现方法。

(1) 应用封装　基于 PDM 的应用封装即将应用系统的运行接口容纳入 PDM 系统中即可，也可形象地说"不要告诉我是怎么做的，只要能做就行"。通过应用封装，PDM 能自动识别、存储并管理由这些应用系统所产生的文档，当这些文档在 PDM 中激活时可自动启动相应的应用系统对所属文档进行编辑修改。这样，在 PDM 环境下可将应用系统与它们所产生的文档相互关联起来。例如，当某 CAD 系统被 PDM 封装后，可在 PDM 中运行该 CAD 系统进行产品建模设计，所产生的 CAD 文档由 PDM 自动存储与管理；若对某 CAD 文档进行编辑修改，仅需在 PDM 系统中找到该文档，用鼠标激活后即可直接启动 CAD 系统对该文档进行修改。

应用封装集成方法简单方便，易于实现，但仅满足文档整体的集成，即在 PDM 环境下各个应用系统只能共享应用系统所产生的文档整体，而不能共享其文档内部的具体数据。

(2) 接口交换　接口交换是将应用系统及 PDM 系统所需共享的数据模型抽取出来，建立统一结构的数据交换接口，通过这种数据交换接口便可在 PDM 与应用系统之间实现数据对象的自由交换与共享。例如，由在 CAD 系统所生成的产品数据模型文档，包含产品装配结构树的层次关系以及零部件的标识、名称、数量等信息，通过接口交换可在 PDM 中查询和共享 CAD 文档中的有关具体数据信息。

接口交换的集成方法是比应用封装具有更高层次的集成，但其技术实现的难度也要大得多。

(3) 深度集成　深度集成允许应用系统与 PDM 系统具有互相调用、相互关联的功能，以形成更为紧密的集成关系。要做好这样的集成，需在应用系统与 PDM 系统之间建立一种互动的共享信息模型，使其在一方创建或修改共享数据时，在另一方也能得到自动修改，以保证双方数据的一致性。深度集成在技术上取决于应用系统与 PDM 系统双方的开放性以及对双方各自内部结构的了解，若能做到这点只有两者源于一家公司，如西门子公司的 NX CAD 系统与该公司的 Teamcenter PDM 系统便实现了这种深度集成。

　　图 5-18 所示是以 PDM 为平台的 CAD/CAPP/CAM 应用系统的集成。在 PDM 集成环境下，首先需要在 PDM 系统中建立企业各种基本数据库，如产品对象、零部件资源、设备资源、刀具资源、原材料、工艺信息等与产品有关的基本数据库。在此基础上，不同应用系统在 PDM 平台上运行时就可以直接调用 PDM 基本数据库中相关信息，其运行结果也可以存储到对应的数据库中。如 CAD 系统运行时可从 PDM 系统调取设计任务书、技术参数、原有零部件资源以及更改要求等信息，CAD 系统运行所产生的二维工程图、三维模型、产品明细表、零部件装配关系、产品版本等设计结果，直接交由 PDM 系统管理；CAPP 系统运行无须从 CAD 系统中获取零部件的设计信息，而是直接从 PDM 系统中读取所需的零件结构信息和相关的工艺信息，根据零件的相似性从标准工艺库中选择相似的标准工艺，快速生成该零件的工艺文件，从而实现 CAD 与 CAPP 系统的集成。同样，CAM 系统也通过 PDM 系统获取零件的结构信息、工艺信息和相应的加工属性，生成正确的刀具路径和 NC 代码，并安全地保存在 PDM 系统中。

　　由于 PDM 系统具有数据一致性，可确保 CAD、CAPP 和 CAM 数据得到有效的管理，真正实现 CAD/CAPP/CAM 系统的集成。

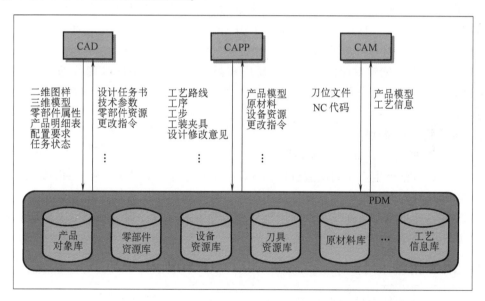

图 5-18　以 PDM 为平台的 CAD/CAPP/CAM 应用系统的集成

5.4 ■ 制造执行系统（MES）

　　制造执行系统（Manufacturing Execution System，MES）属于企业生产制造层的信息管理系统，作用于生产车间的信息管理，指导车间生产运作过程，改善物料的流通性，是连接企业管理层 ERP 系统与加工制造层生产过程控制系统（PCS）的桥梁和纽带。

5.4.1　MES 产生与定义

随着信息技术和网络通信技术的发展，有力推动了制造业自动化和信息化的进程。在企业管理层，以 ERP 为代表的信息管理系统实现了对企业产、供、销、财务等企业资源的有效计划和控制；在开发设计层，广泛应用了 CAD、CAE、CAPP、CAM、PDM 等计算机辅助设计与制造系统；在加工制造层，以 CNC、PLC、DCS、SCADA（数据采集与监视控制系统）为代表的生产过程控制系统（PCS）实现了企业生产过程的自动化。这些信息化和自动化系统的推广和应用，大大提高了企业生产经营效率，增强了企业市场响应能力，但也遇到了一些共性的问题：上层的企业管理信息往往缺少底层信息的支持，企业经营计划流程难以向底层生产现场延伸，生产现场的执行数据也难以向上层传递，这就在日益成熟的 ERP 系统与先进的底层硬件设备之间出现了信息的断层。造成上述问题的主要原因可以归纳为：企业信息化架构不够完整，缺少一个在企业资源计划（ERP）与生产过程控制（PCS）之间一个信息连接环节。

为此，美国先进制造研究中心（AMR）于 20 世纪 90 年代便提出了制造执行系统（MES）的概念，旨在加强 MRP Ⅱ/ERP 的执行功能，使企业层的生产计划与车间层的实时现场信息通过 MES 系统相互连接起来。MES 被定义为"位于上层计划管理系统与底层过程控制系统之间的一个面向生产车间层的信息管理系统，为企业生产操作人员以及相关管理人员提供生产计划的执行、跟踪以及掌握企业制造资源的实际应用状态"。

1997 年，美国国际制造执行系统协会（MESA）对 MES 给出了更为详细的定义：MES 能够通过信息传递，对从订单下达到产品完成的整个生产过程进行优化管理；当生产车间发生实时事件时，MES 能够对此做出及时的反应和报告，并用当前的准确数据进行处理和指导；通过对现场生产状态的快速响应，减少企业内部的无附加值活动，有效指导生产车间的生产运作过程；通过企业上、下层信息双向的直接通信，增强企业对生产经营过程的把控，提高企业对市场响应能力。

上述定义清晰揭示了 MES 系统特征：

1）MES 是对整个生产车间制造过程的优化，而不是单一解决某个生产瓶颈问题。

2）MES 具有实时收集生产过程数据的功能，并做出相应的分析和处理。

3）MES 是连接企业计划层与车间控制层的桥梁，通过与计划层及生产控制层的双向信息通信，实现企业连续信息流的集成。

5.4.2　MES 角色作用

一个制造型企业能否良性的运营，关键在于能否实现"计划"与"生产"两者的密切结合。企业底层的生产现场作为企业的物化中心，它不仅是制造计划的具体执行者，还是制造信息的反馈者，更是大量制造实时信息的集散地，生产现场的管理与控制能力在一定程度上决定着整个企业的管理水平和市场响应能力。

ERP 系统的计划是面向企业管理层的计划，而不能对企业生产车间层的管理流程提供直接和详细的支持，它缺少足够的底层控制信息，难以直接获取和利用现场控制系统的实时生产数据，无法对复杂动态的生产过程进行细致、实时的执行管理。车间层的生产过程控制系统（PCS）主要担负着现场生产设备和生产过程的控制功能，尽管 PCS 自动化水平在不断提高，但难以胜任生产过程中所涉及的生产任务、人员、物料和设备的管理、调度以及跟踪的功能要求。通常企业生产计划与生产现场的信息传递往往是依赖"手工作业"完成，即生产现场的状态信息是通过人工输入到上层管理系统，这就在企业计划层与生产现场的控制层之间存在一个信息流通的断层。

MES 引入和应用，使之在企业信息化框架中起到了一个承上启下的数据传输作用。如图 5-19 所示，MES 系统一方面从 MRP Ⅱ/ERP 系统中读取生产任务以及物料、设备等计划层的基本信息，通过处理将生产作业计划以及生产准备信息下达到车间层；另一方面，MES系统从生产车间读取产品加工工序的具体现场数据以及设备和物料的使用情况，通过处理向MRP Ⅱ/ERP 计划层反馈订单和短期生产计划的完成情况以及人员分配和设备利用等数据信息。

MES 任务是根据上层管理系统所下达的生产计划，充分利用车间的各种生产资源、生产方法和丰富的实时现场信息，快速、低成本地制造出高质量的产品。MES 能够利用准确实时的制造信息来指导、响应并报告车间所进行的各项活动，迅速将 PCS 实时数据转化为生产状态信息，为企业计划管理人员提供计划执行的实时状态，进而为生产过程的管理决策提供依据。可见，MES 系统起到对企业的生产过程、生产管理和经营管理活动中所产生的信息进行转换、加工和传递的作用，是企业生产与计划管理信息集成的桥梁和纽带。

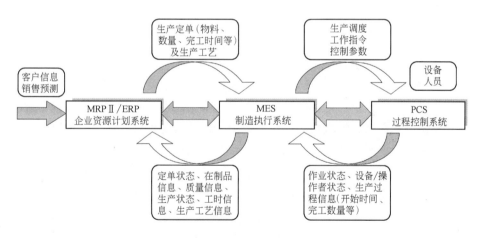

图 5-19　MES 起到 ERP 与 PCS 间的桥梁和纽带作用

5.4.3　MES 功能模块

国际制造执行系统协会（MESA）针对 MES 应担负的角色，为其归纳出如图 5-20 所示的 11 个主要功能模块及其在企业中所处的位置。

（1）资源管理模块　该模块管理生产车间机床、工具、人员、物料、辅助设备以及工艺文件、数控程序等文档资料，提供设备资源的实时状态及历史记录，用以保证企业生产的正常运行，确保生产设备正确配置和运转。

（2）工序调度模块　包括基于有限能力的作业计划和动态流程的调度，通过生产中的

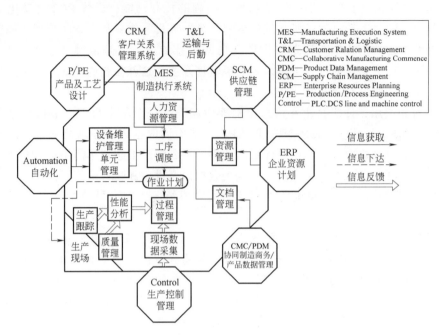

图 5-20　MES 功能模块及其在企业中的位置

交错、重叠、并行操作等良好作业计划的调度，最大限度地减少生产准备时间。

（3）单元管理模块　通过生产指令将物料或加工命令送到某具体的生产单元，启动该单元的工序或工步的操作。当有意外事件发生时，能够调整已制订的生产进度，并按一定顺序的调度信息进行相关的生产作业。

（4）文档管理模块　控制、管理并传递与生产单元有关的文档资料，包括工作指令、工程图样、工艺规程、数控加工程序、批量加工记录、工程更改通知以及各种转换间的通信记录等，并提供信息文档的编辑功能、历史数据的存储功能，对与环境、健康和安全制度等有关的重要数据进行控制与维护。

（5）现场数据采集模块　通过数据采集接口获取并更新与生产管理功能相关的各种数据和参数，包括产品跟踪、维护产品历史记录及其他参数。

（6）人力资源管理模块　提供按分钟级的更新员工状态信息（工时、出勤等），基于员工资历、工作模式和业务需求的变化指导员工的工作。

（7）质量管理模块　根据生产目标实时记录、跟踪和分析产品和加工过程的质量，以保证产品的质量控制，确定生产中需要注意的问题。

（8）过程管理模块　监控生产过程，自动纠正生产中的错误并向用户提供决策支持以提高生产效率。若生产过程出现异常及时提供报警，使车间人员能够及时进行人工干预，或通过数据采集接口与智能设备进行数据交换。

（9）设备维护管理模块　通过过程监控和指导，保证生产设备正常运转以实现生产执行目标。

（10）生产跟踪模块　监视任何时刻的生产状态来获取每个产品的历史纪录，以向用户提供产品批次以及每一最终产品使用情况的可追溯性。

（11）**性能分析模块**　将实际制造过程测定的结果与过去历史记录、企业目标以及客户的要求进行汇总分析，以离线或在线的形式对当前生产产品的性能和生产绩效进行评价，以辅助生产过程的改进与提高。

通过 MES 系统功能及与其他信息系统之间的关系可以看出，MES 系统通过生产资源、人力资源、设备维护管理和单元管理以及文档管理等模块，从 ERP、PDM 等信息系统读取生产任务、设备、人员和生产准备等信息，利用这些信息通过工序调度生成作业计划，并将之下达到生产车间；生产车间按照作业计划组织安排生产，收集生产的实际执行情况、产品质量等现场数据，经对现场数据进行性能分析并利用过程控制模块对作业计划进行调整，形成一个动态调度的系统。由此可见，MES 是一个以动态调度为核心，以生产制造信息收集管理为主要任务的制造执行过程协调与控制的系统。

5.4.4　MES 业务流程

图 5-21 所示为某 MES 系统的业务流程。

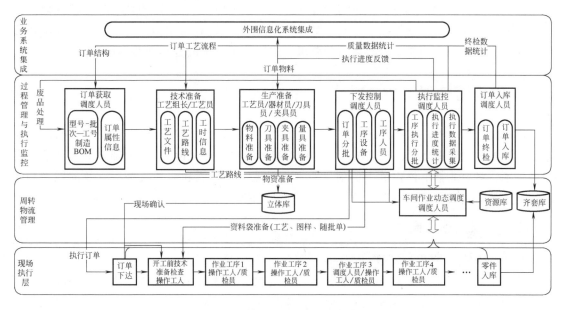

图 5-21　某 MES 系统的业务流程

由此图可见，MES 系统的核心业务流程主要体现为如下四个过程。

（1）**生产计划控制管理过程**　该过程主要由车间主任、车间调度人员负责，完成包括生产订单获取、订单生产技术准备任务下发、生产订单下发、车间作业计划的排产与动态调度、订单完工入库等订单全过程的控制管理。具体过程为：首先需将 MES 系统与 ERP 系统进行集成，以便从 ERP 系统中导入车间生产任务订单；接着开展订单的生产技术准备工作；继而控制订单的下发，包括订单的批次、指定设备与人员、订单作业计划的动态排产等；协调、监控订单计划的执行；订单完成后，安排订单产品入库。

（2）**生产技术准备管理过程**　该过程主要涉及计划调度员、工艺组长、工艺编制人员以及相关设备人员等，负责订单执行前的生产技术准备，包括生产工艺编制、生产设备以及数控程序的准备等。具体过程为：工艺组长将生产订单分配安排给具体工艺人员，工艺人员接收订单任务、编制工艺及上传所完成的工艺文件，录入结构化的工艺流程；随之，工艺人员进一步执行生产工作准备，将订单任务按照工艺流程派发给相关设备人员，协调及反馈生产任务准备状态。

(3) 订单任务执行过程　该过程所涉及车间调度人员、车间主任、仓库管理人员、操作工人、质检人员等。其具体任务为：调度人员和车间主任负责巡查订单产品的型号、批次以及订单作业看板，负责工序设备以及作业人员的全面管理；操作工人负责检查订单生产前的准备、订单生产操作以及上报订单开工和完工信息；质检人员负责订单工序检查并上报检查结果信息；仓库管理人员负责物料、刀具、夹具、量具的实时状态管理。

(4) 周转物流管理过程　该过程根据订单工艺流程以及相关条码，全面监控与当前订单相关联的工序、设备、人员以及物流仓库，实现对工艺文件、物料、夹具、刀具、量具等进行周转物流的管理。其任务为：计划调度人员按照订单作业工序控制工艺文件的流转，在订单开工前检查生产技术准备完备状态；操作工人通过条码扫描确认物料以及刀、夹、量具的接收；工艺人员查询工艺文件执行过程；仓库管理员查询物流及工具状态。

由 MES 系统业务流程可见，由于各企业生产的产品对象、生产模式、工艺流程以及生产条件的差异，MES 系统不同于 ERP、PDM 信息管理系统有通用商品化的软件产品直接提供，MES 系统则需要根据企业具体管理要求，进行专用系统的定制开发与设计。

5.5 ■ 供应链管理（SCM）

供应链管理（Supply Chain Management，SCM）属于企业商务流通层的信息管理系统，也是一种先进的管理理念，它以市场和客户需求为导向，通过运用现代企业管理技术和信息网络技术，对企业整个供应链上的信息流、物料流、资金流和业务流进行有效的规划和控制，以满足消费者的最终期望来组织生产和商品供应。

5.5.1　供应链管理概述

1. 供应链管理产生与发展

传统企业为了加强资源控制、掌握市场主动权，往往采用"纵向一体化"的经营管理模式，即企业拥有从毛坯制造、零件加工、装配包装、运输销售等一整套设备设施和人员组织机构。在市场日益多变的市场环境下，这种"大而全""小而全"生产模式的弊端逐渐显现出来，如：企业负担重，常常遭遇较大的投资风险；企业有限资源往往消耗在较多不擅长的业务领域，难以形成自身的核心优势；不能进行专业化生产，生产经营成本高；对市场需求无法做出敏捷的响应等。

自 20 世纪 80 年代末，随着信息网络技术的发展与应用，企业逐渐摒弃了传统的"纵向一体化"，开始转向"横向一体化"的新型企业生产模式，即企业只抓自身核心竞争力的业务，而将非核心业务委托或外包给合作伙伴企业，以充分利用企业的外部资源快速响应市场需求。"横向一体化"生产模式形成了从供应商到制造商再到分销商、零售商的一条企业"链"，"链"上相邻节点企业都表现出一种需求与供给的关系，为此被称为"供应链"。为了使供应链上所有加盟企业都能受益，就必须加强对供应链的构成及其运作方法进行管理，使供应链上各节点企业能够协调同步的作业，由此便产生了"供应链管理"这一新型企业经营与运作模式。

供应链管理的出现，扩大了原有企业生产经营管理的范畴，把影响企业生产系统运行的因素由企业内部延伸到了企业外部，将供应链上所有的加盟企业联系在一起。

2. 供应链的概念及其结构模型

什么是供应链，目前一个公认的定义为：供应链是围绕核心企业，通过对信息流、物料流、资金流的控制，从采购原材料开始，制造中间产品以及最终产品，然后由销售网络将产品送到消费者手中的把供应商、制造商、分销商、零售商直到最终用户所连成的一个功能性企业网链。

从供应链的定义可以看出，供应链是一个范围更广的企业结构模式，包含所有加盟的节点企业，从原材料的供应开始，经过不同企业的制造加工、组装、分销等过程直到最终用户。在这样供应链组成结构中，每个合作伙伴既是其客户的供应商，又是上一级供应商的客户，他们既向上游的合作伙伴订购产品，又向下游伙伴供应产品。这不仅是一条连接供应商到用户的物料链、信息链、资金链，还是一条增值链，物料在供应链上因加工、包装、运输等过程而增加其价值，给链上的所有企业都带来了收益。

一般来说，供应链是由所有加盟的节点企业组成，其中包含一个核心企业，由它协调供应链上的信息流、资金流和物料流，其他节点企业在核心企业需求信息的驱动下，通过供应链的生产、分销、零售等环节进行分工与合作，以资金流、物料流、服务流为媒介实现整个供应链的不断增值，如图 5-22 所示。

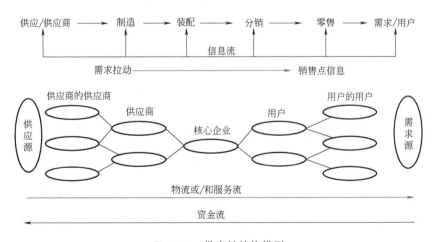

图 5-22　供应链结构模型

3. 供应链管理概念及其管理内容

所谓供应链管理就是以市场与客户需求为导向，本着互利共赢的原则，以提高竞争力、市场占有率、客户满意度获取最大利润为目标，以协同商务、协同竞争为商业运作模式，通过运用现代企业管理技术、信息技术和集成技术，达到对整个供应链上的信息流、物料流、资金流、业务流和价值流的有效规划和控制。

简单地说，供应链管理就是应用集成和协同的方法，优化和改进供应链活动，满足客户的需求，最终提高供应链的整体竞争能力。供应链管理的实质就是将顾客所需的正确产品能够在正确的时间，按照正确的数量、正确的质量和正确的状态送到正确的地点，并使总成本最低。

供应链管理是一种先进的管理理念，其先进性体现在是以顾客和最终消费者为经营导向，以满足顾客和消费者的最终期望来组织生产和商品供应的。

供应链管理的内容主要涉及采购供应、生产管理、物料管理和需求信息管理四个领域，如图 5-23 所示。由此图可见，供应链管理是以同步化、集成化的生产计划为指导，以各种技术为支持，尤其以 Internet/Intranet 为依托，围绕采购供应、生产作业、物流库存和满足需求实施。本节将主要介绍供应链管理环境下的采购管理、生产管理和物流管理。

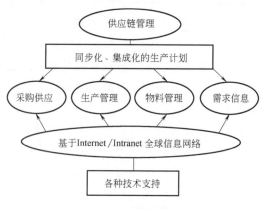

图 5-23 供应链管理领域

4. 供应链管理与企业传统管理模式的区别

1）管理范围。传统的企业管理模式仅仅局限于一个企业内部的采购、生产、销售等部门的管理；而供应链管理则是将供应链中所有节点企业看作一个整体，涵盖从供应商到最终客户的采购、制造、分销、零售等整个物流全过程的管理。

2）管理目标。在传统的管理模式下，各企业的目标是自身利益最大化，而很少考虑其他企业和最终客户的利益和要求；而供应链管理则强调和依赖战略合作，其目标是使整个供应链的总成本最小，效益最高，共同以最终客户满意为己任。

3）企业间关系。在传统的管理模式下，通常是一个实力雄厚的企业处于支配地位，而其他企业则处于从属地位，它们的生产、采购、销售等决策的制订都是被动的；而供应链管理，是提倡供应链上所有参与者地位平等，虽然也存在一个核心企业，但其核心企业更多的是帮助其他节点企业，更多的是相互合作与互助的关系，而非支配与被支配的关系。

4）经营方式。在传统的管理模式下，企业都是独立运作的，更多体现的是竞争；供应链管理强调更多的是供应链各节点企业的合作和协调，提倡在各节点企业之间建立战略伙伴关系，改变过去企业间的敌对关系为紧密合作的伙伴关系，通过协商解决生产中问题，共同制订运营策略以及信息的共享。

5）企业库存。传统的管理模式仅考虑自身企业的库存水平；而供应链管理则是通过各节点企业间的协作关系，可能会以抬高某个别企业库存的代价，而使供应链的总库存水平最低，以实现供应链整体物流的最优化。

5.5.2 供应链管理环境下的采购管理

采购是供应链物流的起点，优质高效的采购活动是走好供应链管理的第一步。做好采购物流，是供应链管理环节中的重要一环。

1. 供应链采购管理与传统采购的区别

供应链管理环境下的企业采购模式与传统的采购方式在供应商数量、与供应商关系、采购批量、物流策略以及信息沟通等方面均存在较大的差异，见表 5-6。

表 5-6　传统采购与供应链采购管理的主要区别

比较领域	传统采购	供应链采购
供应商数量	多，越多越好	少，甚至一个
供应商的地理分布	很大的区域	尽可能靠近
供应方/买方关系	竞争、利益对立	合作伙伴、共赢
合同期限	临时交易、短期合同	中、长期合同
采购数量	大批量	小批量、多批次
质量问题	入库检验	质量保证、无须检验
交货期	每月交付	每周或每天
产品研发流程	先设计产品，后询价采购	供应商参与产品设计
产量	大量生产、标准化	小批量、定制化
运输策略	单一品种、整车运送	多品种、整车运输
库存观	库存是资产	库存是浪费、损失
仓库设计	大型、集中化	小型、分散化
信息沟通方式	传统媒介	网络
信息沟通频率	离散性、延迟	连续性、实时

从上表可见，供应链采购管理使企业的物流活动发生如下转变：

（1）**为库存采购向为订单采购转变**　传统采购的目的是补充库存，避免停工待料以保证企业正常生产，采购部门并不关心企业的生产过程，其采购计划很难适应企业生产实际需求变化。供应链管理模式下的采购活动，是以订单驱动方式进行，在用户订单的驱动下产生制造订单，再由制造订单驱动采购订单，然后由采购订单驱动供应商供货。这种准时化的订单驱动模式，其采购数量是按订单实际需求进行采购，其交货期不是按月，而是按周、按天甚至按小时交付，可实现制造计划、采购计划及供应计划并行同步化运行，可有效地降低库存成本，提高了物流速度和库存周转率，实时响应用户的实际需求。

（2）**采购管理向外部资源管理转变**　传统的采购管理是以获取商品为核心，以协商价格为重点，供应商对采购部门的需求往往存在时滞期，采购质量则为事后控制。供应链管理环境下的采购管理则是采用一种称为外部资源管理的模式，即与供应商建立一种长期的、互惠互利的伙伴关系，参与供应商的产品设计、生产制造以及质量控制流程，给予供应商提供有关的技术支持和技术培训，根据企业产品和市场实际情况选择合适供应商以及供应商数量。一般而言，供应商数量越少越有利于双方的合作。这种外部资源管理模式实现了供应链管理的系统性、协调性、集成性和同步性，从企业内部集成走向企业外部的集成。

（3）**通常买卖关系向战略合作伙伴关系转变**　传统采购模式下，供应商与需求企业之间是一种简单的买卖关系，即使有合作也仅是临时的或短期的合作，其竞争多于合作，进而导致采购过程的不确定性，影响企业的正常生产。供应链管理则是基于战略合作伙伴关系的采购方式，可共享各节点企业的库存信息，协调各企业的生产计划与各自利益关系，从而使供应链的整体效益得到保证。

2. 供应链管理环境下的供应商管理

所谓供应商管理，就是对供应商的了解、选择、使用和控制等综合性管理工作的总称，其中了解是基础，选择、控制是手段，使用是目的。供应商管理的目的就是要建立起一个稳定可靠的供应商队伍，以获得符合企业质量和数量要求的低成本产品和服务，为企业生产提供可靠的物质供应。

企业在供应链管理环境下与供应商的关系是一种战略合作性关系，提倡的是一种双赢机制，这就要求供应商管理应着重处理好与供应商之间的双赢关系。

（1）信息交流与共享机制　信息交流有助于减少投机行为，有助于促进重要生产信息的自由流动。为此，制造商与供应商之间应经常进行有关成本、作业计划、质量控制信息的交流与沟通，保持信息的一致性和准确性；在产品设计阶段，让供应商参与进来，供应商可以在原材料和零部件的性能和功能方面提供有关信息；建立联合的任务小组解决共同关心的问题；供应商与制造商经常互访，及时发现和解决各自在合作过程中出现的问题和困难，建立良好的合作氛围。

（2）建立供应商的激励机制　没有有效的激励机制就不可能维持良好的供应关系，激励机制的设计要体现公平、一致的原则，给予供应商价格折扣和柔性合同以及赠送股权等行为，使供应商与制造商分享成功，从合作中体会到双赢机制的好处。

（3）合理的供应商评价方法和手段　没有合理的评价方法，就不可能对供应商的合作效果进行评价，将会大大挫伤供应商的合作积极性和稳定性。对供应商的评价要抓住主要指标和问题，如交货质量是否改善、提前期是否缩短、交货准时率是否提高等。通过评价，并将评价结果反馈给供应商，共同探讨问题产生的根源，并采取相应的措施予以改进。

3. 供应链管理环境下的采购控制

供应链管理环境下的采购控制是供应链管理目标实现的重要手段，其主要控制内容包括采购什么、采购多少、向谁采购、什么时候发出采购订单等。

（1）采购计划编制　采购计划应根据生产部门的物料需求计划进行编制，按照生产需求确定具体的采购内容、采购数量和采购时间，并说明其用途、技术要求和注意事项等。编制采购计划时，应统筹考虑其采购成本，包括直接成本和间接成本。

（2）供应商选择　采购部门在正式填写采购单前，必须向不同的供应商索取供应物品的价格、质量以及折扣、付款条件、交货时间等资料。然后根据这些资料，选择最有利于企业生产和成本最低的供应商。同时，采购时还应遵循"适地"的原则，即供应商距自己公司越近其运输费用越低，机动性越高，成本也就自然越低。

（3）采购审计控制　物资采购审计是对物资采购全过程实施的监督和评价，是财务审计与管理审计的融合。物资审计的主要内容包括物资采购计划、采购合同、采购招标、供应商选择、采购数量、采购价格和采购质量等。

5.5.3　供应链管理环境下的生产管理

1. 供应链管理环境下的生产管理要求

供应链管理环境下的生产管理与传统的企业生产管理有所不同，前者需要更多的企业内部与企业之间的协调机制，正是这种协调机制体现了供应链管理战略伙伴关系的原则。为此，供应链管理环境下的生产管理应有如下要求。

（1）生产节奏的一致性　只有供应链上各企业之间以及企业内部各部门保持步调一致，供应链的同步化才能实现。在供应链管理模式下，要求上游企业及时为下游企业提供所需的零部件，若供应链中某企业不能为其下游企业准时交货，将可能导致供应链的不稳定甚至可能造成生产的中断，影响整个供应链系统对用户的响应。

（2）**多级、多点和多方的库存管理**　在供应链管理模式下，要求实现多级、多点和多方的库存管理模式，这对提高供应链管理环境下的库存管理水平、降低制造成本有着重要意义，也是供应链管理环境下生产管理的重要手段。

（3）**有效的生产进度跟踪机制**　在供应链管理环境下，许多产品是由外部企业协作生产或是转包的业务，与企业内部的生产管理比较，其进度控制的难度要大得多。为此，必须在供应链各节点企业之间建立一种有效的生产进度跟踪机制和快速反应机制。

（4）**有效的提前期管理**　供应链管理环境下的生产系统，提前期管理是实现快速响应用户需求的有效途径。缩短提前期、提高交货期的准时性是保证供应链柔性和敏捷性的关键。对供应商不确定性的有效控制，是供应链提前期管理的一大难题。因此，建立有效的提前期管理模式和交货期的设置系统是供应链提前期管理需要研究解决问题。

2. 供应链管理环境下的生产管理模式

供应链管理环境下的生产管理模式是将供应链上供应商信息、零售商信息和分销商信息以及核心企业信息集成起来，共同作用于企业生产计划与控制，体现了供应链集成化管理的思想。

如图 5-24 所示，供应链管理环境下企业生产管理模式主要体现为如下的管理流程：

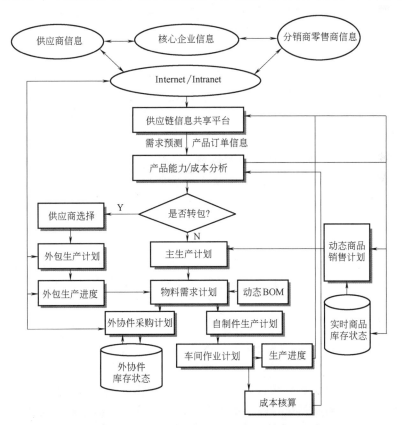

图 5-24　供应链管理环境下的生产管理模式

(1) **根据共享平台和产品订单信息，确定企业生产方式** 借助于 Internet/Intranet 信息系统，将核心企业、供应商、零售商和分销商各方信息进行集成，实现信息共享与交换。核心企业根据市场预测、产品订单以及供应链企业资源，分析决策企业生产方式，制订企业生产计划，确定自行生产或外包给供应商生产的产品或零部件。

(2) **选择供应商，共享企业生产计划与生产进度** 对于外包生产的产品，首先选择合适的供应商，将其生产计划和生产进度反馈到供应链信息共享平台，核心企业可得到外包企业的实际生产计划与进度。

(3) **制订自身生产计划** 对于自行生产的产品，企业根据自身的能力状态编制主生产计划，由主生产计划、外协件生产进度以及动态的物料清单（BOM）制订企业的物料需求计划，由物料需求计划进一步分解为车间作业计划和采购计划，进行成本核算并将之反馈到企业计划层。

(4) **共享生产进度和库存信息** 将企业的生产进度以及库存状态反馈至供应链共享信息平台，以供上下游企业共享。上游供应商可据此信息修改和调整自身的生产进度，下游企业可了解自己所需求产品的生产进度。

(5) **实时商品库存与动态销售计划** 销售部门可根据实时库存状态生成企业产品的销售计划，并将该实时信息集成到供应链共享信息平台，以便对生产计划和生产进度进行监控和调整。

上述供应链管理环境下的生产管理模式，将上下游企业的实时生产状态及时传递到企业生产管理系统中的每一个环节，实时监控和调整系统的供需差异，最大限度地保证了整个供应链系统的供需平衡。供应商的供货能力会影响企业生产计划的执行，在该模式下可根据供应商的供货能力来制订自身的生产计划。企业客户订单的变更也会对供应商的供货产生影响，为此该管理模式既注意到自身生产计划的调整，以减少由于订单的变更对自身生产的影响，同时又将此订单的变更信息及时传递给上游的供应商，使供应商也同步对此变更做出响应。

3. **供应链管理环境下生产系统的协调机制**

要实现供应链的同步化运作，需要建立供应链的协调机制，以使企业实时生产信息无缝、顺畅地在供应链中传递，减少因信息失真而导致的过量生产或生产中断等现象的发生。供应链管理系统所提供的生产信息跟踪机制可有效降低供应链的不确定性对企业生产的影响。

(1) **跟踪机制的信息运行环境** 跟踪机制的实施与供应链上企业间的信息集成环境密不可分，供应链管理系统的信息集成主要是从企业的采购部门、销售部门、制造部门以及生产计划部门展开的。

1）采购与销售部门。采购部门与销售部门是企业间信息传递的接口。供应链的需求信息总是从下游传递至上游，从下游企业的采购部门传向上游企业的销售部门。在供应链管理环境下，企业销售部门的主要职能是负责接收和管理下游企业有关需求信息，除了订单之外还有如质量、规格、交易渠道、交货方式等对产品个性化的需求；采购部门主要职责是将企业采购计划转换为企业需求信息，并以电子订单形式传递给上游企业，同时还需将与所采购物资相关的客户个性化要求传递给上游企业。

2）制造部门。制造部门的任务不仅是生产，还包括对采购物资的接收以及按计划对下游企业配套供应。为此，制造部门除了自身的生产制造任务之外，还兼有运输服务和仓储管理两项辅助职能。

3）生产计划部门。在集成化管理的企业，其生产计划部门肩负着许多工作职能，它需要将来自销售部门的新增订单信息、企业制造部门的生产进度信息、上游企业外购物资的生产计划信息以及下游企业的需求变化信息进行综合集成，滚动编制企业自身的生产计划，以保证上游企业对本企业的物资供应以及对下游企业按期按量的交货需求。

（2）生产计划的跟踪机制　在供应链管理环境下，通常在接到下游企业订单后，首先需将该订单进行分解，将其分解为外包子订单和自制子订单；编制自制子订单的主生产计划以及物料需求计划；根据计划周期内的企业能力占用状态对生产计划进行修正和调整；编制车间作业计划和采购计划；在自制件生产过程中实时地收集和反馈子订单的生产数据，为生产计划的跟踪提供来自生产基层的数据；对于采购计划，建立跟踪上游企业的生产过程与本企业需求子订单的对应关系，并要求上游企业提供准确的供货时间。

（3）生产进度控制中的跟踪机制　生产进度控制是生产管理的重要职能，是实现生产计划和生产作业管理的重要手段。虽然生产计划和生产作业计划对生产活动已做出了比较周密的安排，但市场需求常常会发生变化，以及由于各种生产准备工作不够周全或因某些偶然因素的影响，会使计划生产与实际生产之间产生偏差。为此，必须及时对生产过程进行监督和检查，以便及时发现生产偏差并加以及时地调整和修改，以保证生产计划目标的实现。生产进度控制的跟踪机制就是依照预先制订的生产作业计划，检查各零部件的投入和产出的时间、数量以及产品的配套，以保证按照用户订单所承诺的交货期将产品准时送到用户手中。

5.5.4　供应链管理环境下的库存管理

在整个供应链体系中，库存作为一种平衡机制，成为各节点企业生产需求的缓冲区，以保证连续生产和意外紧急物料的需求。然而，库存也占用了企业宝贵的流动资金，如何进行科学合理的库存管理，降低企业平均资金的占用水平，提高存货的流转速度和资产周转率，这是企业管理者必须面对的问题。

1. 传统库存管理面临的问题

传统的企业库存管理侧重于单一库存成本的优化，仅以降低仓储成本和订货成本为前提来制订企业的订货量和订货批次。这种传统的库存管理对于单个企业来说具有一定的合理性，但从供应链角度则有明显的局限性，具体表现为如下几方面。

（1）缺乏供应链整体观念　供应链是由一个个节点企业组成的系统，其中每个企业都是独立的单元，有着各自的工作目标，其中就不乏与供应链整体目标相冲突的部分。此外，作为一个整体，供应链需要各个节点企业间的协调合作。然而，企业为了自身的利益往往会将危机转嫁给另一方，导致供应链运作的不稳定，使得企业为了应付不确定需求花费更大的成本来保持其安全的库存。

（2）忽略不确定因素对库存的影响　在供应链库存管理中有很多不确定因素，例如：订货提前期、货物运输状况、原材料质量等，有些企业错误地估计其中某个或者某些因素，导致库存中有些货物在非正常范围内的增减。

（3）信息传递效率低下　供应链库存管理的一个重要内容是要求共享包含供应链各节点企业的需求预测、库存状态、生产计划等信息。目前，许多企业的信息传递系统尚未建立，供应商所了解到的客户需求信息常常是延迟的或不准确的，使短期生产计划实施困难，同时也给各成员企业的库存管理造成了不便，增加了生产成本。

（4）简单的库存控制策略 在传统的库存控制策略中，多数都是面向单一企业的，所需要的数据基本来自企业内部，这样每个节点企业都是各自为政，体现不了供应链整体的思想。

（5）生产计划制订未考虑供应链上库存的影响 随着科技的进步，企业产品生产效率大幅度提高，同时也提高了企业的毛利率。然而，由于忽略了供应链库存的复杂性，使得供应链库存成本抵消甚至超过产品生产过程所节省下来的成本。

2. 供应链管理环境下的库存管理模式

供应链管理环境下的库存管理是供应链管理的重要内容之一，由于企业组织与管理模式的变化，它同传统的库存管理相比有许多新的特点和要求。为了适应供应链管理的要求，供应链管理环境下的库存管理方法必须做相应的改变。以下是基于供应链管理环境下的几种基本库存管理模式。

（1）供应商管理库存（VMI）模式 VMI（Vendor Managed Inventory）模式是一种基于战略伙伴关系的库存管理策略，它以系统、集成的思想进行库存的管理，以使供应链系统能够同步优化运营。在这种库存管理模式下，允许上游企业对下游企业的库存和订货策略进行同一的计划和管理，是在双方已经达成一致协议的目标框架下由供应商来管理库存。

VMI 是由供应商替代需求方履行对需求方库存进行管理的职责，需求方根据需要向供应商发出订单，供应商根据订单组织采购、生产和交货。VMI 模式一方面节约了下游需求方库存管理成本，使用户不需要增加采购、进货、检验、入库、保管等一系列的工作，能够集中更多的资金、人力、物力用于提高其核心竞争力；另一方面供应商能够更好地掌握市场需求动向并根据实际的或预测的消费需求进行及时补货。

在 VMI 中，供需双方共享销售和库存信息，对未来市场需求进行预测，增强了预测的准确性，在安全库存基础上减少了库存和运输风险，同时也缩短了基于订单的货物供给的滞后时间。在 VMI 模式中供应商是商品的供应者，可以根据市场需求量的变化，及时调整生产计划和采购计划，所以不会造成超量库存的积压，不存在占用资金的问题，也不存在增加费用和浪费的问题。

可见，VMI 模式体现了供需双方对库存管理的一种合理策略，可降低生产成本、运输成本和全局库存成本，共同提高对客户服务水平的双赢目标。然而，在这种库存管理模式下供应商承担了较多的责任，加大了供应商的责任风险。

（2）联合库存管理（JMI）模式 JMI（Jointly Managed Inventory）模式是在 VMI 基础上发展起来的一种上游企业和下游企业权利责任与风险共担的联合库存管理策略，体现了供应链上各节点企业间互利合作的关系。

JMI 模式是解决供应链系统中由于各节点企业相互独立库存运作模式而导致的需求放大效应，进而提高供应链的同步化程度的一种有效方法。与 VMI 模式比较，JMI 模式强调双方同时参与、共同制订库存计划，使供应链运作过程中的每个库存管理者（供应商、制造商、分销商）都从相互间的协调性考虑，保持供应链相邻的两个节点之间的库存管理者对需求的预期保持一致，从而消除了因需求变异而导致的放大效应，任何相邻节点需求的确定都是供需双方协调的结果，库存管理不再是各自为政的独立运作过程，而是供需连接的纽带和协调中心。

JMI 模式在供应链系统中实施合理的风险、成本以及效益平衡机制，建立合理的库存管理风险的预防和分担机制、库存成本与运输成本分担机制以及与风险成本相对应的利益分配机制，在进行有效激励的同时，避免了因供需双方的短视行为而导致的局部最优现象的出现。

（3）多级库存的优化控制模式　多级库存的优化控制是在单级库存控制基础上形成的，如图 5-25 所示。传统供应链库存管理是从单一企业内部（即单级库存）去考虑库存问题，而不能使供应链整体达到最优。通过对多级库存的优化控制，可以实现供应链库存整体最优的目的。

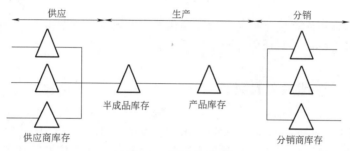

图 5-25　多级库存模型

供应链多级库存的优化控制模式，必须明确供应链库存优化的目标，确定多级库存优化参数及其约束因素，以及结合供应链各节点企业库存控制的具体策略，才能实施对供应链库存的优化控制。

多级库存控制的优化目标可根据供应链库存控制要求进行选择，如库存成本、库存周转率、供应提前期、平均上市时间等。下面以库存成本作为优化目标为例，简要介绍供应链多级库存优化控制的基本思路。

影响供应链库存成本的因素较多，这里仅考虑库存存储成本、交易成本和缺货损失成本。

1）库存存储成本 C_h。库存的存储成本包括诸如资金占用成本以及仓库设备折旧费、税收、保险金等费用，它与库存价值以及库存量的大小有关。如图 5-26 所示，多级库存的存储成本是沿着供应链从下游到上游累积计算的结果，图中 h_i 为某个计划周期内第 i 级库存单位货物的存储成本。设第 i 级库存的库存量为 v_i，那么整个供应链多级库存的存储成本为

$$C_h = \sum_i^n h_i v_i$$

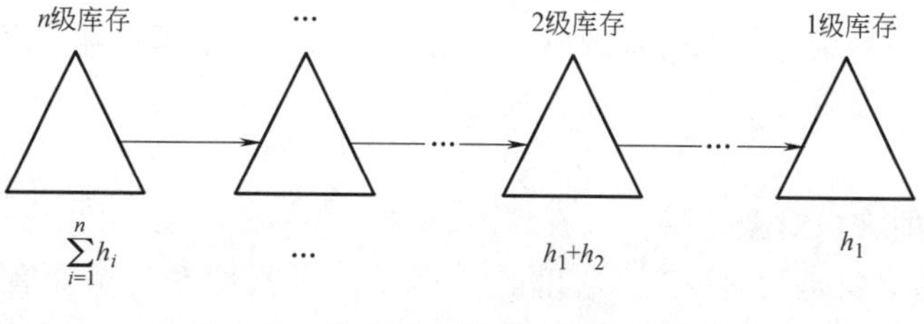

n级库存　　…　　2级库存　　1级库存

$\sum_{i=1}^n h_i$　　…　　$h_1 + h_2$　　h_1

图 5-26　供应链存储成本的累计过程

2）交易成本 C_t。交易成本即为供应链各节点企业之间的交易合作过程中所产生的各种费用，包括谈判要价、准备订单、检验费用和佣金等。交易成本与企业间的合作关系有关，若企业间建立了长期互惠的合作关系，则该项成本将大大降低。

3）缺货损失成本 C_s。缺货损失成本是由于库存物资供不应求所造成的市场机会损失以及用户罚款等。该项成本与库存大小有关，若库存量大则其缺货损失成本小，反之则高。为了减少缺货损失成本，维持一定的库存量是必要的，但过多的库存量又会使其存储成本增加。

为此，基于库存成本优化控制的多级库存的总成本 TC 为

$$TC = \min\{C_h + C_t + C_s\}$$

当然，供应链多级库存优化控制的实际操作要比上述过程复杂得多，尚需考虑供应链各级库存的具体控制策略以及其他库存约束要求等。

5.6 ■ 客户关系管理（CRM）

客户关系管理（Customer Relationship Management，CRM）是 20 世纪 90 年代由美国 Gartner Group 公司提出，用于管理企业与客户间关系的一个企业信息管理系统。它与企业资源计划 ERP、供应链管理 SCR 一起被称为企业提高市场竞争力的三大法宝。

5.6.1　CRM 概述

1. CRM 内涵

CRM 可以定义为一种"以客户为中心"的企业经营管理策略，它综合运用现代管理学、市场营销学和信息技术，对企业的市场营销、产品销售和客户服务等与客户相关的业务流程进行全面管理和优化整合，以实现提高工作效率、缩短销售周期、降低销售成本、提高客户忠诚度和保有率的目的。

上述 CRM 定义蕴含有如下属性：①CRM 是一项选择和管理有价值客户及其关系的一种商业策略，要求企业建立以客户为中心的管理理念，以支持企业有效的市场营销、销售与服务流程；②CRM 是一种以信息技术为手段，有效提高客户满意度的具体软件和实现方法；③CRM 是一种通过快速和周到的优质服务来吸引和保持更多客户的管理机制；④CRM 也是一项综合 IT 技术，它综合了 Internet、电子商务、呼叫中心、多媒体技术、数据仓库、人工智能等当今最新的信息技术，将市场营销管理理念通过信息技术手段转化为一种企业管理软件系统，已成为企业信息管理的重要技术手段。

综上所述，CRM 体现了新型企业管理的指导思想和理念，是一种创新的企业管理模式和运营机制，也是一套企业信息管理的软件系统，其目标是缩短企业产品销售周期和减少销售成本，增加销售额和销售收入，寻找扩展业务所需的新市场渠道，提高客户的满意度和忠诚度。

2. CRM 关注的客户对象

CRM 所关注的对象是"客户"，这里的"客户"是指所有与企业有互动行为的共同利益群体，包括直接客户、合作伙伴或分销商等所有与产品销售有关的个人或集体。

CRM 是一种基于客户细分的营销策略，因而需要对企业客户进行细分处理。据统计，在现代企业中有 57%的销售额是来自 12%的重要客户，而其余 88%的客户对企业来说是微利甚至是无利可图的。因此，企业要想获得最大限度的利润，就必须对不同客户采取不同的销售策略，否则将导致某些客户的实际贡献还不足以弥补企业的投入，而对有些客户由于投入不足而影响与其长期关系的维系。

根据对企业所贡献价值的大小，可将企业客户分为如下四种不同类型。

第一类客户，是对企业市场战略具有重大影响、价值巨大的客户，被称为战略客户或灯塔客户。企业应与这类客户建立长期密切的客户联盟型关系，应予之投入足够的资源。

第二类客户，是企业的主要盈利客户，被称为主要客户。企业应与其发展长期、稳定的互助型关系，需投入较多的资源。

第三类客户，是对企业价值贡献不大，但为数众多的客户，被称为企业的交易客户。企业应与其维持原先的交易型买卖关系，不应为其投入过多的资源。

第四类客户，是有可能让企业蒙受损失又有可能给企业带来巨大利润的客户，被称为风险客户。这类客户比较复杂，企业应对其进行细分处理，慎重投入。

CRM 对不同类型的客户采用不同的营销策略，一方面是要维系与有价值客户间的良好关系，包括战略客户和主要客户；另一方面要不断促使企业与客户间的关系得到提升和发展，使企业客户中的风险客户向交易客户转变，交易客户向主要客户转变，主要客户向战略客户的转变，从而实现企业利益的最大化。

3. CRM 与 ERP 的关系

CRM 与 ERP 之间是一种相互依存、相互补充的关系。ERP 管理理念是为提高企业资源的计划和控制能力，目的是在满足客户要求及时交货的同时最大限度地降低生产成本，通过提高企业运转效率来提高对客户的服务质量，为此 ERP 是以效率为中心的企业信息管理系统。CRM 管理理念是以客户关系的建立、发展与维持为主要目的，更多关注的是市场与客户，针对的对象是企业的市场营销、销售和服务部门，为企业提供一种对客户关系的管理以及客户所购买产品的统计、跟踪和服务等信息化工具和手段。如果说 ERP 系统是对企业生产经营全局信息进行管理的话，那么 CRM 就是 ERP 最前端的一个信息系统，其作用延伸到传统 ERP 力不能及的范围。

CRM 和 ERP 在系统功能上，两者又有相互间的重叠和渗透，但各自侧重点有所不同。例如：CRM 和 ERP 都包含客户的一些基本信息，其中 CRM 系统所包含的客户信息要更全面一些；两者都需用到企业产品信息，CRM 是将之用于为客户的服务，而 ERP 则用于指导企业产品的生产；两者都涉及企业的营销管理和销售管理，ERP 营销管理是为企业生产提供一种轮廓性的市场和营销信息，而 CRM 则有相当完善的营销管理功能，特别是强调一对一的营销思想；在销售管理上，CRM 系统强调的是过程，注重机会管理、时间管理和联系人管理等，而 ERP 系统更多地强调结果，注重销售计划和销售成绩。

5.6.2　CRM 系统的基本构成

如图 5-27 所示，CRM 系统通常包含接触中心、运营操作、决策支持以及后台的系统集成等模块。

（1）接触中心模块　又称为客户互动模块，CRM 系统可提供多种不同的方式使客户方

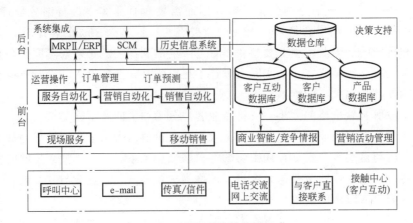

图 5-27 CRM 系统的结构组成

便地与企业接触，包括呼叫中心、电子邮件、Web 访问、电话交流、移动销售、面对面沟通及其他营销渠道，客户可按其偏好或便利选择其中一种或多种方式随时与企业进行交流。当前，互联网已经成为企业与外界沟通的重要工具，特别是电子商务的迅速发展，促使 CRM 系统与互联网进一步紧密结合，发展成为基于互联网的一种应用模式。

（2）运营操作模块 企业的每个部门可通过上述的接触中心与客户进行沟通，其中的市场营销、销售和服务部门与客户的接触和交流最为频繁，CRM 系统对这些部门给予了重点支持。尽管不同的 CRM 系统所覆盖的业务功能不尽相同，功能的表述和归类也会有所差异，但一般都具有营销管理、销售管理和客户服务与支持的功能。

（3）决策支持模块 决策支持模块不需要直接与客户打交道，它对从运营操作和接触中心模块所获得的大量客户信息和交易数据进行分析，以求获得客户消费商品的款式、周期、金额以及对企业的服务需求，预测了解客户希望获得什么以及将要做什么，也可以帮助某些客户挑选所需商品并为其提供合适的附加产品，可帮助企业辨别哪些客户打算与其"分手"，从而能够针对客户的实际需求制订相应的营销策略，开发出相应的产品和服务，更好地满足客户的需求，实现企业自身的价值。

决策支持模块需要数据仓库的支持，需要长期的客户交易数据和互动数据的详细资料，没有数据仓库的支持难以做出企业销售决策。

（4）后台系统集成模块 在企业后台，通过 CRM 系统接口可将之与 ERP 系统以及 SCM 系统进行信息系统集成。ERP 系统可从 CRM 系统获得市场信息以便进行产品订单预测，CRM 系统也可从 ERP 中获得产品进度信息，以便对客户做出供货承诺，提高企业对市场响应的能力以及客户的信任度。

CRM 系统的主要功能就是通过客户互动、运营操作、决策支持几个组成模块以实现企业产品销售业务流程的信息化。在企业市场营销过程中，系统首先通过对客户和市场的细分，确定企业的目标客户群，制订企业的营销战略和营销计划；在营销计划的基础上执行企业的销售任务，包括发现潜在客户、客户信息沟通、推销产品和服务、收集客户信息等，其目标是建立销售订单，实现企业销售额；当客户购买了企业所提供的产品和服务后，还需对客户进一步提供有关的售后服务与支持。

5.6.3 CRM 系统基本功能模块

营销管理、销售管理和客户服务管理是 CRM 系统最主要的功能模块，其他部分大多围绕这三大模块与之配合与服务。

1. 营销管理功能模块

营销管理功能模块的着眼点在于为企业市场营销及其相关活动提供详细的框架，赋予市场营销人员更强的能力，使其对市场营销活动能够有效地加以计划、执行、监视和分析，帮助企业选择和细分客户，追踪客户联系，提供客户直接的自动化回应功能，进而实现营销自动化。该模块主要涵盖客户信息管理、营销活动管理、市场信息管理、统计与决策支持以及营销自动化等功能。

（1）**客户信息管理** 通过各种渠道收集与营销活动相关的客户信息，为企业相关人员提供客户信息的查询。

（2）**营销活动管理** 包括市场营销活动计划的制订与实施，并对营销活动的执行过程进行监控。

（3）**市场信息管理** 主要管理对象包括产品信息、市场信息、竞争对手信息、各种媒体信息等，并实现对这些信息的采集、检索和分类管理等功能。

（4）**统计与决策支持** 对客户和市场信息进行统计与分析，以支持运营市场的准确细分；对市场营销活动的效果进行分析评价，支持对营销活动及营销流程的优化。

（5）**营销自动化** 营销自动化是通过信息化技术和手段替代原有的营销过程，其内容包括：基于 Web 的市场营销宣传行动的策划、执行和分析；客户需求的生成与管理；预算与预测；宣传品生成和市场营销材料的管理；制作有关市场营销产品信息、定价及竞争对手信息汇总的百科全书；对有需求的客户进行跟踪、分析与管理等。营销自动化的最终目标是使企业在销售活动、销售渠道和销售媒体之间合理地分配营销资源，以达到收入最大化和客户关系最优化的效果。

2. 销售管理功能模块

销售管理功能模块是将企业所有的销售环节结合起来，为销售人员提供一个高效的工作平台。通过该平台，销售人员可获得包括企业动态、客户、产品、价格和竞争对手等大量的最新信息，具有联系人跟踪、销售机会管理、销售预测分析等功能，有助于缩短企业销售周期，提高销售的成功率，进而实现销售的自动化。该模块涵盖订单管理、销售自动化、分销商及库存管理以及统计决策与支持等功能。

（1）**订单管理** 处理客户订单、执行报价、订单创建、账户管理等功能，提供对订单全方位的查询。

（2）**销售自动化** 销售自动化是通过现场销售、移动销售、电话销售、在线销售、内部销售、销售伙伴等不同销售渠道，运用相应的信息技术以提升销售总额、降低销售成本。其内容包括销售力量自动化和销售配置自动化两个方面。其中的销售力量自动化，即为销售人员的基本销售活动自动化，包括工作日历的安排、客户联系与管理、销售预测、销售机会和潜在客户管理、建议书制作与管理、产品定价管理、地域划分与管理以及销售费用报告等；销售配置自动化是使销售人员在计算机上对所需求产品进行配置，或由用户自己选择产品部件进行组装，实现客户定制产品的销售。销售自动化目标是通过信息技术与优化销售流程的整合，实现销售效率的不断提高，同时平衡和优化每一个销售渠道。

（3）分销商及库存管理 负责对代理商、经销商、零售商等合作伙伴的管理，提供企业库存状态的查询，支持对各类库存的调配管理，以支持各种有效的销售活动。

（4）统计决策与支持 通过对销售数据的统计与查询，为企业营销决策提供所需的信息和帮助。

3. 客户服务管理功能模块

客户服务管理功能模块是为客户服务人员提供一种便利的工具，提高客户服务人员的服务效率，增强服务能力。具体功能如下：

（1）客户服务与支持 客户服务与支持是 CRM 系统中的重要组成部分，是向客服人员提供完备的工具和信息，并支持多种与客户交流的方式，可帮助客服人员更加快捷、准确地答复用户的服务咨询，同时根据客户的背景资料和可能的需求向客户提供合适的产品或服务建议，帮助企业以更快的速度和更高的效率来满足客户的独特需求，保持和发展与客户之间关系。

（2）客户服务自动化 包括：①客户自助式服务，可通过智能问答机器人、常见问题解答公告、自助服务等方式帮助客户自助解决产品使用时所遇到的困难或问题；②客户服务流程自动化，若客户不能自行解决产品使用问题时，可通过各种渠道联系客服部门，客服部门可自行派遣客服人员、分配服务任务、跟踪服务任务执行过程等；③处理客户反馈信息，及时收集、响应、整理和分析客户反馈信息，定期提醒客户进行预防性维护和保养，提高客户对服务的满意度。

（3）现场服务管理 现场服务是指配置、派遣、调度和管理服务人员和相关资源，向客户提供高效率的现场服务。

本章小结

企业信息化是将信息技术、现代企业管理技术和制造技术相结合，应用计算机网络，在企业生产经营、管理决策、研究开发、市场营销等企业产品全生命周期内通过对信息和知识资源的有效开发利用，重构企业组织结构和业务流程，服务于企业的发展目标，以提高企业的市场竞争力。

企业资源计划（ERP）是集采购、销售、制造、成本、财务、服务和质量等管理功能为一体，以市场需求为导向，以实现企业内、外资源优化配置，消除一切无效劳动和资源消耗，实现企业信息流、物料流、资金流集成，提供面向供应链管理的企业经营管理思想和信息化的管理工具。ERP 发展经历了订货点法、基本 MRP、闭环 MRP、MRP II 直至 ERP 的发展演变过程，

产品数据管理（PDM）是管理所有与产品相关信息和相关过程的企业信息管理软件工具，也是应用系统软件集成的平台，提供有电子仓库与文档管理、产品结构与配置管理、工作流程管理、零件分类管理、项目管理、系统集成与定制开发等系统功能。

制造执行系统（MES）是位于计划管理层与生产控制层之间的一个企业信息管理系统，作用于生产车间的信息管理，指导车间生产运作过程，改善车间物料的流通性，是连接 ERP 与生产控制系统（PCS）的桥梁和纽带。

供应链管理（SCM）是以市场和客户需求为导向，本着互利共赢的原则，以提高竞争力、市场占有率、客户满意度，获取最大利润为目标，以协同商务、协同竞争为商业运作模式，强调企业核心竞争力和协作双赢的理念，通过运用现代企业管理技术、信息技术和集成技术，达到对整个供应链上的信息流、物料流、资金流、业务流和价值流的有效规划和控制。

客户关系管理（CRM）是一种"以客户为中心"的企业经营管理策略，它综合运用现代管理学、市场营销学和信息技术，对企业的市场营销、产品销售和客户服务等与客户相关的业务流程进行全面管理和优化，以实现提高工作效率、缩短销售周期、降低销售成本、提高客户忠诚度和保有率的目的。

思考题

5.1　简述企业信息化的内涵以及企业信息管理的技术体系。

5.2　简述 ERP 技术内涵及其发展历程，分析比较订货点法、基本 MRP、闭环 MRP、MRP II 以及 ERP 的功能特点、工作原理以及作用领域。

5.3　分析 ERP 系统的结构组成，在 ERP 计划控制模块中分有哪些计划层次，各自计划的功能作用如何？

5.4　区分主生产计划与生产作业计划、总需求（毛需求）量与净需求量、计划交付量与计划投放量这些企业生产管理术语的关系。

5.5　阐述物料需求计划（MRP）的输入信息、输出信息，并分解 MRP 作业计算流程。

5.6　分析 PDM 系统的基本功能作用。

5.7　分析 PDM 与 ERP 之间的区别与联系。

5.8　PDM 是如何实现 CAD、CAPP、CAM 等应用系统集成的？

5.9　简述制造执行系统（MES）的功能作用及其业务流程。

5.10　什么是供应链？分析供应链的结构组成。

5.11　分析供应链管理（SCM）与传统企业管理方法的区别，以及在供应链管理模式下的采购管理与传统采购方式的区别。

5.12　对照图 5-24 和图 5-7，分析供应链管理模式下的生产管理与制造资源计划（MRP II）的异同点。

5.13　简述客户关系管理（CRM）与企业资源计划（ERP）的关系。

5.14　分析 CRM 系统的基本构成与功能。

5.15　选择附近某制造企业进行调研，了解其企业信息化进程，包括：①企业信息化已覆盖了企业哪些部门，这些部门具体信息化内容是什么？②企业信息化网络如何构成？③使用了哪些商品化信息管理软件系统？④这些信息化管理软件系统具有哪些管理功能？

先进制造模式

第6章

自 20 世纪 80 年代，一个全球化市场逐步形成，消费者的价值观也呈现出主体化、个性化和多样化的发展趋势，产品寿命及其更新周期不断缩短，制造业面临着前所未有的考验。制造企业若在如此激烈竞争的市场环境下求得生存和发展，除了致力于制造技术的提高和改进之外，还必须对原有生产方式进行改变，通过先进的制造模式或生产方式以增强自身的市场竞争力。为此，自 20 世纪 80 年代以来，涌现了计算机集成制造（CIM）、并行工程（CE）、精益生产（LP）、敏捷制造（AM）、智能制造（IM）、可重构制造系统（RMS）、绿色制造等诸多先进制造模式，使制造业呈现出前所未有的发展新局面。

内容要点：

本章在分析先进制造模式基本概念基础上，分别介绍计算机集成制造、并行工程、精益生产、敏捷制造、可重构制造系统等当前制造业较为典型的几种先进制造模式的内涵特征、结构组成、关键技术以及运行模式等内容。

6.1 ■ 先进制造模式概述

所谓制造模式是指制造企业在生产经营、管理体制、组织结构和技术系统等方面所表现出来的形态或运作方式。制造模式的具体结构是由客观制造条件、人的认知能力以及社会环境等因素所决定。从制造业整个发展历程来看，其制造模式是沿着技术（能造出）—产品（成本低）—市场（有人要）—用户（要什么）这样一条轨迹演变。就近百年制造业发展现状可以看出，当前制造模式正经历着由"面向产品"向"面向用户"制造模式转变。

"面向产品"的制造模式，即传统制造模式，是适合大量生产、满足社会对产品大量需求的一种生产方式。这种制造模式生产规模大，专业化程度高，内部分工细，制造工艺变更少，操作简单重复，对员工技术要求不高，可视为一种固定的生产制造模式。

随着市场竞争的加剧，消费者个性化要求的提高，如何对市场环境的变化做出快速响应，及时把握用户的需求，尽快生产制造出满足用户需求的产品与服务，这是每个制造企业必须面对的问题和挑战，同时也是以产品为中心的、以大量生产为优势的传统制造模式所遭遇的困境。

为了适应市场的变化，满足中、小批量生产以及个性化的用户需求，制造业开始觉察到"面向用户"新型制造模式的必要性。初始，人们仍然沿袭传统理念，期望依靠制造技术的改进来解决问题，抓住计算机普及应用所提供的有利契机，积极引进 CAD、CAM、CAPP、MRP、GT、FMS 等单项先进制造技术作为工具与手段，试图全面提高中、小批量生产的效率和产品品质。但这种仅以制造技术改进方法所收获的效果并不明显，面对瞬息变化市场做出响应的灵活性和敏捷性方面还难以有实质性的改观。人们开始意识到，除了改进制造技术之外，还需摒弃传统生产方式的框架，通过引进先进制造模式才能提高企业对市场响应的敏捷性。

为此，在对传统制造模式的质疑、反思和扬弃进程中，先进的管理理念和方式得到不断的孕育和发展。各种有关制造的新概念、新思想不断涌现，陆续推出了诸如计算机集成制造（CIM）、并行工程（CE）、精益生产（LP）、敏捷制造（AM）、高效快速重组（LAF）、智能制造（IM）、绿色制造等众多先进制造模式。

先进制造模式被认为：在企业生产过程中，依据不同的制造环境，通过有效地组织各种生产要素达到良好制造效果的一种先进生产方法，这种生产方式所蕴含的概念、哲理和结构对其他企业可依据自身条件、环境以及生产目标具有可仿效性和借鉴性。

制造模式是否具有先进性，可用两条基本准则进行检验：其一，是否比现有制造模式有质的改变，即能否更有效地满足用户需求，更好地促进生产制造系统的良性循环，更有利于系统中人的全面发展；其二，是否能够得到具体实施，通过具体实施可获得成本低、时间短、经济性好的效果。

先进制造模式不是特指某种有确切定义的具体生产方式，而是一个较为宽泛的概念，如前面所提及的 CIM、CE、LP、AM、IM 等不同的先进制造模式，有着各自的特色和着眼点。然而，这些先进制造模式都有一个共同的特征，即拥有高素质的人员、不断创新的组织和广泛应用的先进制造技术。

先进制造模式是快速响应市场变化的一种全新的生产哲理和管理思想。先进制造模式的推广和应用的关键在于培育和树立下述企业管理新理念。

1）"以人为中心"的指导思想。在传统制造模式下，设备和资本往往是企业生产的第一要素，而对"人"的要求不高。在先进制造模式下，"人"成为第一要素，要求其员工不仅具有基础扎实和广博熟练的专业知识，还需有善于沟通和合作的能力。这就需要通过不间断培训和再教育，使员工不断增加新的知识和技能，以满足新制造模式对员工的素质要求。

2）"企业随产品重组"的观念。在传统模式下，企业生产的全过程是在自身企业内完成，企业结构和企业边界往往是固定的。在先进制造模式下，企业产品常常需要由若干企业的合作通过共同努力才能完成，为此企业的组成结构及其边界也需要跟随产品的变更进行重组。

3）"宁可做少也要做好"的观念。企业需要通过优质的产品以确定和发展自己的核心优势，凭借其核心优势方可与其他企业合作去参与市场的竞争。

4）"做蛋糕比分蛋糕更重要"的观念。合作是先进制造模式的灵魂，如何将"蛋糕"做大以及如何合理分享"蛋糕"是合作双方的两个重要过程，然而做好"蛋糕"是前提，应比分配"蛋糕"更为重要。

6.2 ■ 计算机集成制造（CIM）

计算机集成制造是应用计算机技术将企业相关信息进行集成的一种企业生产组织管理的新思想和新模式，可使企业实现产品"品质优、成本低、上市快、服务好"的生产经营目标。

6.2.1　CIM 与 CIMS 概念

1. 什么是 CIM

计算机集成制造（Computer Integrated Manufacturing，CIM）的概念，是于 1973 年由美国 Joseph Harrington 博士在《Computer Integrated Manufacturing》一书中首先提出的。在该书中，他提出了两个重要的观点：一是企业的各个生产环节是一个不可分割的整体，需要统一考虑；二是整个企业生产制造过程的实质是对信息的采集、传递和加工处理的过程，最终形成的产品可看作是信息的物质表现。

在 Harrington 上述两个观点中，一是强调企业的功能集成，另一是强调企业的信息化。若将两者进行综合，可将 CIM 直接理解为"企业的信息集成"。

人们在研究和实践 CIM 思想的进程中，对 CIM 提出过多种不同的定义，表达了对 CIM 概念的不同认识。我国 863/CIMS 主题专家组经过十多年的探索和研究，将之定义为：CIM 是一种组织、管理与运行企业生产的新理念，它借助计算机软、硬件，综合应用现代管理技术、制造技术、信息技术、自动化技术以及系统工程等技术，将企业生产过程中的有关人、技术和经营管理三要素及其信息流、物料流和能量流有机地集成并优化运行，以实现企业产品高质、低耗、上市快、服务好，从而使企业赢得市场的竞争。

可见，CIM 是制造企业生产组织管理的一种新理念，是借助以计算机为核心的信息技术将企业中各种与制造有关的技术系统集成起来，使企业的各个职能与功能得到整体的优化，以提高企业响应市场竞争的能力。

2. 什么是 CIMS

计算机集成制造系统（Computer Integrated Manufacturing System，CIMS）是基于 CIM 理念而组成的系统，是 CIM 思想的物理体现。如果说 CIM 是组织现代企业的一种哲理，而 CIMS 则应理解为是基于该哲理的一种工程集成系统。CIMS 的核心在于集成，不仅综合集成企业内各生产环节的有关技术，更重要的是将企业内的人、技术和经营管理三要素进行有效的集成，以保证企业内的工作流、物质流和信息流畅通无阻。

图 6-1 CIMS 的三要素

如图 6-1 所示，CIMS 将企业中人、技术和经营管理三要素相互作用、相互制约，解决了企业内部众多集成的问题：

1）经营管理与技术的集成。通过计算机技术、制造技术、自动化技术以及信息管理等各种工程技术的应用，支持企业达到预期的经营管理目标。

2）人/机构与技术的集成。应用各种工程技术，支持企业内不同类型的人员或机构的工作，使之相互配合、协调作业，以发挥出最大的工作效能和创造力。

3）人/机构与经营管理的集成。通过人员素质的不断提高和组织机构的不断改进，不断提高企业经营管理的水平和效率。

4）企业综合信息集成。CIMS 将企业内的人、技术和经营管理三要素进行综合集成，便有可能使企业经营管理的综合效率实现整体最优。在 CIMS 所涉及的诸要素中，"人"的作用是第一要素，企业经营策略能否得到正确地贯彻执行，首先需要由企业内的所有员工来实现；先进技术的作用能否在企业得到有效地发挥，归根结底也取决于人。

正确认识 CIM 的理念，使企业的全体员工同心同德地参与 CIMS 过程的实施，建立合适的组织机构，严格执行管理制度和员工的培训，是保证 CIMS 集成的重要条件。

6.2.2 CIMS 结构组成

从系统功能角度考虑，一般认为 CIMS 是由经营管理信息分系统（MIS）、工程设计自动化分系统（EDS）、制造自动化分系统（MAS）和质量保证分系统（QCS）四个功能分系统，以及计算机网络（Web）和数据库管理（DB）两个支撑分系统组成，如图 6-2 所示。然而，由于各企业的产品对象、生产方式、现有基础和技术条件的不同，其 CIMS 组成结构也会有所差异，并不要求企业在 CIMS 具体实施时必须同时实现所有的系统功能，可根据自身发展需求和现有条件在 CIM 思想指导下分步实施，逐步延伸，最终实现 CIMS 的工程目标。

下面就 CIMS 各个组成部分的基本功能做简要介绍。

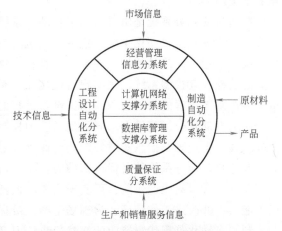

图 6-2 CIMS 基本结构组成

（1）经营管理信息分系统　该分系统担负着企业的计划与管理，是 CIMS 神经中枢，使企业的产、供、销、人、财、物等按照统一计划相互协调作业，以实现企业生产经营目标。其基本功能有：①信息处理，包括信息的收集、传输、加工和查询；②事务管理，包括经营计划管理、物料管理、生产管理、财务管理、人力资源管理等；③辅助决策，归纳分析已收集的企业内外信息，应用数学分析工具预测未来，为企业经营管理过程提供决策依据。

经营管理信息分系统的核心是制造资源计划（MRPⅡ）。MRPⅡ是一个集生产、供应、销售和财务为一体的信息管理系统，包含企业经营规划、物料需求计划、生产作业计划、能力需求计划、产品数据、库存管理、财务管理以及采购销售管理等模块组成（图5-7）。通过这些功能模块，MRPⅡ将企业内的各个管理环节有机地结合起来，在统一的系统环境下实现管理信息的集成，以缩短产品的生产周期、减少库存、降低流动资金、提高企业的市场响应能力。

（2）工程设计自动化分系统　该分系统作用于企业产品开发设计部门，是通过计算机以及相关软件系统的应用，使产品开发设计过程得以高效、优质、自动地进行。产品开发设计过程包括产品的概念设计、结构分析、详细设计、工艺设计以及数控编程等产品设计和制造准备阶段中的一系列工作。

工程设计自动化分系统通常为人们所熟悉的CAD/CAE/CAPP/CAM等不同的计算机辅助设计软件系统。其中，CAD是用于三维产品建模、二维工程图绘制、物料清单生成等设计作业；CAE用于产品结构有限元分析、优化设计、仿真模拟等；CAPP用于产品工艺路线制订、工序设计以及工时定额计算等生产准备过程；CAM负责刀具路径计算以及数控指令生成等数控编程任务。

初始CAD、CAE、CAPP、CAM这些单项功能的计算机软件系统所生产的产品数据相互间难以进行交换与共享。在CIMS系统环境下，可实现CAD/CAE/CAPP/CAM系统的集成，可使不同的应用软件系统在统一平台上工作，可交流和共享相互间的产品数据，以消除原有企业信息化所产生的一个个"信息化孤岛"。

（3）制造自动化分系统　该分系统作用于企业车间层，负责完成生产车间各种生产活动的基本环节。企业车间层是CIMS信息流和物料流的结合点，也是CIMS最终产生经济效益的聚集地。

制造自动化分系统是由机械加工自动化系统、物料储运自动化系统以及控制和检测系统组成：①机械加工自动化系统，包括数控机床、加工中心、柔性制造单元和柔性制造系统等加工设备，用于对产品的加工和装配过程；②物料储运系统，担负着对物料的装卸、搬运和存储的功能；③控制系统，是实现对机械加工系统和物流系统的自动控制；④检测系统，担负着生产加工过程的自动检测、加工设备运行的自动监控。

制造自动化分系统是在不同类型系统的控制下，按照企业生产计划完成自身的生产制造任务，并将生产现场信息实时反馈到企业管理层，以便企业管理层合理地制订生产计划及调度。制造自动化分系统的目标可归纳为：①柔性化生产，可满足多品种、小批量产品自动化生产需求；②提高生产效能，可实现优质、低耗、短周期、高效率生产，以提高企业的市场竞争能力；③改进工作环境，为现场生产人员提供安全而舒适的工作环境。

制造自动化是现代制造业的必然趋势，但又是耗资投入最大的组成部分，若不从实际需求出发，片面追求全盘自动化，往往不能达到预期的目的。CIMS制造自动化分系统不追求全盘自动化，关键在于信息的集成。

（4）**质量保证分系统**　该分系统是以保证企业产品质量为目标，通过产品质量的控制规划、质量监控采集、质量分析评价与控制以达到预定的产品质量要求。

CIMS 中的质量控制分系统覆盖产品生命周期的各个阶段，由如下四个子系统组成：

1）质量计划子系统。其任务包括：确定企业改进质量目标，建立质量技术标准，计划可达到质量目标的途径，预计可达到质量的改进效果，并根据生产计划及质量要求制订检测计划和检测规范。

2）质量检测管理子系统。包括：建立产品出厂档案，改善售后服务质量；管理进厂材料、外购件和外协件的质量检验数据；管理生产过程中影响产品质量的数据；建立设计质量模块，做好项目决策、方案设计、结构设计、工艺设计的质量管理。

3）质量分析评价子系统。包括对产品设计质量、外购/协作件质量、工序控制点质量、供货商能力、质量成本等进行分析，评价各种因素对质量问题的影响，查明主要原因。

4）质量信息综合管理与反馈控制子系统。包括质量报表生成、质量综合查询、产品使用过程质量综合管理以及针对各类质量问题所采取的各项措施及信息反馈。

（5）**数据库管理分系统**　该分系统为 CIMS 支撑分系统，是 CIMS 信息集成的关键技术之一。在 CIMS 环境下，所有经营管理数据、工程技术数据、制造控制、质量保证等各类数据，需要在一个结构合理的数据库系统里进行存储和调用，以满足 CIMS 各个分系统信息的交换和共享。

数据库管理分系统的管理对象是位于企业网络节点上各种不同类型的数据，通过互连的企业网络体系，采用分布式异构数据库，以实现对企业大量结构化和非结构化的工程数据调用和分布式的事务处理。

（6）**计算机网络分系统**　计算机网络是以信息交流和资源共享为目的而连接起来的众多计算机设备的集合，它在协调的通信协议管理与控制下实现企业数据信息的交流和共享。

通常，企业是由若干个地理位置分散的厂区组成，为此企业实施 CIMS 工程需借助于 Internet、Intranet 和 Extranet 不同类型的网络和网络协议，以构建一个互联的企业网络系统。

CIMS 在数据库管理和计算机网络两个支撑分系统的支持下，可方便地实现各个功能分系统的信息交换和数据共享，有效地保证了整个系统的功能集成，如图 6-3 所示。

6.2.3　CIMS 递阶控制结构

CIMS 是一个复杂的企业工程系统，通常采用递阶控制体系结构。所谓递阶控制，即将一个复杂的控制系统按照其功能分解成若干层次，各层次独立进行控制与处理，完成各自的功能，层与层之间保持信息的沟通和交换。上层对下层发出管理和生产指令，下层向上层反馈命令执行结果。这种递阶控制模式减小了系统的开发和维护难度，已成为重大复杂系统的一种惯用的控制模式。

根据一般制造企业多级管理的结构层次，美国国家标准与技术局（NIST）将 CIMS 分为五层递阶控制结构，即工厂层、车间层、单元层、工作站层和设备层，如图 6-4 所示。这种控制结构包括了制造企业全部的功能和活动，体现了集中和分散相结合的控制原则，已被国际社会广泛认可和引用。在这种递阶控制结构中，各层分别由独立的计算机进行控制与管理，功能单一，易于实现；其层次越高，控制功能越强，所处理的任务越多；层次越低，则所处理的实时性要求越高，控制回路内部的信息流速度越快。

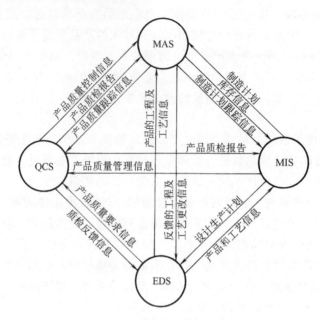

图 6-3 CIMS 各功能分系统间的信息流

MIS—管理信息系统 EDS—工程设计自动化系统 MAS—制造自动化系统 QCS—质量保证系统

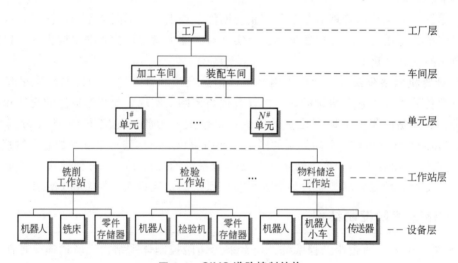

图 6-4 CIMS 递阶控制结构

(1) **工厂层** 工厂层是企业最高的管理决策层，具有市场预测、制订长期生产计划和资源计划、产品开发、工艺过程规划以及成本核算、库存统计、用户订单处理等厂级经营管理的功能。工厂层的规划周期一般从几个月到几年时间。

(2) **车间层** 车间层是根据工厂层的生产计划，协调车间生产作业和资源配置，包括从设计部门的 CAD/CAM 系统中接收产品物料清单（BOM）和数控加工程序，从 CAPP 系统获得工艺流程和工艺过程数据，并根据工厂层的生产计划和物料需求计划进行车间各加工单元的作业管理和资源分配。作业管理包括作业订单的制订、发放及管理，安排加工设备、机器人、物料运输等设备任务；资源分配是将设备、托盘、刀具、夹具等根据生产作业计划分配给相应工作站。车间层的规划周期一般为几周到几个月。

（3）**单元层** 单元层主要完成本单元的作业调度，包括加工对象在各工作站的作业顺序、作业指令的发放、管理协调各工作站间的物料运输、分配及调度机床和操作者的工作任务，并将产品生产的实际数据与技术规范进行比较，将生产现场的运行状态与允许的状态条件进行比较，以便在必要时采取措施以保证生产过程的正常进行。单元层的规划时间为几小时到几周时间范围。

（4）**工作站层** 制造系统的工作站有加工工作站（如车削工作站、铣削工作站等）、检测工作站、刀具管理工作站、物料储运工作站等。工作站层的任务是负责指挥和协调各工作站内设备小组的活动，其规划时间可以从几分钟到几个小时。

（5）**设备层** 设备层包括各种加工设备和辅助设备，如机床、机器人、三坐标测量机、AGV 小车等。设备层执行单元层的控制命令，完成加工、测量和输运等任务，并向上层反馈生产设备现场工作状态信息。其响应时间从几毫秒到几分钟。

在上述 CIMS 递阶控制结构中，工厂层和车间层主要负责计划与管理的任务，确定企业生产什么，需要什么资源，确定企业长期目标和近期的任务；设备层是一个执行层，执行上层的控制命令；而企业生产监控管理任务则由车间层、单元层和工作站层来共同完成，这里的车间层兼有计划和监控管理的双重功能。

6.2.4　CIMS 在我国的推广与实施

为了跟随世界科学技术发展潮流，参与国际竞争，我国于 1986 年 3 月制定了国家高技术研究发展计划，即 863 计划，明确将 CIMS 确定为 863 计划中自动化领域研究的主题之一。863/CIMS 主题任务主要是促进我国计算机集成制造技术的发展和应用，其目标为：在一批企业实现各有特色的 CIMS，并取得综合效益，促使我国 CIMS 高技术产业的形成，建立先进的研究开发基地，攻克一批关键技术，造就一批 CIMS 人才，以 CIMS 技术促使我国制造业的现代化。

为了实现上述目标，863/CIMS 主题在四个层次开展了研究和推广示范工作：①应用基础研究，包括对 CIMS 总体集成技术、CAD/CAPP/CAM 集成技术、质量保证、柔性制造、管理决策、网络数据库等专题的研究；②关键技术攻关，包括制造业计算机应用集成平台的开发、基于生产目标的复杂过程建模与优化集成控制技术、面向大规模定制生产模式的现代优化设计等；③目标产品开发，包括单元技术目标产品、重大产品以及目标产品集成系统等；④应用示范工程，建立一批包括飞机、机床、鼓风机、纺织机、汽车、家电和服装等行业在内的国家级 CIMS 技术应用示范企业。

经过"七五""八五"和"九五"三个五年计划，我国在 CIMS 研究、推广和实施等方面取得令人瞩目的成绩，培育了上千个国家级 CIMS 应用示范企业，总结出一套适合我国国情的 CIMS 实施规范和管理机制，造就了一支较高水平企业信息化研究开发队伍，使我国在CIMS 总体技术研究上处于国际上比较先进的水平，为我国企业建立合理的信息化支撑环境，支持企业的管理变革以及提高综合竞争力，提供了一条有效的技术途径。

6.3 ■ 并行工程（CE）

并行工程（Concurrent Engineering，CE）是对产品及其相关过程进行并行的、集成化处理的综合技术，是将时间上先后的知识处理和作业过程转变为同时考虑并尽可能同时处理的一种生产作业方式。

6.3.1　并行工程的概念

长期以来，人们一直沿用"串行"和"试凑"的方法从事产品的设计和开发。即企业在市场需求分析的基础上，由设计部门进行产品的结构设计与计算分析，然后由工艺部门进行工艺设计，再由生产部门和采购部门根据企业生产计划进行自制件的加工制造和外购件的采购，最后经装配配套完成市场所需要的产品，如图6-5所示。

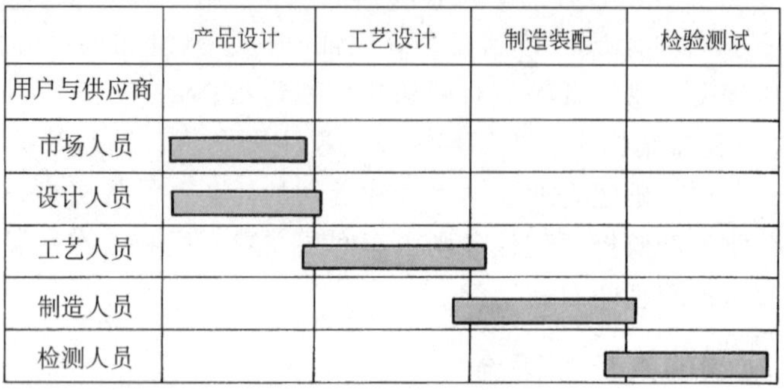

	产品设计	工艺设计	制造装配	检验测试
用户与供应商				
市场人员	▭			
设计人员	▭			
工艺人员		▭		
制造人员			▭	
检测人员				▭

图 6-5　串行工程工作模式

这种传统"串行"的产品设计开发方法，各个生产环节独立运行，并在前一环节工作完成之后才开始后一环节的工作，各个环节在作业时序上没有重叠和反馈，即使有反馈，也是事后的反馈。在这种串行工作模式下，产品设计过程只有设计人员和少数市场人员参与产品的概念设计和结构设计，较少考虑工艺、制造、采购、检测等部门的要求，而后续的生产环节只能被动地接受设计结果。为此，常常出现各个生产环节前后脱节，造成设计—返工—修改的反复循环过程，致使产品开发周期长，开发成本高。

为了提高企业市场响应能力，以较快的速度开发出高质量的产品，人们开始寻求更为有效的产品开发设计方法。于1986年，美国国防部防御分析研究所（IDA）于1986年提出了并行工程（CE）的概念，并将其定义为："并行工程是一种对产品及其相关过程（包括制造过程、支持过程等）进行并行的、一体化设计的工作模式，这种模式要求产品开发人员从设计一开始就考虑产品整个生命周期中从概念设计到产品消亡的所有因素，包括质量、成本、进度和用户要求"。

从上述定义可见，并行工程是将时间上先后的知识处理和作业实施过程转变为同时考虑并尽可能同时处理的一种作业方式。它要求将不同的专业人员，包括设计、工艺、制造、销售、市场、维修等部门人员组成一个产品开发小组，以相互协同作业方法进行产品及其相关过程的设计，在小组成员之间进行开放的和交互式的通信联系，以便缩短生产准备时间，消除各种不必要的返工，保证产品设计一次成功，如图6-6所示。

6.3.2　并行工程运行模式

并行工程与CIM类似，也是企业管理的一种新模式。两者所追求的目标相同，即"提高企业市场响应能力，赢得市场竞争"，但两者的着眼点和运行模式却有所区别。CIM强调

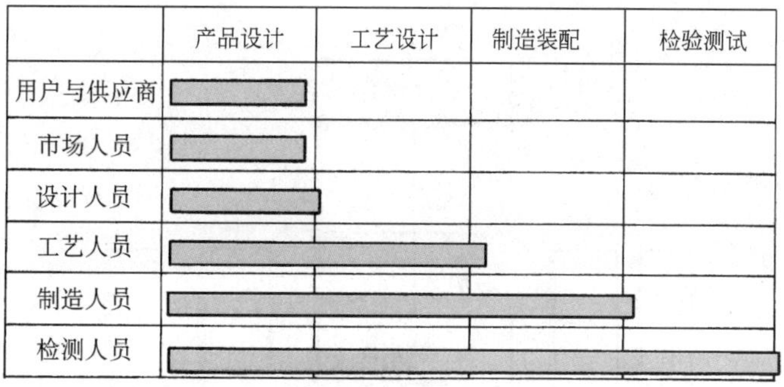

	产品设计	工艺设计	制造装配	检验测试
用户与供应商	▨			
市场人员	▨			
设计人员	▨			
工艺人员	▨▨▨			
制造人员	▨▨▨▨			
检测人员	▨▨▨▨▨			

图 6-6　并行工程工作模式

的是企业内的信息集成，以保证企业的信息流通畅无阻；并行工程则强调企业产品设计过程的集成，要求在产品设计阶段就尽可能地考虑其下游的各项生产活动，包括工艺、制造、检验、销售和维护等各个生产环节。

并行工程是以产品开发团队作为企业的基本组织机构，采用并行作业模式开展工作。如图 6-7 所示，在产品设计阶段，并行工程就集中产品生命周期中的相关人员同步进行产品设计，统筹考虑产品整个生命周期中的所有因素，协同完成产品的结构设计、工艺设计、装配设计、检验设计以及售后的维护设计；对设计的阶段结果或最终结果进行仿真和评估，共同进行设计的修改与完善；当最终设计结果获得一致满意后，方可进入后续的生产制造过程。通过产品开发团队的并行设计过程，可实现后续的制造、装配、检验等生产环节顺利进行，一次成功（Do Right First，DRF）。当然，在特殊情况下也可能需要进行信息的反馈，需要对设计方案或产品模型进行反复修改，但其反复次数将大大减少。

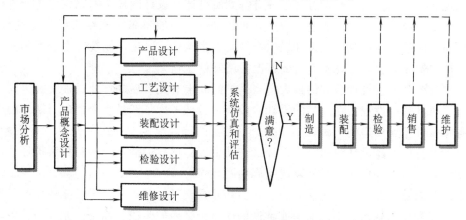

图 6-7　并行工程工作方式

在上述并行设计模式下，每个设计人员在各自 CAD 工作站上从事自身的设计工作，在公共数据库/知识库的支持下，借助于计算机网络和便捷的通信工具，相互间进行协调与沟通，根据共同的设计目标既可以随时响应其他设计人员的要求修改自己的设计，也可以要求其他设计人员响应自己的要求。通过协调机制，产品开发团队的多种设计任务可以并行进行（图 6-8）。这种产品开发设计的并行模式，大大提高了产品设计的规范性以及下游制造、装配和检测等生产活动的可行性，减少了后续设计修改返工的可能性，有效降低了产品的开发周期和开发成本。

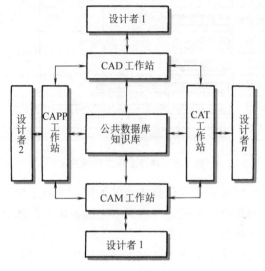

图 6-8　并行工程设计网络

6.3.3　并行工程特征

并行工程是企业组织生产的一种哲理和方法。与传统串行生产方法比较，并行工程具有如下的特征。

1. 并行特征

传统观点认为，在产品开发过程中只有等到所有产品设计图样全部完成后才能进行工艺设计，所有工艺设计完成后才能进行生产技术的准备，所有准备工作结束后才能进行生产。并行工程强调产品设计可与工艺设计、生产准备、采购供应、生产制造等生产活动并行交叉进行，强调人们要学会在信息不完备的情况下就开始工作。

并行工程产品开发设计模式的最大特点是把时间上有先有后的作业过程转变为同时考虑和尽可能同时处理的过程，在产品的设计阶段就并行地考虑了产品整个生命周期中的所有因素，避免将设计错误传递到下游阶段，减少不必要的修改反复，使产品开发过程更趋合理、高效。这种并行的产品设计模式，当设计工作结束后，后续的制造、检验和维护环节便较为容易实施，减少返工，可使产品开发研制周期明显缩短。

需要注意的是，并行工程所强调的各种活动并行交叉，并不是也不可能违反产品开发过程必要的逻辑顺序和规律，不能取消或越过任何一个必经的阶段，而是在充分细分各种活动的基础上，找出各自活动之间的逻辑关系，将可以并行交叉的活动尽可能并行交叉进行。

2. 整体特征

传统串行生产方式把整个产品开发过程分为若干步骤，每个部门和个人仅相对独立地完成其中的一部分工作，上一部门工作完成后把其结果交给下一部门，各自工作是以职能和分工任务为中心，对产品及其生产过程不一定存在完整和统一的概念。

并行工程强调全局性地考虑问题，从产品设计开始就考虑到产品整个生命周期中的所有因素，追求整体最优，有时为了保证整体最优，甚至可能不得不牺牲局部的利益。

在产品开发设计过程，并行工程强调每个设计人员要面向整个产品对象或整个产品开发过程，要将自身的工作与他人的工作进行配合和协调，在空间中似乎相互独立的各个开发过程和知识处理单元之间，实质上存在着不可分割的内在联系（图6-9），各个设计人员除了理解自身工作任务之外，还要了解其他设计过程及其相互间的关系，这样才能真正做到整个产品开发设计过程的集成和产品的整体优化。

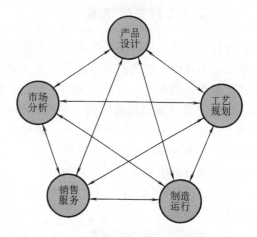

图 6-9　制造系统各环节的内在联系

3. 协同特征

并行工程特别强调团队小组的协同设计工作（Teamwork），现代产品的功能和特性越来越复杂，产品开发设计过程涉及的学科门类和专业人员也越来越多，要取得产品开发设计过程的整体最优，其关键是如何很好地发挥人们的群体作用。为此，并行工程工作模式非常注重协同的组织形式、协同的设计思想以及所产生的协同效益。

（1）**多功能的协同组织形式**　并行工程是根据项目任务的需求组织多功能团队开发小组，小组成员由设计、工艺、制造和支持的不同部门、不同学科的代表（质量、销售、采购、维护等）组成。团队开发小组有自己的责、权、利，有自身的工作计划和目标，小组成员之间使用相同的术语、共同的信息资源和工具，协同地完成共同的任务。

（2）**协同的设计思想**　并行工程强调一体化、并行地进行产品及其相关过程的协同设计，尤其注重早期概念设计阶段的并行和协调。

（3）**协同的效率**　并行工程特别强调"1+1>2"的思想，力求排除传统串行模式中各个部门间的壁垒，使各个相关部门协调一致的工作，利用群体的力量提高整体效益，强调"工"字钢带来的三块钢板的协调强度。

4. 集成特征

并行工程的集成特性反映在人员、信息、功能以及技术等多方面的集成。

（1）**人员集成**　并行工程以产品开发小组的形式开展工作，小组成员包含管理、设计、工艺、生产、质量、销售、采购、维护等不同部门人员，有时甚至包括用户、供应商或协作厂代表，由这样各类人员组成一个协调的集成团体。

（2）**信息集成**　并行工程将产品全生命周期中各类信息，在同一的产品数据模型支持下进行管理、处理、交流和共享。

（3）**功能集成**　并行工程将产品全生命周期中各职能部门的功能通过产品开发小组的形式进行了集成，并通过产品供应链，将制造企业与供应商以及分销商等外部协作企业间的功能进行了集成。

（4）**技术集成**　在产品并行开发过程涉及多学科的知识与技术，如 DFX 技术、CAX 技术、产品建模技术、数据交换技术、协同作业技术、网络通信技术等，并行工程将这些技术进行有效的集成，并形成集成的知识库和方法库。

6.3.4 并行工程关键技术

并行工程是一种以空间换取时间来处理系统复杂性的系统化方法，它以信息论、控制论和系统论为基础，在数据共享、人机交互等工具支持下，按多学科、多层次协同一致的组织方式从事产品的开发。并行工程的实施包含如下的关键技术。

（1）产品开发过程的重构 并行工程的产品开发过程是跨学科的群体小组在计算机软硬件工具和网络通信环境的支持下，通过规划合理的信息流动关系、协调组织资源和逻辑制约关系，实现动态可变的产品开发流程。为了使产品开发过程实现并行与协调，并能面向全面质量管理做出决策分析，就必须对产品开发过程进行重构，即从产品特征、开发活动的安排、开发队伍的组织结构、开发资源的配置、开发计划以及全面的调度策略等各个方面进行不断改进与提高。

（2）集成的产品信息模型 并行工程强调产品设计过程上下游协调与控制，以及多专家之间的系统协调，因此一个集成的产品信息模型就成为其关键问题。

集成的产品信息模型应能够全面表达产品信息、工艺信息、制造信息以及产品生命周期内各个环节的信息，能够表达产品各个版本的演变历史，能够表示产品的可制造性、可维护性和安全性，能够使开发小组成员共享模型中的信息，包括用户要求、产品功能、设计、制造、材料、装配、费用和评价等各类特征信息，为产品设计（CAD）、工艺设计（CAPP）、可制造性评价以及制造过程（CAM）的集成与并行实施提供充分的信息。

因此，集成的产品信息模型是实现产品设计、工艺设计、产品制造、装配检验等环节的信息共享与并行进行的基础和关键。

（3）并行设计过程的协调与控制 并行设计的本质是产品设计开发的大循环过程包含许多小循环，是一个反复迭代的优化过程。产品设计过程的管理、协调与控制是实现并行设计的关键。产品数据管理（PDM）能够对并行设计起到技术支撑的作用。并行设计中的产品数据是在不断交互中产生的，PDM 能够在数据的创建、更改及审核的同时跟踪监视数据的存取，确保产品数据的完整性、一致性和正确性，保证每一个参与设计的人员都能得到正确的数据，从而使设计的返工率达到最低。

6.3.5 并行工程的支持工具

并行工程是一种群体设计团队的工作模式，需要有协同的工作环境和工具的支持，并行工程所需的支撑技术工具包括：

（1）全数字化定义的计算机辅助设计工具（CAX） 包括计算机辅助设计（CAD）、计算机辅助工程分析（CAE）、计算机辅助工艺规划（CAPP）、计算机辅助制造（CAM）、计算机辅助质量检测（CAT）等。

（2）面向 X 的设计技术（DFX） 包括面向制造的设计（Design for Manufacturing，DFM）、面向装配的设计（Design for Assembly，DFA）、面向检测的设计（Design for Testing，DFT）、面向拆卸的设计（Design for Un Assembly，DFU）等。DFM 主要是在设计过程中解决设计特征的加工问题，确保产品的可制造性；DFA 主要是在设计过程中解决装配及装配加工问题，确保产品的可装配性，避免后期出现装配类别的问题。

（3）产品数据管理（PDM） PDM 是多功能开发小组并行设计产品及其相关问题的基

础，其目标是对并行工程中的共享数据进行统一、规范管理，保证全局共享数据的一致性，提供统一的数据库操纵界面，使多功能开发小组在一个统一的界面下工作，而不关心应用程序运行在什么平台与物理数据的数据模型及存储位置。

（4）协同的网络通信工具　为了便于分布式并行产品设计，需要有协同的网络通信工具的支持。传统的网络通信工具有电子邮件、电子公告板、视频会议系统等，近年来又推出不少新型网络通信手段，如网络三维虚拟图形技术（Web3D）等。

1）电子邮件。电子邮件是最早使用的计算机辅助协同设计工具。电子邮件由于使用简单、价格低廉、高效实用，使其得到广泛应用。然而，电子邮件数据传送效率较低，且不能保证所接收到的电子邮件即刻被读取，不适用于解决期限紧迫的合作设计问题。

2）电子公告板。电子公告板是位于网络中心，可提供观察、扩展和修改公共信息的白板技术。在分布式并行开发小组内，可将共性的设计问题用文字和图像形式贴上电子公告板上，使所有开发小组成员能够一目了然，诸如设计方案的变更、问题解决方法建议等。同样，电子公告板也不能保证在规定时间内得到同事的响应和回复。

3）基于网络的视频会议系统（Meeting on Network，MONET）。MONET 是一种基于计算机网络的实际多媒体会议系统。应用 MONET 工具，开发小组成员不需要离开其工作台就可以相互交换意见，就共同关心的问题进行协商，从而节省了时间，减少了通常来往所消耗的时间、精力和能量。与会者可以借助数据库和各类分析软件，对所讨论的问题做出迅速而明智的反应，不会因资料没有带全而将问题留到下次会议再研究。

4）Web3D 技术应用。Web3D 又称网络三维，是一种拓展的虚拟现实技术，可将现实世界的有形实体通过互联网进行虚拟立体展示和互动浏览操作。基于这种 Web3D 技术的协同设计，在设计成员间可通过浏览器随时沟通各自设计意图，实现设计对象的同步协同，避免设计冲突现象的发生，保证设计活动有序进行。

6.4 ■ 精益生产（LP）

精益生产是 20 世纪 50 年代初由日本丰田公司创建，是以人为本，以市场为导向，以消除一切浪费为目标，通过准时制生产，最大限度地降低在制品和企业库存，以获取企业最大经济效益的一种生产管理方式。

6.4.1　精益生产的提出、内涵及目标

1. 精益生产的提出

20 世纪 50 年代，战后的日本面临着市场需求严重不足、技术落后、资金匮乏的困难局面。此时丰田公司一年的汽车产量还不及美国福特公司一天的产量。鉴于当时的历史困境，日本汽车制造业是无法与处于发展顶峰时期的美国汽车工业相竞争，不可能、也不必要走美国大批量生产方式的老路。针对当时日本国情和汽车市场的需要，丰田英二和大野耐一先生开始探索一种与大批量流水线生产完全不同的汽车生产与管理方法，经过多年不断实践与改进，终于形成了一套完整的丰田汽车生产方式。

20 世纪 70 年代的石油危机使西方经济进入了缓慢增长期，但给日本汽车工业带来了前所未有的发展机遇。在这个阶段，丰田公司的生产业绩快速攀升，丰田公司所创建的生产方

式在日本汽车制造业也得到迅速推广和普及，至1980年日本以其1100万辆的汽车产量全面超过美国，成为世界汽车制造的第一大国，日本的整个汽车工业生产水平迈上了一个新台阶。至此，丰田公司的生产方式开始为世人所瞩目。

在市场竞争中遭受失败的美国开始对自己所依赖的生产方式产生了怀疑。于1985年初，由麻省理工学院（MIT）成立了一个名为"国际汽车计划（IMVP）"研究机构，历经5年对美国、日本和西欧的汽车制造业进行了全面对比调查和研究。其结果表明，造成与日本汽车工业发展差距的原因不在于企业自动化程度的高低、生产批量的大小、产品类型的多少，其根本原因在于与其生产方式的不同。丰田生产方式创造了一种以低成本、高质量应对多品种小批量市场需求的奇迹，IMVP在其后出版的《改变世界的机器》一书中，将丰田公司这种生产方式正式命名为"精益生产"。

2. 精益生产内涵

精益生产，IMVP称其为"Lean Production"，简称LP，其含义为：运用多种现代管理方法和手段，以需求为依托，以充分发挥人的作用为根本，有效配置和合理使用企业资源，持续地消除浪费，为企业谋求最大经济效益的一种新型企业生产方式。

精益生产的资源配置原则是以彻底消除无效劳动和浪费为目标，以较少的人力、较少的设备、较短的时间和较小的场地创造出尽可能多的价值。精益生产的"精"就是精干、瘦型，"益"就是效益，合起来就是少投入，多产出，把结果最终落实到经济效益上，追求单位投入的产出量。精益生产方式的实施是以去除"肥肪"为先导，改变原有臃肿的组织机构、大量非生产人员、宽松的厂房和超量的库存储备等状态，切实可行地实施以内涵发展、集约经营的企业管理模式。

3. 精益生产思维特点

丰田公司之所以能够取得成功，是由于所推行的精益生产方式具有与众不同的一套思维方式，其特点可归纳为：

（1）逆向思维模式　精益生产遵循的是逆向思维、风险思维的思维模式，很多问题是倒过来看、倒过来干的。例如，通常人们认为销售是企业生产经营的终点，而精益生产却把销售作为起点，把用户看成是生产制造过程的组成部分，精心收集用户信息，并作为组织生产、开发新产品的依据；传统生产方式是"前推式"生产，即从上向下发指令，由前道工序推动后道工序生产，而精益生产则采用的"后拉式"生产，即由后道工序拉动前道工序进行生产；先前总认为超前生产是好事，而精益生产却认为超前生产是一种无效劳动，是一种浪费。

（2）逆境中的拼搏精神　精益生产方式是市场竞争的产物，是来自于逆境中的拼搏精神。丰田公司在早先的生产能力和生产条件与美国福特公司高低差距如此悬殊条件下，敢于提出赶超美国，并经过20多年的拼搏和不懈努力，终于将理想变为现实。

（3）无止境的尽善尽美追求　尽善尽美的追求是丰田公司的精神动力。大批量生产方式追求的是有限目标，可以容忍一定的废品率和最大限度的库存。精益生产所追求的是尽善尽美的目标，在追求低成本、无废品、零库存和产品多样性方面，永无止境，不断奋斗。精益生产认为，若允许出错，错误就会不断发生，所以从开始就不允许出错。当然，没有一个生产厂家能够达到这样理想的境地。但是，这种无止境的尽善尽美追求，促使人们不断探索、不断奋斗，创造了许许多多在大量生产方式下难以想象的奇迹。

4. 精益生产目标

精益生产采用灵活的生产组织形式，根据市场需求变化及时快速地调整生产，依靠严密细致的管理，力图通过彻底排除浪费，防止过量生产，提高市场的反应能力，使企业以最少的投入获取最佳的运行效益。精益生产的目标就是在持续不断地为客户提供满意产品的同时，追求利润最大化，表现为如下具体目标。

1）"零"转产工时。通过多品种混流生产，将加工工序的品种切换与装配线的转产时间下降为"零"。

2）"零"库存。将供应、加工和装配之间的物料实现流水化的连接，消除中间库存，将企业库存水平下降为"零"。然而，由于受到不确定供应、不确定需求和生产连续性等因素制约，企业库存不可能真正为零，通过"零"库存目标以最大限度减少库存的浪费。

3）"零"浪费。通过全面实施生产成本控制，消除多余制造、搬运、等待等不同形式的浪费，以实现生产过程"零"浪费。

4）"零"缺陷。产品缺陷不是检查出来的，而应在缺陷产生的源头就消除它，通过建立缺陷预防观念和"零"缺陷质量体系，以实现产品"零"缺陷。

5）"零"故障。排查故障产生原因，消除故障产生根源，提高设备运转率，实现设备"零"运行故障。

6）"零"停滞。采用先进制造技术，提高企业管理水平，最大限度压缩前置时间，实现生产过程的"零"停滞。

7）"零"灾害，始终将安全生产放在首位，对人、设备、厂房实行全面预防检查制度，实现"零"灾害现象发生。

6.4.2　精益生产组织与管理体系

1. 精益生产屋

精益生产组织与管理体系可用如图 6-10 所示的精益生产屋来表示。精益生产是一个完整而开放的结构体系，包括一个基础和三个支柱。其基础是在计算机信息网络支持下的群体工作小组和并行工程的生产作业方式，三个根柱分别是准时生产、全面质量管理和成组技术。在其基础和支柱的支持之上的屋顶便为精益生产的企业目标。

精益生产的三个支柱充分代表了精益生产方式的三个本质目标，它们之间相互配合，缺一不可。准时生产是缩短生产周期、加快资金周转、降低生产成本、实现零库存的重要生产方法，没有它就谈不上速度，谈不上最少浪费。全面质量管理是保证产品质量、树立企业形象和达到零缺陷的重要措施，没有它就等于产品质量无保证，

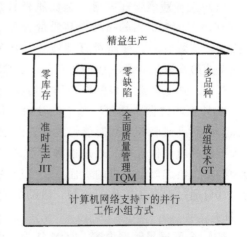

图 6-10　精益生产屋

更谈不上产品优质和可靠。成组技术是实现多品种、小批量、低成本、高柔性、按用户订单组织生产的技术基础，少了它就实现不了灵活生产，就不可能组织混流生产。

作为基础的并行工程，既代表了高速度，又代表了高质量，它要求产品的设计不仅要考虑产品的各项性能，还应考虑与产品有关的各工艺过程质量和服务质量，它要求通过优化的生产过程来提高生产效率，通过并行设计来缩短设计周期。

2. 准时生产

准时生产（Just In Time，JIT）是精益生产的一个重要支柱。JIT基本思想可概括为：在必要的时候、按必要的数量、生产所必要的产品，追求一种无库存或使库存最小的生产计划与库存管理。JIT的目标是排除一切可能的浪费，包括过量生产的浪费、等待时间的浪费、多余搬运的浪费、不合理工艺流程的浪费、库存积压的浪费、工人来回寻找工具的浪费、次废品的浪费等，即"除了对生产不可缺少的最小数量的设备、原材料、零部件和人工之外的任何东西"都看成是一种浪费。

为了达到降低成本和消除浪费的目标，能在必要的时间按照必要的数量生产必要的产品，JIT遵循如下一套生产组织与管理的基本原理。

（1）以装配为起点的"后拉式"生产　JIT生产组织是以产品装配为起点，在装配需要时向前道工序领取必要数量的零部件，前道工序储备量减少后转向更上一道工序领取必要的零件或在制品，以补充必要的储备量。如此层层递推，通过"后拉式"生产过程将各工序连接起来，形成JIT生产系统。

（2）化大批量为小批量，尽可能按件传送　JIT各个工序尽可能地做到只生产一件，只传送一件，只储备一件。任何工序不准进行额外的生产，宁可中断生产，决不积压在制品。JIT认为中断生产造成的损失，较之积压储备、掩盖生产中的矛盾、麻痹生产管理与领导人员的思想所带来的危害要小得多。

（3）均衡化生产　生产线每日平均生产各种产品，保证各类零部件的平均消耗和每日需求，尽可能做到企业生产批量的均衡性，消除装配线生产不均衡现象，尽可能减少在制品和过多的生产管理人员。

3. 全面质量管理

（1）全面质量管理内涵　全面质量管理（Total Quality Management，TQM）是20世纪50年代由美国人提出的一种产品质量管理方法，强调全员参加、贯穿产品全生命周期、力求全面经济效益的一种质量管理模式。TQM要求企业每一个员工都对产品质量加以关注，包括企业最高决策者和一般的生产员工，强调质量保障活动贯穿于从市场调研、产品规划、产品开发、加工制造、装配检测到售后服务等产品生命周期全过程。

TQM强调"源头质量"概念，让每一位员工对他本人的工作负责，既能制造出满足质量标准的产品或服务，同时能够发现并纠正出现的差错，每个员工既是加工操作员，又是他本人工作的质量检查员。通过这种"源头质量"概念，以期实现：①可使对质量造成直接影响的员工负起质量改进的责任；②可消除经常发生在质量控制检查员与员工之间的敌对情绪；③可通过对员工工作的控制，激励员工为自己的工作而骄傲，达到保证质量和改进质量的目的。

（2）全面质量管理内容　TQM认为，产品质量取决于设计质量、制造质量和使用质量。必须在市场调查、产品选型、研究试验、设计制造、检验、运输、储存、销售、安装、使用和维护等各个环节中把好质量关，如图6-11所示。

1）产品设计过程的质量管理。产品设计是产品质量形成的起点，它需满足来自用户和

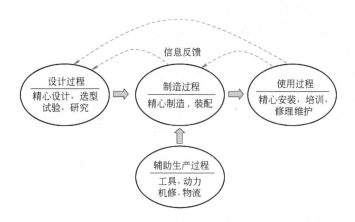

图 6-11 TQM 主要内容

制造两方面的要求。对用户方面，识别和确认用户对新产品明确和潜在的要求，界定新产品质量特性，尽可能降低未来市场风险；在制造方面，使产品结构设计满足制造工艺要求，包括设备条件、标准化水平、材料消耗、制造成本、制造周期和生产效率等，为制造过程的质量管理奠定良好的基础。

2）产品制造过程的质量管理。制造过程是产品质量形成的直接过程，它应保证实现设计阶段对质量的控制意图，建立一个受控制状态下的生产系统，使生产过程能够稳定、持续地生产符合设计要求的产品。

3）辅助生产过程和生产服务过程的质量管理。辅助生产过程是为基本生产提供如动力、工具、刀具、量具、模具等辅助产品；生产服务过程是为基本生产和辅助生产提供各种生产服务活动，如设备维修服务、物资供应、保管、运输等工作。辅助生产过程和生产服务过程的质量管理的任务是为制造过程实现优质、高效、低耗的目标创造必要条件。

4）产品使用过程的质量管理。产品使用过程的质量管理既是企业质量管理的归宿，又是企业质量管理的出发点。企业必须将质量管理从产品生产制造过程延伸到使用服务过程，必须做好技术服务工作，编制好产品使用说明书，传授产品安装使用技术，设立维修网点；进行产品使用效果和使用要求调查；认真处理出厂产品质量问题，切实履行"三包"质量承诺。

（3）全面质量管理实施过程 TQM 实施过程是一个质量计划制订和组织实施的过程，它遵循 PDCA（Plan-Do-Check-Action）管理循环过程，即按照计划-执行-检查-处理四个阶段周而复始的循环运转，如图 6-12 所示。

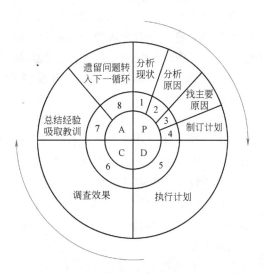

图 6-12 全面质量管理的 PDCA 循环过程

1）制订计划（P）。其任务是分析质量现状、找出质量问题，分析产生质量问题的各种影响因素，找出主要影响因素，针对主要影响因素制订对策，拟订管理措施，提出质量管理计划。

2）执行计划（D）。切实按照所制订的质量管理计划分工执行，努力实现预定的目标。

3）效果检查（C）。将质量管理计划执行结果与计划要求进行比较，检查是否达到预期目标，哪些是成功的，哪些做得不对或做得不好，其原因又在哪里。通过效果检查，从中找出新问题。

4）新问题处理（A）。总结经验教训，巩固已有成绩，对出现的新问题加以处理，并将本轮循环尚未解决的问题作为遗留，转入下一轮循环，为下一轮循环计划的制订提供资料和依据。

TQM 按照 PDCA 过程进行循环管理，原有质量问题解决之后，会有新问题产生，问题不断产生与解决，力图实现"零"缺陷的产品质量目标。

4. 成组技术

成组技术（Group Technology，GT）是基于相似性原理进行生产技术准备和生产过程的技术，是多品种、小批量生产组织的一种科学管理方法。

成组技术根据零件结构和工艺过程的相似性，将产品零件分类成组，构建一个个零件族，设计零件族的标准工艺，组织由不同机床构成的一个个加工单元进行加工。通过这样的成组工艺，可使结构相似的零件在同一台机床，用相同的刀具、夹具、量具进行加工，从而变小批量生产为大批量生产，以提高生产效率、降低生产成本。

成组技术的应用，促进了产品结构、加工设备和工艺过程的标准化进程，简化生产组织和生产调度过程，减少加工设备类型和数量，大大节省了生产成本，可获得只有在大批量生产条件下才能够取得的高经济效益。

6.4.3 精益生产组织与管理

精益生产的关键在于生产的组织与管理，通过改造传统企业生产组织和生产流程，彻底消除生产制造过程中的无效劳动和浪费，科学、合理地组织与配置生产要素，以增强企业市场应变能力，获取最佳的经济效益。其具体生产组织措施为：

（1）**主查制组织结构，并行式开发模式**　精益生产采用项目小组形式开展工作，由主查（即项目负责人）负责领导。项目组成员来自各个职能部门，根据项目需要分为核心成员和非核心成员，项目组的核心成员基本不变动，非核心成员一般在各自部门工作，仅在需要时才聚结在一起，其业务受主查和所在部门双重领导。项目主查有较大权限，对项目所需的人力、物力和财力拥有支配权，对项目方向与计划有决定权和指挥权，对项目组成员有评价权、推荐权，并影响其职务及工资的晋升。

精益生产这种项目小组生产结构型式，便于并行工作模式的开展，产品开发从设计开始，就与工艺、制造、质量、成本和销售等人员联手工作，尽早进行生产阶段的衔接，尽可能地同步工作，由后续的生产环节向前面生产环节提出建议和要求，在产品设计过程就确定了制造工艺方案，通过制造工艺保证产品质量、生产效率、目标成本和各项指标要求。

（2）**拉动式的生产管理**　精益生产采用拉动式生产管理代替传统推动式管理，即每道工序生产是由后面工序拉动的，生产什么、生产多少、什么时候生产是以正好满足下道工序的需求为前提，宁可中断生产也不超前生产，在需要的时候生产需要的产品和数量，具体表现为：

1）以市场需求拉动企业生产。市场需要什么生产什么，需要多少生产多少，不允许超前超量生产。

2）以后道工序拉动前道工序。在企业内部，以后道工序拉动前道工序，以总装拉动部装，以部装拉动零件加工，以零件加工拉动毛坯生产。

3）以前方生产拉动后方生产。后方生产是由前方生产拉动，后方生产准时服务于生产现场需求。

4）以主机厂拉动协作配套厂生产。协作配套厂生产是由主机厂拉动，把协作配套厂生产看作是主机厂生产制造体系的一个组成部分，尽可能采用直达送货的方式。

（3）**人本管理的劳动组织体制**　精益生产把雇员看成比机器更为重要的固定资产，在企业中的所有工作人员都是企业的终身雇员，不可随意淘汰。生产工人是企业的主人，在生产中享有充分的自主权，生产线上每一个员工在生产出现故障时都有权拉闸，让生产线停下来，一起查找故障原因，解决问题，消除故障。在精益生产中，企业不仅将任务和责任最大限度地托付在生产线上创造实际价值的工人，还通过培训提高他们的技能，扩大知识面，成为多面手，使他们掌握作业组的所有工作，包括产品加工、设备保养、简单修理等，不再单调重复地从事同一工作，而是以主人公态度积极、创造性地对待自己的工作。

（4）**简化产品检验环节，强调一体化的现场质量管理**　精益生产认为，质量是制造出来的，而不是检查出来的，认为一切生产线外的检查把关及返修都不能创造附加值，而把产品质量保证职能和责任转移给直接生产的操作人员，要求每一个生产人员尽职尽责，精心完成每一项工作。由于产品质量由每个具体生产员工保证，从而可取消昂贵的检验场所和修补加工区，这不仅简化了产品检验过程，还大大节省了生产费用。

（5）**相互依存的总装厂和协作厂之间的关系**　精益生产主张在总装厂和协作厂之间建立一种相互依存的信任关系，代替传统单纯订货式的买卖关系。组建协作厂协会，定期开会，交换意见、沟通信息，帮助协作厂培训干部，提高质量，降低成本，改善经营管理。总装厂派高级经理人员去协作厂任职，对主要协作厂采取参股、控股办法，建立起资金联合纽带。协作厂参与总装厂的产品开发，技术交流，以保证整机和各个总成部件的性能，缩短产品开发时间。总装厂与协作厂共同分析成本、确定目标价格、合理分享利润，真正实现合作共赢。

（6）**以用户为中心的销售策略**　精益生产改变了由经销人员在经销点坐等用户上门购买的被动销售方式，而由经销人员登门拜访，挨家挨户推销的主动销售。每个经销点由多个小组组成，除一个小组留守负责用户问询之外，其他小组大部分时间都去挨家挨户推销汽车，了解经销点地区每家基本情况，把信息反馈给产品开发小组；向用户提出最贴切的购车建议，满足用户特定的要求；用户拿不定主意时，还带来样车进行演示。总之，在产品营销方面用真诚感动用户。

6.4.4　精益生产流程

生产流程是企业生产的基本要素。如何组织好生产流程，让生产流程的工作效率更高，运行成本更低，一直是企业面临的一个难题。精益生产流程采用的是丰田公司一直推行的准时生产模式（JIT），即在必要的时候、按必要的数量、生产所必要的产品，避免过量生产和提前生产的浪费。准时生产模式需要有拉动式生产、均衡生产计划以及看板系统的支持。

1. 拉动式生产

传统的生产管理或 MRP Ⅱ 管理方式，都是按照产品的交货期制订生产计划和生产作业计划，是由前面的生产环节向后续生产环节提供产品物料。这种传统生产管理方式是一种"前推式"生产，其生产过程即为从原材料-零件-部件-产品的流转过程，是以零件加工为生产的起点，产品装配为生产的终点，是由前道工序向后续工序提供物料或零部件的生产管理模式，如图 6-13 所示。为了保证最终产品装配所需的零部件和交货日期，考虑到生产过程可能发生的意外，就必须适当地增加投料和在制品的数量。因而，在这种"前推式"管理模式下，如果市场需求发生了变化，势必造成库存过剩和积压，缺乏市场弹性适应能力。

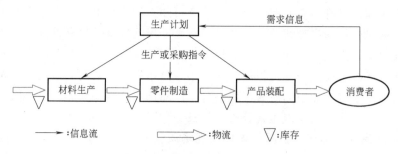

图 6-13　推动式生产运行逻辑

精益生产采用的是由看板系统组织的一种"后拉式"生产，即生产过程为总装配—部件装配—零件加工—材料供应的序列过程，是以产品装配为生产起点，如图 6-14 所示。企业的生产计划直接下达到总装配线，只有当总装配线生产需要时才能向前道工序领取必要数量的零部件；在前道工序零部件储备量减少后，才允许向更上一道工序领取必要的物料或在制品进行生产加工，以补充必要的储备量。通过层层向前拉动，将生产过程中的各道工序或加工环节连接起来，形成一个准时生产的加工系统。

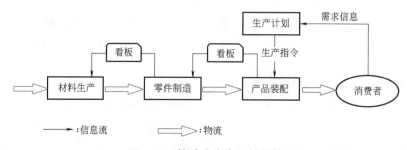

图 6-14　拉动式生产运行逻辑

精益生产这种"拉动式"生产，是将生产计划作用于产品装配线，通过产品装配线将整个生产流程拉动起来，使生产流程的运行速度与需求速度一致，以实现不超量生产、不提前生产的准时生产企业目标。

2. 均衡化生产

均衡化生产是准时生产的前提，只有实现均衡化生产才能有效地消除过剩的在制品和过多的库存。所谓均衡化生产是指企业生产尽可能做到生产批量的均衡性，通过均衡化的生产计划和调度管理，使生产线每日均衡生产各种产品。在装配线上，以每日装配各类产品的顺序计划为出发点，发出生产指令，以保证各类产品零部件的平均消耗，尽可能消除零部件消耗不均衡现象。

为实现均衡化生产，需要控制生产计划中的生产批量，应化大批量为小批量。各个车间或各个工序之间避免成批生产或成批搬运，必要时尽可能做到只生产一件，只传送一件，只储备一件，最大限度地减少在制品储备和产品库存。

3. 看板管理

看板（Kanban）是 JIT 一个重要的管理工具，也是 JIT 的一种生产控制手段。看板式样通常就是一张纸质或塑料封装的卡片，其上记载着产品名称、编码、用途、加工地点等物料信息，一般附着于物料上或物料箱上。通过这样的看板，可以有效地组织生产，能够对生产系统中物流速度和数量进行有效的调节。

（1）看板类型 看板有不同类型，主要有生产看板和传送看板两大类。生产看板起着控制生产工序加工的作用，其上记载着有关工序加工的指令信息，如图 6-15 所示。传送看板是作为后道工序到前道工序领取物料的凭证，控制着在不同工序之间的物料传递，记载着物料名称以及相关传递工序号等信息，如图 6-16 所示。

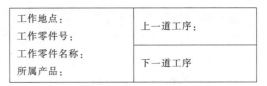

图 6-15 生产看板   图 6-16 传送看板

除了上述两种看板之外，还有用于企业之间的外协看板、用于零部件短缺场合的快捷看板、用于发现次废品以及机器故障等突发事件的紧急看板等。

（2）看板功能 JIT 的看板管理经过不断地发展和完善，使看板自身已赋予如下的特定功能。

1）成为生产系统的工作指令。看板管理规定，没有看板不允许进行生产加工，没有看板不可以从前道工序领取物料，从而使看板成为生产中的工作指令，有效控制着拉动式生产过程。

2）防止过量生产和过量传送。由于严格执行"没有看板不能生产和传送"这条既定的看板规则，从而能够自动控制产品生产数量，防止过量生产和过量传送，有效控制在制品数量和库存量。

3）作为直观目视管理的工具。看板管理的另一条规则是："看板必须附在物件上"。为此，现场管理人员依据看板就可以知道各工序的作业进展和在制品情况，能够及时掌握生产状态，发现问题、处理问题。

4）改善生产系统"体质"的工具。除了生产管理机能之外，看板还有改善生产系统"体质"的机能。如果某工序设备出了故障，生产出不良产品，根据看板运行规则"不能把不良品送往后续工序"，当后续工序的生产需求得不到满足时，就会造成全线停工，由此可使问题立即得到暴露，从而必须采取改善措施以解决所暴露的问题。为此，看板不仅使问题得到解决，也使生产系统的"体质"不断增强，保证生产系统能够正常稳定的生产。

（3）看板管理运行过程　下面以图6-17所示的生产系统为例分析看板管理运行过程。设该生产系统是由零件加工、部件装配和产品总装三道工序组成，各工序设备附近设置有甲、乙两个存件箱：甲存件箱用于存放前道工序为本工序已加工的在制品或零部件，存件箱内的每个物件附有移动看板；乙存件箱用于存放本工序已加工以备下道工序随时提取的在制品或零部件，其内的每个物件附有生产看板。此图中，实线箭头表示物件的传递过程，其虚线箭头为看板的传递过程。

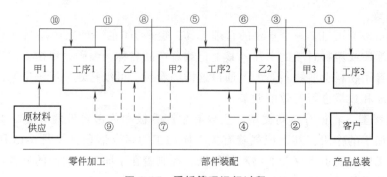

图6-17　看板管理运行过程

看板系统的具体运行过程分析如下：

1）当总装工序接到生产订单后，装配工从存件箱甲3内取出一只部件进行装配，并摘下附着在该部件上的传送看板留在该存件箱内。

2）当存件箱甲3内的传送看板积累到一定数量时（其数量由企业批量法则确定），由专职的运输工带上该数量的传送看板到前道工序（部装工序）的存件箱乙2中取出已装配的部件，并将附在一个个部件上的生产看板留在存件箱乙2内。

3）运输工将所领取的部件运载到总装工位放置在存件箱甲3内，并将传送看板附在一个个部件上。

4）部装工位的操作工得到存件箱乙2空置的生产看板，便开始进行部装作业。

5）部装操作工从存件箱甲2内取出一只只零件进行部装，并摘下附着在该零件上的传送看板留在该存件箱内。

6）部装操作工每装配好一只部件，便将一张生产看板附在该部件上，并将之放到存件箱乙2内。

7）同样，当存件箱甲2内的传送看板积累到规定数量时，由运输工带上该传送看板到上道工序提取物料。

按照上述步骤，以总装工序为起点，通过看板控制，拉动着生产系统一道接一道工序进行加工和物料的传递，从而构成一个完整的准时生产作业流程。

6.5 ■ 敏捷制造（AM）

敏捷制造（Agile Manufacturing，AM）是通过动态企业联盟、扁平化的组织结构、先进生产技术和高素质员工构建敏捷制造企业，对市场所出现的机遇敏捷响应的一种企业经营模式，具有极大的市场竞争力和生命力。

6.5.1　敏捷制造内涵与特征

1. 敏捷制造的内涵

20 世纪 90 年代，随着计算机网络与信息技术的快速发展，有力推动了企业信息化步伐，同时商品市场的竞争也愈加激烈。企业在此形势求得生存和发展，除了要拥有优质低价的产品之外，还应具有对多变市场的灵活反应机制。为此，在 21 世纪即将到来之时，许多国家纷纷制定了自身的发展规划和对应策略，以便在未来商品市场中占据有利的竞争地位。在美国，由里海大学牵头组织了包括美国百余家企业在内的一个研究队伍，历经近三年时间的广泛调查和研究，于 1994 年提出了一个 21 世纪制造业发展新战略——敏捷制造。

敏捷制造是美国工业界在认识到市场环境变化的速度超过了企业自身调整的步伐而提出的一种战略新概念，表示企业在不断变化的市场环境下善于应变、求取生存与领先能力的综合表现。

何谓敏捷制造？这一概念的创始人里海大学 Rick Dove 认为：敏捷制造是企业以高速、低耗的方式来完成自身的调整，依靠不断开拓创新来引导市场、赢得市场竞争。

可以认为，敏捷制造是企业在快速变化的市场竞争环境中求得生存和发展，取得竞争优势的一种经营管理和生产组织新策略，是 21 世纪商品竞争的主导模式。它要求企业不仅能够快速响应市场的变化，而且要求通过技术创新，不断推出新产品去引导市场。敏捷制造强调在 "竞争-合作-协同" 机制下，实现对市场需求做出灵活快速的反应，提高企业的敏捷性，通过动态联盟、先进生产技术和高素质员工的全面集成，快速响应客户的需求，及时开发新产品投放市场，提高企业竞争能力，赢得竞争的优势。

2. 敏捷制造的特征

由敏捷制造内涵看出，一个敏捷制造企业应具有如下特征：

1）快速响应速度。快速响应速度是敏捷制造企业的最基本特征，包括对市场反应速度、新产品开发速度、生产制造速度、信息传播速度、组织结构调整速度等。据资料统计，若产品开发周期太长，使产品上市时间推迟 6 个月，将导致企业损失 30%的利润。敏捷制造通过并行化、模块化的产品设计方法，高柔性、可重构的生产设备，动态联盟的组织结构，从多方面来提高企业对市场的响应速度。

2）全生命周期让用户满意。用户满意是敏捷制造企业的最直接目标，通过并行设计、质量功能配置、价值分析等技术，使企业产品功能结构可根据用户的具体需求进行改变，借助虚拟制造使能技术可让用户方便地参与设计，能够尽快生产出满足用户要求的产品，产品质量的跟踪将持续到产品报废，使产品整个生命周期内的各个环节使用户感到满意。

3）灵活动态的组织结构。在企业内部，敏捷制造以 "项目团队" 为核心的扁平化管理模式替代传统宝塔式多层次管理模式；在企业外部，以动态组织联盟形式将企业内部优势和企业外部不同公司的优势集成起来，将企业之间的竞争关系转变为联盟互赢的协作关系。

4）开放的基础结构和优势的制造资源。敏捷制造企业通过开放性的通信网络和信息交换基础结构，将分布在不同地点的优势企业资源集成起来，保证相互合作协同的企业生产系统正常稳定地运行。

敏捷制造企业与传统企业特征的比较见表 6-1。

表 6-1 敏捷制造企业与传统企业特征比较

属性	敏捷制造企业	传统企业
侧重点	时间第一，成本第二	成本第一，时间第二
管理模式	扁平化企业管理模式	多层次企业管理模式
组织形式	动态联盟公司	固定的生产协作单位
合作关系	平等共赢，风险共担	以经济合同维持合作关系
网络要求	开放性企业网络	封闭式企业网络
生产方式	拉动式生产，根据需求快速响应	推动式生产，依赖订单和预测
适应性	对市场环境适应性强，	对市场环境适应性差
覆盖范围	社会、全球	企业自身
企业员工	合作、自定位、创造性、综合能力	服从命令、守纪、缺乏合作

6.5.2 敏捷制造企业体系结构

敏捷制造企业是一个基于敏捷制造模式的新型制造系统，其体系结构可用功能、组织、信息、资源和过程五视图模型进行描述，如图 6-18 所示。该模型是以过程视图为核心，其他视图是围绕过程视图发挥着各自的作用，其基础为社会环境和各类先进技术对敏捷制造企业的支撑。

(1) 功能视图 功能视图是指敏捷制造企业的各种功能模块。各功能模块的开发设计应以敏捷的管理思想、敏捷的设计方法和敏捷的制造技术为指导，即制订符合全球竞争机制的企业经营战略，组建捕捉市场机遇的企业快速响应体系，构建企业间优势互补的动态联盟；应用集成化设计方法进行企业产品设计，应用虚拟仿真技术进行产品性能分析，引入知识推理

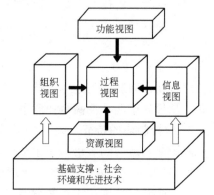

图 6-18 敏捷制造企业体系结构

工具提高设计过程的敏捷性；按分布自治要求进行企业资源和工艺过程的重组，采用相似性原理和即插即用的总线技术实现企业生产制造过程。

(2) 组织视图 组织视图是描述敏捷制造企业的组织构成和管理方式。敏捷制造企业是以动态联盟作为其组织结构型式，以项目团队为核心的扁平化矩阵结构作为企业的管理模式。

(3) 信息视图 信息视图是描述敏捷制造企业的信息组成、信息流动和信息处理过程。敏捷制造企业的信息系统是由若干自治独立又相互协同的信息子系统优化组合而成，具有快速构建和快速重组的能力。

(4) 资源视图 在敏捷制造环境下，制造资源不再是单一企业的资源，而是由不同地域、不同企业的资源共同组成。敏捷制造企业应针对自身资源所呈现的分布、异构、不确定性等特征，进行资源的合理配置和重组。

(5) 过程视图 过程视图是描述敏捷制造企业的实施过程，其具体实施步骤为：

1) 敏捷制造企业总体规划。包括企业目标的确定、战略计划的制订以及实施方案选

择等。

2）企业敏捷化建设。主要有企业经营策略的转变以及相关技术准备等内容，包括企业员工敏捷化培训、经营过程分析与重组、组织结构及企业资源调整、企业制度以及文化建设、敏捷化信息系统建设以及产品设计与制造技术准备等。

3）敏捷化企业的构建。在上述 1）和 2）步骤基础上进行敏捷制造企业的构建和实施。

4）敏捷制造企业运行与管理。敏捷制造企业是以跨企业的动态联盟进行运营，以项目团队为核心的扁平化管理模式进行企业的管理，通过敏捷评价体系对企业运营结果进行评价，适时进行动态调整。

（6）社会环境支撑　敏捷制造企业除了加强内部改革和重构之外，还需有一个良好的社会环境，包括政府的政策法律、市场环境和社会基础设施等。政策法律的制定要有助于提高企业的积极性，有助于企业直接、平等地参与国际竞争；市场环境要保证企业的物料流、能量流、信息流和人才流等畅通无阻；社会基础设施包括通信、交通、环保等应有利于敏捷化企业的发展。

（7）先进技术支撑　敏捷制造企业的技术支撑是实现敏捷制造的保障。其关键技术可归纳为信息服务、敏捷管理、敏捷设计及敏捷制造四大类。信息服务包括信息技术、计算机网络与通信、数据库技术等；敏捷管理包括集成化产品与过程的管理、决策支持系统、经营业务过程重组等；敏捷设计是指集成化产品设计与过程开发技术；敏捷制造包括虚拟制造、快速原型、柔性制造等可重构、可重用的制造技术。

6.5.3　敏捷制造的使能技术

敏捷制造的使能技术是为敏捷制造企业的生产经营与管理提供使能服务。根据企业生产经营目标的不同，可采用不同的解决方案及相关的使能技术，包括动态联盟、模块化设计、虚拟制造、扁平化组织结构、可重构制造技术、绿色制造、工艺优化等。下面仅简要介绍动态联盟、扁平化组织结构以及虚拟制造几个有代表性的敏捷制造使能技术。

1. 动态联盟

动态联盟是实现全球化敏捷制造企业的组织形式，通过利益共享和风险共担原则来实现企业间的精诚合作，是一种联合竞争、互利共赢的合作机制。

动态联盟往往是由一个企业或一个已存在的动态联盟，根据当前出现的市场机遇或某个明确的商业目标而发起的，按照资源、技术和人员最优配置的需要，寻求有优势的合作伙伴，快速组建一个功能单一的临时性的经营实体。这种以最快的速度把企业内部的优势和企业外部不同公司的优势组合起来动态联盟所形成的竞争力，是任何静态不变的传统企业无法比拟的。

动态联盟是一个对市场机遇做出快速反应而形成的聚集体，它有一定的生命周期。如图6-19 所示，动态联盟从发起到运营，经历着"机遇出现—伙伴选择—设计模拟—联盟建立—联盟运营"的过程，一旦预定的市场目标完成后，动态联盟就自行解体，联盟企业的"固定资产"以及运营过程所形成的各种资产也将重新分配到各个结盟企业。

敏捷制造采用动态联盟这种既有竞争又有合作的动态组织结构，打破了原有的企业界限，通过整体聚合、扩大资源配置范围，形成超出自身的竞争优势。为了共同的利益，动态联盟的各成员只做自己擅长的工作，把各成员的专长、知识和信息优势集中起来，有效地投

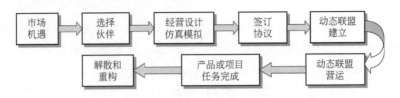

图 6-19　动态联盟生命周期

入以最短反应时间和最小投资为目标，满足用户需求的共同努力中去。动态联盟成员之间是一种平等合作的伙伴关系，实行知识、产权、技能、信息、资源有偿共享和责任、风险共担的原则。

　　动态联盟是敏捷制造的核心，改变了传统静态不变的组织机构，其优势明显：

　　1）有利于资源的利用。中小企业可以通过分享其他合作者的资源完成过去只有大企业才能完成的工作，而大企业在不需要大量投资的情况下，通过转包生产的方式迅速扩大它的生产能力和市场占有率，降低了失败的风险。

　　2）可发挥联盟成员各自专长和优势。由于合作者有着各自的专长和优势，动态联盟可以在经济和技术实力上较容易地超过所有竞争对手而赢得竞争。

　　3）每个合作者都能得到更广大的市场。跨地区、跨国界的国际合作使每一个合作者都有机会进入更广泛的市场，各自的资源可以得到充分地利用，取得局部最优基础上的全局最优。

　　4）可避免过度竞争。可兼容企业间的竞争与合作，保存竞争活力，避免过度竞争。

　　2. 扁平化组织结构

　　传统企业特别强调企业内部的组织分工：在纵向，企业由若干层次不同的部门形成等级分明的宝塔式结构；在横向，并列的部门各自负责一项专门工作，各司其职、各自独立。这种等级分明、分工精细的组织结构在大量生产模式下确实收到了较好的效果，但在信息化时代这种传统组织结构信息传递慢、应变能力差等弊端便暴露出来。

　　敏捷制造企业摒弃了传统的多级宝塔式组织结构，代之以"项目团队"为核心的扁平化矩阵式组织结构，将处于企业决策层和操作层之间众多的中间管理层进行了压缩，如图 6-20 所示。这种管理模式可较好地解决宝塔式管理的层次重叠、冗员多、组织机构运转效率低

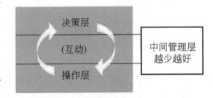

图 6-20　扁平式企业组织管理思想

下等弊端，决策层的经营理念和决策意图易于快速传递到操作层，而操作层的工作状态和员工改进意见也能够很快地反馈到决策层。

　　图 6-21 所示为一种典型的以"项目团队"为核心的扁平化矩阵式组织结构。这种组织结构不再按部门递阶地组织生产，而是根据企业生产需要组成一个个产品"项目团队"，各团队包含若干个由技术多面手组成的功能小组（Teamwork），小组成员来自设计、工艺、制造和支持等不同的职能部门，通过矩阵式网络将一个个功能小组相互联系起来，使之集成为一个敏捷反应的系统整体。

　　这种以"项目团队"为核心的扁平式组织结构具有如下特征：

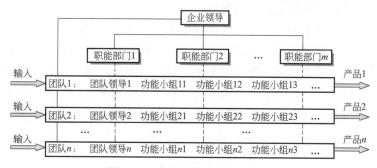

图 6-21 扁平化矩阵式组织结构

1）目标明确。共同明确的目标是项目团队得以存在的基础，任何一个团队成员都愿意为共同的目标而努力工作。

2）无部门界限。团队成员来自不同部门，具有各自技能，各成员一旦进入团队之后，就不再受原来职能部门的管辖，而是依据团队的目标和工作任务自主地开展工作，各团队直接向企业负责。

3）角色清楚。团队成员在清晰的组织框架内进行角色定位和分工，各自明确自身的任务和责任。

4）规模适中。团队成员人数视任务而定，规模过大不便于成员间沟通交流，影响团队成员的主动性和积极性的发挥。

3. 虚拟制造

虚拟制造（Virtual Manufacturing，VM）是通过计算机软件系统模拟现实产品的实际制造过程的一种新技术。虚拟制造的技术基础是虚拟现实（Virtual Reality，VR）技术，是通过虚拟现实的软硬件系统（图 6-22）在计算机上生成可交互、有沉浸感的虚拟工作环境，通过视、听、触等不同的人机接口，可直观地观察、评价虚拟制造系统的运行过程和运行效果。

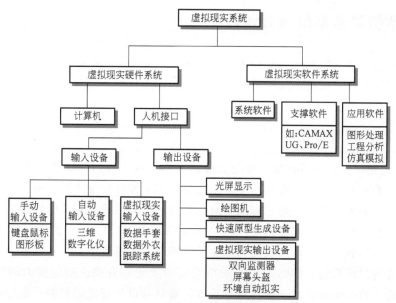

图 6-22 虚拟现实系统结构组成

根据应用目的不同，虚拟制造的侧重也有所区别，例如：①以设计为中心的虚拟制造，是将制造信息加入设计模型中，仿真模拟不同的制造方案，以检验所设计产品的可制造性，预测产品的性能、成本和报价，尽早发现产品设计所存在的问题和不足；②以生产为中心的虚拟制造，是将企业生产资源加入制造模型中，通过对制造模型的仿真，快速评价制造模型的可行性，评价其运行效率以及制造资源的适配性；③以控制为中心的虚拟制造，通过对制造系统控制模型的仿真，评估控制系统软硬件性能以及控制逻辑的合理性等。

敏捷制造是面对市场机遇所组建的企业动态联盟，其联盟组合是否合适，能否协调运行，需对联盟运行的效益和风险进行分析和评估。为此，虚拟制造是对动态联盟进行分析评估的重要工具，也是敏捷制造一项重要的使能技术。应用虚拟制造技术，可将动态联盟映射为一种虚拟制造系统，通过对该虚拟制造系统的营运过程、运行效益进行仿真实验，模拟动态联盟公司的产品设计、制造和装配的全过程，以其仿真实验结果作为分析评价动态联盟可行性依据。

虚拟制造无须消耗现实生产资源和能量，不生产现实世界的产品，只是仿真模拟产品的设计、制造及其实现过程。与现实制造系统比较，虚拟制造具有如下的性能特征：

1）结构相似性。虚拟制造系统与相对应的现实制造系统在结构上是相似的，拥有现实系统所有的组成部分。

2）功能一致性。虚拟制造系统与对应的现实制造系统在功能上是一致的，它能忠实地反映制造过程本身的动态特性。

3）组织结构的灵活性。虚拟制造系统是面向未来、面向市场、面向用户需求的制造系统，因此系统的组成结构以及系统的实现具有非常高的灵活性。

4）技术和功能的集成性。虚拟制造涉及众多的先进技术，包括系统工程、知识工程、并行工程、人机工程等多学科的先进技术，可实现虚拟制造过程的信息集成、智能集成、串并行工作机制的集成。

6.6 ■ 可重构制造系统（RMS）

可重构制造系统（Reconfigurable Manufacturing System，RMS）是通过对制造系统结构及其组成单元快速重组或更新，及时调整制造系统的功能和生产能力，以迅速响应市场变化的一种新型制造系统。

6.6.1 RMS 内涵与特征

进入 21 世纪以来，随着市场全球化趋势的加剧，世界各国的制造业都面临着日益激烈的市场竞争。面对动态多变的市场环境，制造企业为了保证竞争优势，努力寻求一种与之相适应的新型制造系统，使企业通过对现有制造系统的重构或重组，能够快速响应市场变化和消费需求，能够以较低的制造成本生产出高质量的产品。RMS 正是为满足这种社会需求而产生的一种新型制造系统，可大大提高企业的敏捷性和市场竞争力。

国内学者将之定义为：RMS 是一种对市场需求变化具有快速响应能力的可重新构型的可变制造系统，该系统能够基于现有自身系统的规划与设计规定的范围，通过系统构件自身的变化、数量的增减以及构件间联系变换等方式动态地改变其构型，从而达到根据要求调整其生产过程、生产功能和生产能力，实现在短的系统研制周期、低的重构成本、高的加工质量和经济效益，能够对多个零件族提供定制柔性，同时提供开放性的系统结构。

从上述定义可知，可重构制造系统在自身设计时就具有可重构功能，否则其构型难以进行变更和重构。为此，可重构制造系统必须具有以下的关键特征。

1) 模块化。RMS 主要部件，如机械结构件、主轴单元、夹具、刀具、控制器等应为模块化结构，便于系统的调整和更换。

2) 可集成性。RMS 中的机械装置和控制系统等模块应提供与其他模块的接口，易于系统的调整、扩展与集成。

3) 可定制性。包括 RMS 的柔性定制和控制定制。柔性定制是指基于零件族中具体零件加工所需的柔性来选择加工设备，构建系统。控制定制是指基于开放性结构，通过与控制模块进行集成而提供所需的附加控制功能。

4) 可转换性。可转换性是指 RMS 在优化作业模式下和一定作业时间内，能够快速平稳地完成由前一批次作业结束至后一批次作业开始之间所必要的转换操作，如工艺装备和 CNC 程序的更换以及其他手工操作等。

5) 可诊断性。可诊断性是保证 RMS 重构后的产品加工质量和运行可靠性的一个重要指标，应具有对系统故障以及产品质量进行辨识和探测的能力。

6.6.2　RMS 与其他制造系统比较

RMS 兼具刚性制造系统（DMS）和柔性制造系统（FMS）的特性，既具有 FMS 的柔性，又有 DMS 的高效率，RMS 的一种构型就如同一条 DMS。下面从系统的基本架构、构建原理、生产能力与生产功能关系以及柔性度等方面对这三者进行比较。

(1) 基本构架　以对 m 个零件族、每个零件族有 n 种不同零件加工为例，分别采用 DMS、FMS 和 RMS 加工进行比较：若采用 DMS，则需设计 $m \times n$ 条生产线，每一种零件加工需要一条与该零件相对应的 DMS 专用刚性生产线；若采用 FMS，则需要设计 m 条生产线，每一零件族需要一条与该族零件所对应的固定式柔性生产线进行加工；若采用 RMS 加工，则仅需设计一条生产线，即多个零件族零件只需设计一条可重构生产线。可见，RMS 在提高制造资源利用率、节省空间以及实施混流生产方面具有不可比拟的优越性。

(2) 构建原理　DMS 是专门针对某一种零件设计的，不具有缩放性和变化性，无法适应市场需求的变化。FMS 是由 CNC 机床组成，从理论上讲可以适应这种变化，但 FMS 的柔性也是有限的，仅能加工一族相似性零件。若要求以任意混合比、任意作业顺序加工任意零件，则这种 FMS 将大大增加投入成本。一般来说，现有 FMS 有较多的冗余功能，其成本高、投入大，这正是 FMS 至今未得到广泛应用的原因之一。

RMS 是基于多个零件族设计，构建有可调整性功能结构，对零件族中所有零件提供定制的柔性：在系统层次上，可通过设备的调整、作业计划的更改和控制软件的改变进行系统的重构；在设备层次上，可通过调整设备构件进行重构。因而，在设计和建造原理上 RMS 具有更高的柔性和较大的成本优势。

(3) 生产能力与生产功能关系　DMS 生产能力和生产功能在系统设计时就已确定，其突出的优点是高效率、低成本，缺点是生产功能有限，不能加工不同产品，难以适应市场变化。FMS 具有多功能和高效能，是按照某固定零件族设计，仅限于一个零件族内多种零件的加工，由于市场的多变性以及客户要求的不确定性，FMS 中大量可用的生产能力得不到充分利用，预先设计好的一些功能往往不能满足变化的要求，造成生产能力和生产功能的浪费，据报道不少 FMS 的利用率仅为 50% 左右。

RMS 生产能力和生产功能介于 DMS 和 FMS 之间。RMS 可重构的具体构型取决于系统各个构件的"重构粒度"，即 RMS 可重构性程度取决于其各个构件的可重构性。RMS 的重构能力是通过降低 DMS 生产能力、增加其生产功能演化而来，或是通过提高 FMS 生产能力、减少其生产功能的演变获得。RMS 重构的构型适应于不同的零件族，超出了 FMS 仅局限于一个零件族的范围。RMS 在使用前可在规划范围内对其生产能力和生产功能进行调整和重构，使用后可以进行快速拆除。

（4）柔性度　DMS 没有柔性或柔性度极低；FMS 具有有限的柔性，高柔性 FMS 的实现需付出巨大的成本代价。RMS 的生产能力和生产功能可通过快速调整而改变，因而比 FMS 具有更高的柔性度。

三种不同制造系统的特征比较见表 6-2。

表 6-2　三种不同制造系统的特征比较

特　征 \ 类　型		DMS	FMS	RMS
基本制造特征	生产特征	单一或少品种 大批量生产	一族（组）零件 批量生产	多族（组）零件 变批量生产
	生产柔性	无或极低	中等	高（变化）
	过程可变性	无或极小	中等	大
	功能可变性	无	无或小	大
	可缩放性	无	中等	大
	成本效益	最高	中等	大
	投资回报率	较高或中	高或低	中等或低或高
系统特征	可重构性	不可重构	不可重构	可重构
	设备结构	固定式（专用）	固定式（通用）	可重构
	部件结构	固定式	固定式	可重构
	加工作业	多刀为主	单刀为主	可变

6.6.3　RMS 结构组成与类型

1. RMS 结构组成

RMS 一般是由可重构加工系统、可重构物流系统、可重构控制系统组成，通过三者的有机结合，便构成 RMS 的物料流、能量流和信息流。

可重构加工系统是完成 RMS 加工任务以及负责加工功能转换的执行系统，包括加工机床、刀夹具以及其他辅助设备等，各台加工机床在工件、刀具和控制等方面均提供与其他子系统相关联的接口。

可重构物流系统与加工系统的构型及其运行直接相关，主要用于建立加工设备间的联系，在 RMS 系统运行过程中一直处于可随机调度的工作状态，其工作状态可随时被调整。

可重构控制系统是用于快速响应各种变化以及及时调整系统的运行状态，以保证加工系统中不同加工设备间、加工系统与物流系统间的自动协调作业。该控制系统是基于所规划的信息流而工作，是 RMS 中各个子系统间的信息有效合理流动的保证，从而使 RMS 计划、管理、控制、调度和监控等功能有条不紊地运行。

2. RMS 类型

可重构制造系统类型见表 6-3。若按系统层次分，有系统级 RMS、设备级 RMS、部件级 RMS；按重构方式分有静态 RMS、动态 RMS 以及混合型 RMS；按构件类别分又有硬件型和软件型 RMS 等。

表 6-3　可重构制造系统类型

准则	类型
按系统层次	系统级 RMS：可重构生产线 设备级 RMS：可重构机床，可重构加工单元 部件级 RMS：可重构功能部件、组件、工具
按重构方式	动态 RMS：通过移动设备实现重构（物理重构） 静态 RMS：通过改变控制系统实现重构（逻辑重构） 混合型 RMS：通过以上两种方法实现重构（混合重构）
按构件类别	硬件型 RMS：通过可重构硬件实现重构 软件型 RMS：通过可重构软件实现重构
按进化原理	创新型 RMS：对制造系统进行首次重构 改进型 RMS：在已有制造系统机床上进行重构

在系统级 RMS 中，其加工设备一般为通用加工设备，如 CNC 机床，加工中心等。若该类设备是可移动构件，系统的重构过程主要是通过其构件物理位置改变方式来实现，则称为物理重构；当该类设备为不可移动构件时，其重构过程主要可通过控制程序或工艺流程改变方式实现，则称为逻辑重构。

在设备级 RMS 中，加工设备通常为可重构加工设备，如可重构机床、可重构加工单元等。该类设备由多个可分离、独立的、模块化的不同硬件和软件构件构成，针对具体生产需求可对这些构件进行重新设置、调整和运行。

在部件级 RMS 中，其加工设备由一些可重构功能部件、组件和工具组成，每个可重构功能部件均应具有与其他组成部件相连接的功能接口。

3. RMS 重构形式示例

下面列举几则 RMS 不同结构重构形式。

（1）可重构制造单元　图 6-23 所示为一台由国内某企业针对盘类和短轴类汽车零件加工所开发的可重构自动化制造单元，是由一个基础模块和若干个加工模块、装夹模块以及物料搬运功能模块组成。根据所加工零件族群的结构特点，该制造单元以加工设备和工艺流程的可重构性为基础，以功能部件模块化为设计思想，通过对机床结构配置的调整和机床功能模块的增减，迅速重构成新的构型以适应加工对象或生产批量的变化。

保持重构后的精度、效率和敏捷性是该可重构制造单元设计的关键。经分析，该制造单元的主轴系统、进给系统以及床身基础部件是影响重构后的精度和可靠性的三个主要因素，为此该可重构制造单元将这三大部件作为一个互为依存、不可分割的基础模块进行设计，在制造单元结构重构时保持不变。此外，将加工、装夹以及物料搬运等部件作为功能模块，通过这些功能模块的变换和调整，重构成为所需的一个个新构型，以满足生产对象变化的需要。

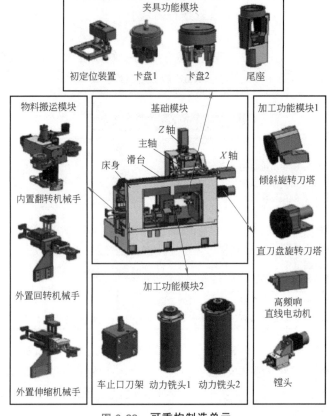

图 6-23　可重构制造单元

根据不同加工对象和工艺要求，在上述基础模块上配置不同的加工模块以及装夹功能模块，便构成一台台功能不同的可重构制造单元。也可通过全自动柔性的物流传输系统，可将这些可重构制造单元连成一条条自动生产线。如图 6-24 所示的用于活塞加工的可重构自动生产线，即为由一台台可重构制造单元组建而成。该生产线工艺先进，功能完善，制造成本仅相当于功能类似生产线的 1/3，其设备数量由原有生产线 17~20 台减少到 6 台，在线工人数由 11~13 人/班减少到 2~3 人/班，从毛坯投入到成品产出时间由原来的 3 天缩短到 3~

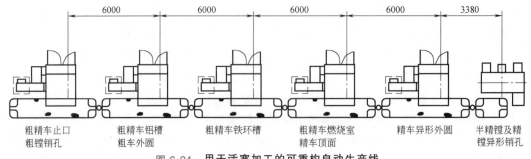

图 6-24　用于活塞加工的可重构自动生产线

5h，大大提高了劳动生产率，降低了投入成本。

（2）RMS 生产能力缩放性重构 若现有一条 RMS，当市场需求超过该 RMS 最大生产能力或该 RMS 生产能力具有较大冗余时，需要对 RMS 进行缩放性重构，即通过增减系统中的相关设备以满足对 RMS 生产能力的需求。RMS 缩放重构后的新构型应在原有构型基础上产生，重构后的工艺路线必须充分利用原系统中的设备，使新、老构型间的差异尽可能小，以减少投资及缩短重构时间。

如图 6-25 所示，RMS 生产能力缩放性重构有两种基本方法：一是在系统的瓶颈工序并联同样的设备，以增加该工序设备的生产能力；二是将瓶颈工序进行分解，细分为多个串联工序，以此提高瓶颈工序的生产能力。

这种缩放性重构过程，需注意地域（或车间）面积的限制，待并联或串联设备的数目不应超越其地域宽度 H 或长度 L 的约束范围。

（3）可重构机床模型 图 6-26 所示为美国密歇根大学提出的可重构机床模型。在该模型中，通过调整机床组成部件的位置及方位以实现新的机床构型，满足不同服务对象的加工需求。这种可重构机床，其结构简洁、使用方便、造价低廉。

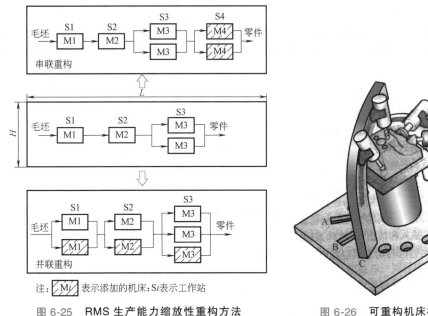

注：⬚Mi⬚表示添加的机床；Si表示工作站

图 6-25 RMS 生产能力缩放性重构方法

图 6-26 可重构机床模型结构

本章小结

先进制造模式是在企业生产过程中，依据不同的制造环境，通过有效组织各种生产要素达到良好效果的一种先进生产方法。当前流行的先进制造模式有计算机集成制造（CIM）、并行工程（CE）、精益生产（LP）、敏捷制造（AM）、可重构制造系统（RMS）、智能制造（IM）、绿色制造等，这些先进制造模式的一个共同特征是拥有高素质的人员、不断创新的组织和广泛应用的先进制造技术。

计算机集成制造（CIM）是综合应用现代管理技术、制造技术、信息技术、自动化技术以及系统工程等技术，将企业生产过程中有关人、技术和经营管理三要素进行有效的集成，以保证企业内的工作流、物质流和信息流畅通无阻。也可将 CIM 直接理解为"企业的信息集成"。

并行工程（CE）是将时间上先后的知识处理和作业实施过程转变为同时考虑并尽可能同时处理的一种作业方式，要求将设计、工艺、制造、销售、服务等不同专业人员以开发团队协同作业方法进行产品及其相关过程的设计。

精益生产（LP）是运用多种现代管理方法和手段，以彻底消除无效劳动和浪费为目标，以社会需求为依托，以充分发挥人的作用为根本，少投入、多产出，有效配置和合理使用企业资源，为企业谋求最大经济效益的一种生产模式。

敏捷制造（AM）强调"竞争-合作-协同"机制，通过动态企业联盟、以扁平化的组织结构、先进制造技术和高素质的敏捷员工，快速响应客户需求，及时开发新产品投放市场，以赢得企业竞争的优势。

可重构制造系统（RMS）可通过系统构件自身的变化、数量的增减以及构件间联系变换等方式动态地改变其构型，能够根据市场需求调整其生产过程、生产功能和生产能力，以较短重构周期、较低重构成本，获得高的生产柔性和经济效益。

思考题

6.1　何谓先进制造模式？当前流行哪些先进制造模式？这些先进制造模式中包含哪些企业管理新理念？

6.2　分析 CIMS 的结构组成和各分系统的功能作用。

6.3　阐述 CIMS 的递阶控制结构以及各控制层次的系统功能和特征。

6.4　指出并行工程的设计方法与传统设计方法的区别。

6.5　分析并行工程的运行模式和功能特点。

6.6　何谓精益生产？分析精益生产的思维特点和目标。

6.7　分析精益生产屋的结构组成以及各个组成结构的功能作用。

6.8　精益生产是如何进行生产组织与管理的？

6.9　分析 JIT（准时生产）基本思想，JIT 是如何利用看板进行生产的控制与管理？

6.10　什么是敏捷制造？敏捷制造企业与传统制造企业有何区别？

6.11　从五视图模型分析敏捷制造的体系结构。

6.12　何谓动态联盟？分析动态联盟公司的生命周期及优势。

6.13　敏捷制造企业如何以"扁平式组织结构"进行生产管理，有何优势和特征？

6.14　何谓虚拟制造？分析虚拟制造的功能特征。

6.15　什么是可重构制造系统 RMS？它与刚性制造系统（DMS）和柔性制造系统（FMS）有何区别？

6.16　应用已学习掌握的专业知识，能否自己构思一个可重构机床或可重构自动化制造系统的组成结构？

第 **7** 章

智能制造

进入 21 世纪以来，随着科学技术的迅猛发展，新一代信息技术与制造技术的融合引领了以数字化和网络化为特征的制造业变革的新浪潮。在全球制造业面临新一轮技术革命背景下，世界经济大国纷纷提出了各自的发展战略，如德国"工业 4.0"、美国"工业互联网"、英国"工业 2050"、日本"无人化工厂"以及我国"中国制造 2025"等。这些国家级的制造业发展战略与规划均包含"智能制造"这一共同目标，旨在通过互联网与工业技术的融合，打造一个万物互联、信息深度挖掘的智能世界。

智能制造是一种崭新的制造模式，是当前制造业的一个研究热点，无论最终以何种形式展现在人们面前，均标志着当前制造业已迈进一个智能制造的新时代。

内容要点：

本章在介绍智能制造的内涵、目标与技术特征基础上，侧重讲述了智能制造的技术体系与基本范式，并对智能制造所涉及的云计算、大数据、物联网和数字孪生等使能技术的概念、架构以及运行机制进行了分析。

7.1 ■ 智能制造概述

7.1.1　智能制造的内涵

20 世纪 80 年代，随着人工智能技术引入制造领域，导致了智能制造（Intelligent Manufacturing，IM）新型制造模式的诞生。

经历二十多年缓慢的推进，尤其最近十多年，由于以云计算、物联网和大数据为代表的新一代信息技术与制造业的融合，使智能制造技术得到爆发性的发展。世界各国纷纷将智能制造作为重振和发展制造业的主要抓手，如"工业 4.0"强调智能生产和智能工厂，"工业互联网"强调智能装备、智能系统和智能决策三要素的整合，"中国制造 2025"将智能制造作为信息化与工业化两化深度融合的主攻方向。与此同时，智能制造的内涵也在不断地拓展和延伸，其中人工智能的成分在弱化，而信息技术、网络互联等概念不断被强化。智能制造的范围也得到不断扩展：在横向，从传统制造环节延伸到产品全生命周期；在纵向，从制造装备延伸到制造车间、制造企业甚至企业的生态系统。

目前，国内的权威专家将智能制造定义为："智能制造是面向产品的全生命周期，以新一代信息技术为基础，以制造系统为载体，在其关键环节或过程具有一定自主性的感知、学习、分析、决策、通信和协调控制能力，能动态地适应制造环境的变化，从而实现预定的优化目标"。

上述智能制造的定义包括如下内涵：

1）智能制造是面向产品全生命周期而非狭义的加工生产环节，产品是智能制造的目标对象。

2）智能制造以云计算、物联网、大数据等新一代信息技术为基础，是泛在感知条件下的信息化制造。

3）智能制造的载体是不同层次的制造系统（图 7-1），制造系统的构成包括目标产品、制造资源、制造活动以及企业运营管理模式。

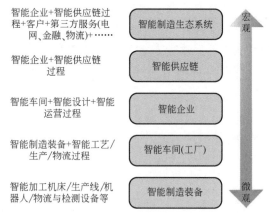

图 7-1　不同层次的制造系统

4）智能制造技术的应用是针对制造系统的关键环节或过程，而不一定是其全部。

5）"智能"的制造系统，必须具备一定自主性的感知、学习、分析、决策、通信与协调控制能力，以有别于"自动化制造系统"和"数字化制造系统"；同时"能动态地适应制造环境的变化"，以区别仅具有"优化计算"能力的系统。

7.1.2　智能制造的目标

随着智能制造内涵的扩展，智能制造的目标也由原来"在没有人干预状态下进行小批量生产"狭义目标拓展为如下广义性目标。

1）满足客户个性化定制需求。产品的个性化来源于客户多样化与动态变化的定制需求，企业必须具备提供个性化产品的能力，才能在激烈竞争市场中求得生存。智能制造可以从多个方面为个性化产品生产提供支持，通过智能化设计手段以缩短产品的研制周期，通过智能化制造装备以提高生产的柔性，以适应单件、小批量生产模式等。

2）实现复杂零件的高品质制造。许多行业有较多结构复杂、加工质量要求非常高的零件，若用传统方法加工，其加工变形难以控制，质量的一致性也难以保证。采用智能制造技术，可在线监测加工过程中的力-热-变形场的分布特点，实时掌握加工中的工况时变规律，并根据工况的变化及时进行决策，使制造装备自律运行，可显著提升复杂零件的加工质量。

3）保证高效率，实现制造的可持续性。可持续制造是制造业的必然要求，其首要考虑因素为能源消耗和原材料消耗。据资料报道，制造业能源消耗占全球总能耗的33%，CO_2排放占到38%。以我国机械加工业为例，我国机床保有量世界第一，约为800多万台，若每台机床额定功率以平均5~10千瓦计算，我国机床装备总额定功率为（4000~8000）万千瓦，相当于三峡电站总装机容量2250万千瓦的1.8~3.6倍，可见其能耗巨大。智能制造可有力支持高效、可持续性制造，通过传感设备可实时掌控能源的利用状态，通过对能耗进行智能优化与调度可获得最佳的生产方案，可大大提高能源的利用效率。

4）提升产品价值，拓展产品价值链。产品的价值体现在产品全生命周期"研发—制造—服务"的每一个环节，其中制造过程的利润空间通常较低，而研发与服务阶段的利润较高。智能制造有助于企业拓展价值空间，通过产品智能设计技术，实现产品智能化升级和创新，以提升产品价值。也可通过产品个性化定制、产品使用过程中的在线实时监控、远程故障诊断等智能服务手段，创造产品的新价值，拓展产品价值链。

7.1.3　智能制造的系统特征

在当前制造全球化、产品个性化、"互联网+制造"的大背景下，智能制造体现出如下的系统特征。

（1）**大系统**　所谓大系统，即具有大型性、复杂性、动态性、不确定性、人为因素性、等级层次性等基本特征。显然，智能制造系统完全符合这种大系统特征：全球分散化制造，任何企业或个人都可以参与产品的设计、制造与服务；通过工业互联网，将智能工厂、智能交通物流、智能电网联系起来，大量的数据被采集并送至工业云进行分析处理与应用等。为了更好地分析这种大系统的特性和演化规律，需要采用复杂性科学、大系统理论、大数据分析等理论方法。

（2）**"感知→分析→决策→执行与反馈"的信息大闭环**　制造系统中的每一项智能活动均具有这种信息大循环特征。以智能设计为例，其中的"感知"即深入市场了解客户对产品功能、结构与性能等意见，并通过服务大数据，掌握客户个性化需求；"分析"即分析各类有关产品数据并建立产品的设计目标；"决策"即进行产品智能优化设计；"执行与反馈"即通过产品制造、使用和服务过程，使设计结果变为现实可用的产品，并向设计者提供改进完善的信息反馈。

（3）**系统进化和自学习**　智能制造系统能够通过感知、分析外部信息，主动调整系统结构和运行参数，不断完善自我，动态适应环境的变化。在系统结构方面，从车间、工厂的重构到企业合作联盟重组，通过自学习、自组织功能，可使制造系统的结构按其需要进行调整，以实现最佳资源组合及高效产出的目标。

（4）集中智能与群体智能结合　智能制造系统是一个信息物理系统（CPS），拥有 CPS 物理实体所具有的智能，既能自律地工作又能与其他实体进行通信与协作，充分体现了集中智能与群体智能融合的思想，具有自组织、自协调、自决策等特征。

（5）人与机器的融合　智能制造是一种人机一体化的智能工作模式，一方面可突出人在制造系统中的核心地位，同时在智能机器的配合下，可更好地发挥出人的潜能，表现出人与机器一种平等共事、相互"理解"、相互协作的关系，使两者在不同的层次上各显其能，相辅相成。因此，在智能制造中，高素质、高智能的人将发挥更好的作用，机器智能和人的智能将真正融合为一体。

（6）虚拟与现实的融合　智能制造蕴含着由实际制造系统所表现的现实世界和由数字模型、状态信息和控制信息所构成的虚拟世界，两个世界深度融合、不分彼此。在实际系统使用或运行之前，可在虚拟世界中对系统功能和性能得到完全的验证；在实际系统使用或运行过程中，在虚拟环境下可动态、逼真地呈现实际系统的实时状态。

7.2 ■ 智能制造技术体系

智能制造的载体是制造系统，包括设计、生产、服务以及制造装备等各个环节。为此，可将智能制造技术结构体系看作是由智能设计、智能装备与工艺、智能生产和智能服务等主要功能模块组成，并由智能制造使能技术为其提供技术支撑，如图 7-2 所示。

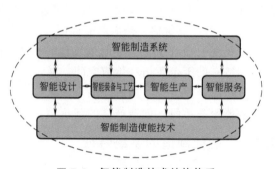

图 7-2　智能制造技术结构体系

7.2.1　智能设计技术

产品设计是产品形成的创造性过程，是带有创新特性的个体或群体的活动，将智能技术应用于产品设计环节可使产品设计创新得到质的提升。为此，智能设计体现为如下的设计技术。

（1）设计需求获取技术　设计的感知来源于客户需求，如何在产品设计时有效获取客户需求是保证产品有效设计的前提。信息技术的飞速发展使设计需求超越了客户调查的传统范畴，呈现为广泛存在产品生命周期中多样化的数据信息源，它可来自互联网的客户评价、服务商的协商调研、设计伙伴的信息交互以及产品性能数据的实时在线反馈等。现有流行的大数据分析、智能聚类分析、云计算、机器学习、数据挖掘等众多智能设计技术与方法，可在多源海量数据中搜寻与分析所隐含的设计需求，使设计概念的创新提升至一个新的层次。

（2）设计概念智能创成技术　如何将已获取的产品设计需求转化为概念产品是设计智能的实际体现和具体化过程，人工智能方法的运用将使这一过程更具智能化和科学化。基于规则、基于案例、基于模型等各种基于知识的理论，与产品设计概念形成原理相结合，可实现设计概念的智能创成。随着互联网的发展与普及，知识资源以及设计服务的共享，将成为设计知识再利用的有效途径。支持多创客群体实时交互、基于群体智能机制的实时协同创新平台，将成为设计概念创成的支持手段。

(3) 基于模拟仿真的智能设计技术　由设计概念发展为具体产品，需要对产品性能进行具体量化实现。随着高性能计算技术的发展，产品设计越来越倾向于使用高性能仿真来替代昂贵的物理性能实验，在节约成本的同时可大幅度缩短产品研制周期。基于计算机数字模型的模拟仿真已成为产品设计必不可少的手段，仿真的层次也从宏观逐步递进到介观及微观层次。面对多维度、极复杂设计空间的实际系统，多学科优化技术已成为处理复杂设计系统性能优化的有效方法。通过探索和利用系统中相互作用的协同机制，利用多学科的目标耦合和协调计算方法来构建系统智能优化策略，可望在较短时间内能够获取系统整体性能的最优。

(4) 面向"性能优先"的智能设计技术　传统产品设计体现为"工艺优先"，即在产品设计时首先要保证工艺的可行性，然后再对产品性能进行优化。随着以 3D 打印技术为代表的新型工艺技术的发展，"如何实现"的局限性已不再是不可逾越的障碍，从而形成了"性能优先"的设计。拓扑优化技术为产品的"性能优先"设计提供了有力的智能解决手段。拓扑优化是一种根据给定的约束条件和性能指标，在给定的区域内对材料分布进行优化的灵活布局方式，使设计者可跨越工艺的限制，去追求极致的设计性能，以达到传统设计无法企及的产品性能水平。

7.2.2　智能装备与工艺技术

制造装备是工业的基础，制造装备的智能化是未来发展的必然趋势。智能装备核心思想可表现为：能够对自身和加工过程进行自感知，对与装备自身、加工状态、工件材料以及与环境有关的信息进行自分析，根据加工对象要求与实时动态信息进行自决策，依据决策指令进行自执行，通过"感知→分析→决策→执行与反馈"大闭环过程，不断提升制造装备的性能及其适应能力，使加工过程从"控形"向"控性"方向发展，实现高效、高品质和安全可靠的加工。"数字装备与工艺"与"智能装备与工艺"主要特征比较见表 7-1。

表 7-1　"数字装备与工艺"与"智能装备与工艺"主要特征比较

数字装备与工艺	智能装备与工艺
数控机床按照预先给定的指令进行加工	智能机床设备能够自动采集工况信息，根据实时状态优化调整加工参数，能够自律执行
工业机器人在固定位置按照预先设定的程序自动进行重复式工作	智能机器人和人协同工作，其位置不再固定，行为不再预设，能够自适应环境变化
制造工艺的验证基本在物理环境中完成	在虚拟环境或者虚实结合环境下完成制造工艺的验证

智能装备与工艺的关键技术主要有：

(1) 工况自检测　在零件加工过程中，通过对切削力、夹持力、切削温度、刀具热变形、刀具磨损、主轴振动等一系列物理量以及由于刀具-工件-夹具间的热力学行为所产生的应力应变进行高精度在线检测，为工艺知识自学习和制造过程自主决策提供支撑。

(2) 工艺知识自学习　通过对检测所获取的加工过程动态参数、时变工况与工件品质之间映射关系的分析，建立联想记忆知识模板，应用工艺知识自主学习理论实现基于模板的知识积累和工艺模型的自适应进化，将已学习获取的工艺知识存储于工艺知识库，为制造过程的自主决策提供支撑。

(3) 制造过程自主决策以及制造装备自律执行 智能装备的控制系统具有面向实际工况的智能决策与加工过程自适应调控的能力。通过将工艺知识融入装备控制系统的决策单元，系统将在线检测及识别加工状态，根据已有的工艺知识对加工参数进行在线优化，并生成加工过程的控制决策指令，对主轴转速、进给速度、夹具预紧力、导轨运动界面阻尼特性等工艺参数进行实时调控，以使制造装备所承受的切削力、切削温度、工件变形以及系统颤振等均处于最佳工作状态。

7.2.3 智能生产技术

智能生产是将智能技术引入制造系统，以实现生产资源的最优配置、生产任务和物流的实时优化调度、生产过程精细化管理和决策，主要体现为如下几个方面：

(1) 智能生产的适应性技术 面对制造企业越来越复杂的生产环境，智能生产须具有对系统资源和系统结构快速调整和重组的能力，通过柔性化工艺、混流生产规划与控制、动态计划与调度等途径，能够主动适应生产环境的变化。

在跨企业层面，企业动态联盟与虚拟结构组织是制造系统适应性的一种表现；在企业内部，通过客户化大规模定制与平台化产品变型设计以满足产品以及制造系统的适应性要求；相应地，在生产加工车间，采取基于混流路径的动态规划以及制造执行过程智能化管控等途径，实现多品种混流生产；在生产过程中，可通过"智能计划—智能感知—决策指挥—协调控制"的闭环管控流程来提高智能生产的适应性；在动态混流生产中，可采用基于约束管理的推拉结合的生产控制技术，以解决由于产品品种差异以及数量比例的波动所造成的生产能力不平衡问题。

(2) 智能生产的动态调度技术 智能动态调度将涉及如下技术内容：

1) 智能数据采集技术。利用智能传感器建立车间层的传感网络，自动获取生产现场的设备工况参数（温升、转速、能耗）和生产过程数据（物料数据、质量数据、成本数据、计划数据）等各种信息。

2) 智能数据挖掘技术。对所采集的海量数据进行实时处理、分析和挖掘，并以可视化形式向用户提供个性化的数据分析结果。

3) 智能动态调度技术。根据现场数据分析结果，对生产任务、设备、物流以及人员进行调整，尽可能在现有约束条件下满足生产的需求，对环境的变化快速做出响应，并提出最佳的应对方案。

4) 人机一体化技术。人机一体化主要是突出人在制造系统中的核心地位，并在智能机器的配合下更好地发挥出人的潜能，使人机之间表现出一种平等共事、相互理解的协作关系，在不同层面上各显其能、相辅相成。

(3) 智能生产的预测性制造技术 制造系统结构复杂且处于动态多变的工作环境，各种异常事件都可能随机发生，包括可见的（如设备停机、质量超差等）和不可见（如设备性能衰退、过程失控等）的异常事件。通常对异常事件处理策略为事后处理，往往在问题暴露后再采取相应的处理措施。智能预测性制造是通过物联网或工业互联网实时获取生产过程各种状态数据，通过对实时数据的分析和训练建立相应的生产预测模型，通过预测模型和实时状态数据对系统未来状态以及可能发生的异常事件进行预测。智能预测性技术涉及如下技术内容：

1）多变量统计过程控制。通过对生产过程中的产品尺寸、缺陷特性等有关产品质量的关键特征以及设备、刀具、夹具等系统状态参数的检测监控，应用数学统计法则及模式识别等手段，对生产信息的偏移发出报警，并分析产生异常或失控的原因。

2）设备预防性维护。系统设备失效是连续劣化和随机冲击共同作用的结果，可通过设备运行与维护的大量历史数据建立设备可靠性失效模型，基于该模型分析评估设备继续服役的风险，预测设备的剩余寿命，决策设备的维护时机和维护方式。

3）生产系统性能预测。可通过回归分析、神经网络、时间序列等分析方法建立生产系统性能预测模型，可将系统实时状态数据作为该预测模型的输入，将其预测结果用于生产计划的制订和生产过程的动态调整。

7.2.4　智能服务技术

智能服务是通过泛在感知、系统集成、互联互通、信息融合等信息技术手段，将工业大数据分析技术应用于生产管理服务和产品售后服务环节，实现科学的管理决策，以提升供应链的运行及能源利用的效率。

（1）**智能物流与供应链管理技术**　成本控制、可视性技术、风险管理、客户亲密度和全球化是现今供应链管理面临的五大问题，可通过如下智能化技术为高效供应链体系的建设与运作提供支持。

1）自动化、柔性化和网络化物流技术。建立物流信息化系统，为物流设备配置自动化、柔性化和网络化的物流设施和装备，并采用电子标签、RFID（无线射频识别）等物联网技术，实现流动物流的定位、跟踪与控制。

2）全球供应链集成与协同技术。通过工业互联网实现供应链的全面互联互通，包括普通客户、供应商、IT 系统、产品以及供应链监控智能工具等，建立智能化的物流管理系统和畅通的物流信息链，有效对供应链进行监督和配置，实现供应链资源、物流效果与物流目标的优化协调和配合。

3）供应链管理职能决策技术。通过先进的分析和建模技术，帮助决策者更好地分析极其复杂多变的风险与制约因素，评估各种备选方案，甚至自动制定决策，从而提高供应链响应速度，减少人为干预。

（2）**智能能源管理技术**　减少单位产品的能耗、实现可持续生产，是智能制造的重要目标。智能能源管理通过对所有生产环节的跟踪管理和持续改进，不断优化重点环节的节能水平，构建智能化的能源管理体系，实现生产和消费全过程的能源监控、预测和节能优化，其主要关键技术有：

1）通过能源综合检测技术，实现对主要环节、重点设备能源消耗的可视化管理。

2）通过生产与能耗预测技术，实现全流程生产与能耗的系统优化。

3）对能源供给、调配、转换和使用等重点环节进行节能优化。

（3）**产品智能服务技术**　针对制造业特点，建立高效、安全的智能服务系统，实现与客户实时、智能化互动，为企业提供增值服务，其主要关键技术有：

1）应用云服务平台，对产品（或装备）运行数据及用户使用习惯数据等进行采集、处理与分析。

2）以服务应用软件为载体，应用大数据、移动互联网等技术，为用户提供在线监测、故障预测与诊断、健康状态评价等增值服务，并自动生成产品运行与应用状态的报告，以提高产品服务质量。

7.3 ■ 智能制造三个基本范式

智能制造是一个广义的概念，贯穿于产品设计、制造、服务等全生命周期的各个环节。近20~30年来，面对智能制造涌现出众多的新技术、新理念和新模式，诸如计算机集成制造、敏捷制造、数字化制造、网络化制造、云制造等。为了厘清智能制造概念及其技术路线，中国工程院周济院士在第六届智能制造国际会议（2018）报告中提出了智能制造发展的三个基本范式，即：数字化制造（第一代智能制造）、"数字化+网络化"制造（第二代智能制造）以及"数字化+网络化+智能化"制造（新一代智能制造）。

7.3.1　数字化制造

数字化制造是智能制造的第一基本范式，也称为第一代智能制造。数字化是智能制造的基础，贯穿于智能制造三个范式的全过程。国际社会通常认为，数字化制造就是智能制造。20世纪80年代，以计算机数字控制为代表的数字化技术广泛应用于制造业，在制造业形成了"数字一代"创新产品和以计算机集成制造系统（CIMS）为标志的制造企业信息集成的解决方案，有力推动了我国企业制造数字化的进程。但必须认识到，我国大多数企业以及广大中小企业还没有完成制造数字化转型，为此我国在推进智能制造进程中必须先补好数字化制造这一课，以夯实智能制造的发展基础。

如图7-3a所示，传统制造系统是由人和物理系统两部分组成，是通过人对物理系统的直接操作完成制造系统的各种生产任务。制造系统的相关感知、分析决策以及学习认知等功能均由操作者承担，物理系统所担负的作用是帮助人完成大量机械式的体力劳动。这种传统制造系统模式可以用"人-物理系统（HPS）"简图表示，如图7-3b所示。

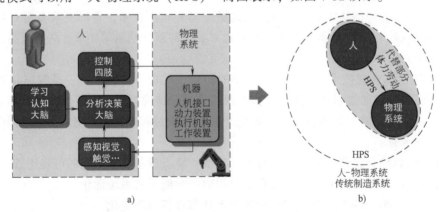

图7-3　传统制造系统（人-物理系统，HPS）

数字化制造是在人与物理系统HPS之间增加了一个信息系统，承担着人的部分感知、分析和决策等功能，借助于该信息系统由人来操作控制物理系统，如图7-4所示。为此，制造系统便由传统制造"人-物理系统（HPS）"演变为数字化制造的"人-信息-物理系统（HCPS1.0）"。相对于HPS而言，HCPS1.0最基本变化就是增加了一个信息系统，由原有的二元系统进化为三元系统。在"人-信息-物理系统（HCPS1.0）"环境下，信息系统不仅可替代人的部分脑力劳动，而且在信息系统作用下物理系统能够帮助人承担更多、更好的体力劳动。

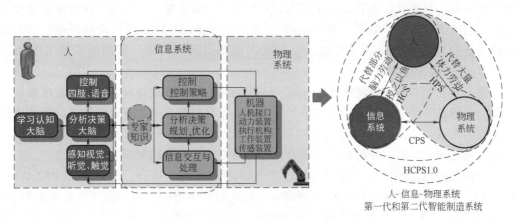

图 7-4　人-信息-物理系统（HCPS1.0）

7.3.2　数字化网络化制造

"数字化+网络化"制造是智能制造的第二基本范式，也称为第二代智能制造。20 世纪末，互联网技术得到广泛运用，"互联网+"不断推进着制造业和互联网的融合发展，通过网络技术将人、数据和实物有效连接起来，使企业内以及企业间的各种资源得到有效的集成和共享，重塑了制造业的价值链，推动着制造业从数字化制造范式向"数字化+网络化"制造范式的转变。

国际上，德国"工业 4.0"和美国"工业互联网"也都阐述了"数字化+网络化"制造范式，各自提出了实现"数字化+网络化"制造的技术路线。

对于"数字化+网络化"制造范式，我国一批数字化制造基础较好的企业，成功地完成了由数字化制造到"数字化+网络化"制造的转型。大量原来尚未完成数字化制造的企业，则采用并行推进的技术路线，在进行数字化制造补课的同时，跨越到"数字化+网络化"制造阶段。智能制造第二范式是我国当前推进智能制造的重点方向。

在智能制造第二范式的 HCPS1.0 模型中（图 7-4），CPS 是其中的一个非常重要的组成部分，在计算机网络环境下通过 3C（Computer、Communication、Control）技术的有机融合与深度协作，可实现实时感知、动态控制和信息服务，可使系统具有计算通信、精确控制、远程协作和自治管理的功能。通过 CPS 可将生产制造过程的物理世界与信息系统中的虚拟世界建立交互融合关系，使制造系统中人员、信息和硬件设备相互间进行实时连通、相互识别和有效交流，以一个高度灵活的"数字化+网络化"的智能制造模式组织企业的生产与管理。

7.3.3　数字化网络化智能化制造

"数字化+网络化+智能化"制造是智能制造的第三基本范式，又称为新一代智能制造。近年来，随着人工智能技术的加速发展，先进制造技术与新一代人工智能技术的深度融合，形成了新一代智能制造。

新一代智能制造的主要特征表现在制造系统具有"认知"和"学习"的能力。通过将深度学习、增强学习等技术应用于制造领域，使智能制造中的知识产生、获取、运用和继承的效能发生革命性变化，显著提高了智能制造的创新与服务能力，使新一代智能制造成为真正意义上的智能制造。如果说"数字化+网络化"制造是新一轮工业革命的开始，那么新一代智能制造的突破和广泛应用将推动这一轮工业革命进入高潮，引领真正意义上的工业4.0，实现第四次工业革命。

与第一代和第二代智能制造比较，新一代智能制造的最本质特征就是信息系统发生了重大变化，在信息系统中增加了认知和学习的功能。原有信息系统主要有感知、分析、决策和控制功能，通过将"人"所拥有的认知和学习的部分功能融入信息系统，使信息系统不仅具有强大的感知、计算、分析和控制能力，也具备了信息提升和知识生成的能力。

新一代智能制造的"人-信息-物理系统"的内涵也得到了提升，升级为HCPS2.0版本，如图7-5所示。在HCPS2.0中，已具有部分人的认知和学习的能力，拥有自成长型知识库，将原有HCPS1.0人和信息系统之间"授之以鱼"的关系转换为"授之以渔"的关系。在这新一代智能制造系统中，更加突出人的中心地位，通过人机深度融合，统筹协调人、信息系统和物理系统三者间关系，从本质上提高了制造系统处理复杂性、不确定性问题的能力，极大提高制造系统的性能，使制造质量和制造效率跃升到一个新水平，将人从更多的体力劳动和脑力劳动当中解脱出来，以便从事更具创造性的工作。

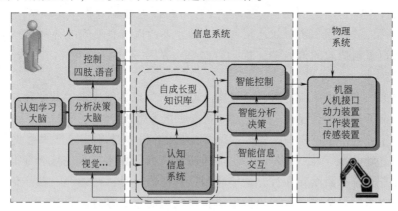

图7-5　新一代人-信息-物理系统（HCPS2.0）

综上所述，智能制造的三个基本范式描述了制造系统从传统制造进化到第一代智能制造、第二代智能制造，再到新一代智能制造，从"人-物理"二元系统发展到"人-信息-物理"三元系统，由"授之以鱼"演变为"授之以渔"发展演变过程（图7-6），揭示了智能制造发展的基本原理，也有效引领我国新一代智能制造的研究和实践。

在欧美发达国家，智能制造技术发展是沿着数字化、网络化、智能化顺序以串联方式推进的，在实现数字化制造之后再发展"数字化+网络化"制造，当"数字化+网络化"制造形成一定基础后开始部署与实施新一代智能制造。

针对我国大多数企业尚未完成数字化转型这一基本国情，需在完成"数字化制造"补课的同时，充分发挥后发优势，瞄准高端方向，坚持创新引领，积极利用互联网、大数据、人工智能等先进技术，加快研究、开发、推广和应用新一代智能制造技术，走出一条推进智

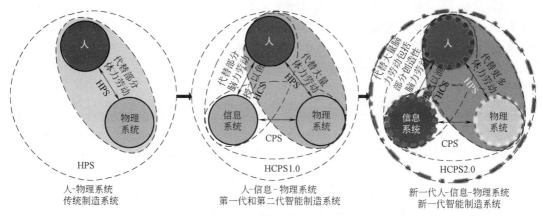

图 7-6　智能制造发展演变过程

能制造的新路，实现我国制造业的换道超车。

7.4 ■ 智能制造使能技术

　　智能制造使能技术是为智能制造基本要素（感知、分析、决策、通信、控制、执行等）的实现所提供基础支撑的共性技术，如云计算、大数据、物联网、人工智能、虚拟现实、数字孪生、智能传感与测量等。本节仅简要介绍与新一代信息技术关系较为密切的云计算、大数据、物联网、数字孪生几种智能制造使能技术。

7.4.1　云计算技术

1. 云计算概念

　　云计算（Cloud Computing，CC）是利用互联网实现随时、随地、按需、便捷地访问共享资源（如服务器、存储器、应用软件等）一种新型计算模式。通过云计算，用户可以根据其业务负载需求在互联网上申请或释放所需要的计算资源，并以按需付费方式支付所使用资源的费用，在提高服务质量的同时大大降低资源应用和维护的成本。

　　如图 7-7 所示，云计算通常是由资源提供者、资源使用者和云运营商三方组成。资源提供者将所拥有的服务资源通过云计算平台接入虚拟化服务云池；资源使用者根据应用需求，可通过云计算平台请求云计算服务；云运营者负责管理并经营

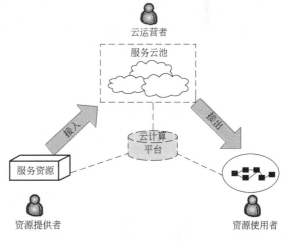

图 7-7　云计算模型

云池中的服务资源，根据资源使用者的请求将云池中的资源接出为资源使用者提供所需的资源服务。

通俗地说，云计算的"云"就是存在于互联网上的服务器集群资源，包括硬件资源和软件资源。使用者需要时可通过本地计算机向互联网云计算平台发送需求信息，在云端使若干计算机为你提供所需的资源服务，并将其服务结果再返回到本地计算机。这样，本地计算机几乎不需要做什么，所有的计算处理都在云端的计算机集群中完成。这样的云计算模式具有如下特征：

1）弹性服务。云计算所提供的服务规模可根据业务负载要求快速动态变化，所使用的资源与业务需求相一致，可避免因服务器过载或冗余而导致服务质量下降或资源的浪费。

2）资源云池化。云计算的资源是以共享资源云池的方式进行统一管理，资源的放置、管理与分配策略对用户透明。

3）按需服务。云计算以服务的形式为用户提供应用程序、数据存储、基础设施等应用资源，并根据用户的需求自动分配资源，而不需要系统管理员干预。

4）服务可计费。自动监控、管理用户的资源使用量，并根据实际使用资源多少进行服务计费。

5）泛在接入。用户可以利用各类终端设备（如 PC、智能终端、智能手机等）随时随地通过互联网访问云计算服务。

2. 云计算技术架构

云计算有不同的解决方案，其技术架构也各有差异。如图 7-8 所示的一种云计算技术架构，它由用户访问接口、服务管理模块以及核心服务模块三大模块组成。其中，用户访问接口模块是为用户提供云计算服务的访问终端接口；服务管理模块是为云计算提供管理支持，以保证云计算服务的可靠性、可用性与安全性；核心服务模块是将云计算的硬件基础设施、运行平台以及应用程序抽象成不同层次的服务，以满足多样化的用户应用需求，包括：

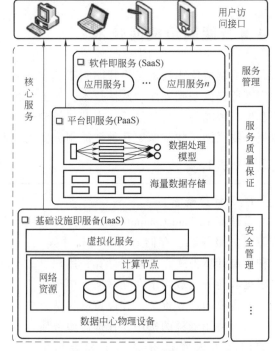

图 7-8　云计算技术架构

1）基础设施为服务（IaaS）。IaaS（Infrastructure as a Service）是将由多台服务器组成的云端基础设施作为一种服务提供给用户，用户可按需租用相应硬件实施的计算和存储能力，而不再需要自行配置硬件设备，大大降低了在硬件上的开销。

2）平台为服务（PaaS）。PaaS（Platform as a Service）是将云开发平台或环境作为一种服务，为用户提供了开发环境、服务器平台、应用服务器和数据库等，在该平台上用户可以进行应用开发、计算或试验等各种应用作业。

3）软件为服务（SaaS）。SaaS（Software as a Service）是将应用软件部署在云端服务器上，用户可根据需求订购应用软件服务，并按照所订软件的数量、时间长短进行付费，而无须在软硬件以及维护人员上花费资金。

3. 云计算关键技术

云计算目标是以低成本的方式提供高可靠、高可用、规模可伸缩的个性化服务。为此，需要解决资源的虚拟化、海量数据的存储、并行数据处理、资源管理与调度等若干关键技术。

(1) **虚拟化技术**　虚拟化是 IaaS 的重要组成部分，也是云计算的最重要特点。虚拟化技术是实现云计算资源池化和按需服务的基础。通过虚拟服务器可封装用户各自的运行环境，有效实现多用户分享数据中心资源。用户利用虚拟化技术，可配置私有的服务器，指定所需的 CPU 数目、内存容量、磁盘空间，实现资源的按需分配。通过虚拟化可将物理服务器拆分成若干虚拟服务器，以提高服务器的资源利用率，减少浪费，有助于服务器的负载均衡与节能。

(2) **海量数据存储技术**　云计算环境下海量数据的存储既要考虑存储系统的 I/O 性能，又要保证数据的可靠性、可用性和经济性。为此，云计算通常是采用分布式、冗余存储方式来存储海量的数据，即将一个大文件划分成若干固定大小（如 64MB）的数据块，分布存储在不同的计算节点上。为了保证数据可靠性，每一个数据块都保存有多个副本，所有文件和数据块副本的元数据由元数据管理节点管理。

(3) **数据处理与编程模型**　PaaS 平台不但要实现海量数据的存储，而且要提供面向海量数据的分析处理功能。由于 PaaS 平台部署于大规模硬件资源上，所以对海量数据的分析与处理需要一个抽象处理过程，并要求编程模型支持规模扩展、屏蔽底层细节并且简单有效。目前，云计算数据处理与编程大多采用（或基于）MapReduce 模型。MapReduce 是一种用于处理和产生大规模数据集的编程模型，是要求在其 Map 函数中指定各分块数据的处理过程，在 Reduce 函数中指定如何对分块数据处理的中间结果进行归约，然后进行分布式并行程序的编写，而不需要关心如何将输入文件的数据分块以及分配和调度等问题。

(4) **资源管理与调度技术**　海量数据处理平台的大规模性给资源管理与调度带来挑战。有效的资源管理与调度技术可以提高 PaaS 海量数据处理平台的性能，这将涉及副本的管理技术以及任务调度算法等相关技术。副本的管理机制是 PaaS 保证数据可靠性的基础，有效的副本管理策略不但可以降低数据丢失的风险，而且能优化作业完成时间。PaaS 海量数据处理平台的任务调度需要考虑网络带宽因素以及作业间的公平调度等问题。

4. 云制造系统

云制造（Cloud Manufacturing，CM）可看作为云计算技术的应用和拓展，是一种网络化、服务化的新型制造模式。它融合与发展了现有信息化制造技术及云计算、物联网、智能科学、高效能计算、大数据管理等新一代信息技术，将制造资源和制造能力虚拟化，构建制造服务云池，使用户通过终端和网络就能随时按需获取制造资源与能力服务，以完成其制造全生命周期的各类活动。

与云计算模型类似，云制造系统可由制造资源提供端、资源使用端以及云制造服务平台组成，如图 7-9 所示。制造资源提供端通过云制造服务平台提供相应的制造资源和制造能力服务，资源使用端可向云制造服务平台提出所需制造资源服务请求，服务平台根据用户请求提供相关的资源服务与管理。

云制造系统大大丰富、拓展了云计算所提供的资源共享与服务的内容。如图 7-10 所示，在共享资源方面，云制造系统除了共享计算资源之外，还可共享包括制造过程中的

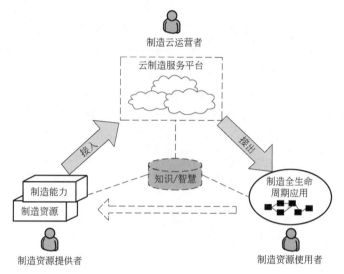

图 7-9　云制造系统概念模型

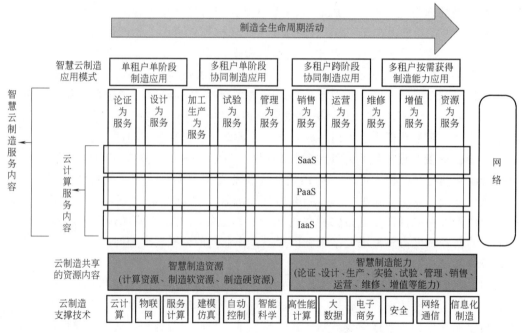

图 7-10　云制造服务内容与技术基础

各种模型、数据、软件、信息、知识等软制造资源以及数控机床、机器人、仿真实验设备等硬制造资源，此外还有制造过程中有关论证、设计、生产、管理、运营、维修、集成等制造能力。

在服务内容方面，云制造系统将云计算所提供的 IaaS、PaaS、SaaS 与制造全生命周期各个环节的服务进行相互交叉和融合。在产品设计、生产加工、仿真试验、经营管理等各个生产环节中，当需要计算基础实施时，能够提供诸如高性能计算集群、大规模存储等 IaaS 类服务；当需要特定计算平台支持时，能够提供诸如定制操作系统、中间件平台等 PaaS 类服务；当需要各类专业软件工具辅助制造时，能够提供诸如 SaaS 类服务。除此之外，云制造更重视制造全生命周期中所需要其他的服务，如论证为服务（AaaS）、设计为服务（DaaS）、生产加工为服务（FaaS）、试验为服务（EaaS）、管理为服务（MaaS）、运营为服务（OPaaS）、维护为服务（RaaS）、集成为服务（INaaS）等。

以云计算为基础的云制造系统，为制造业信息化提供了一种崭新的理念与模式，支持制造业在广泛的网络资源环境下，可为产品提供高附加值、低成本和全球化制造的服务，其未来具有较大的发展空间。

7.4.2　大数据技术

目前，人类社会已进入一个大数据时代，这大大拓展了人们的洞察能力与空间。为此，提高大数据的处理和分析能力已成为越来越多企业日益倚重的技术手段，以获得企业数据价值的最大化。

1. 大数据概念

什么是大数据？大数据可认为是其数据量超出常规数据工具的获取、存储、管理和分析能力的数据集，是蕴含海量信息的数据集合。由于大数据所包含的数据丰富度远超过普通数据集，促使了一批新兴的数据处理与分析方法出现，可使越来越多的新知识从大数据的金矿中被挖掘出来，以改变人们原有的生活、研究和经济模式。

大数据是工业 4.0 时代的一个重要特征。现代制造业的大数据兴起是由于下述因素而引发：①制造系统自动化产生了大量的数据，而这些数据所蕴藏的信息与价值未能得到充分的挖掘；②随着传感技术、检测技术和通信技术的发展，实时数据的获取成本已不再如先前那样昂贵；③嵌入式系统、低耗能半导体、处理器、云计算等技术的兴起使数据运算能力大幅提升，具备了大数据实时处理的能力；④制造系统流程越来越复杂，仅依靠人的经验和传统分析手段已无法满足系统管理和协同优化的需求。为此，随着科学技术的进步和现实的社会需求，迫使人们跟随进入了大数据时代。

大数据技术有着如下 "4V" 鲜明的特征。

——Volume（量），表示大数据的规模特征，尤其是非结构化数据呈超大规模的快速增长。

——Variety（多样化），大数据的数据类型多种多样，包括办公文档、图片、图像、音频、视频、XML 等结构化和非结构化的数据。

——Velocity（速度），表示大数据的产生与采集异常频繁、迅速，为此大数据处理应采用实时分析方法而非传统的批量分析方法。

——Veracity（真实性），大数据在采集和提炼过程常常伴随数据污染，因而需要避免或剔除 "病态" 或 "虚假" 信息，保持原始数据的真实性。

大数据与传统数据特征比较见表 7-2。

表 7-2　大数据与传统数据特征比较

特征	大　数　据	传　统　数　据
数据规模	常以 GB，甚至是 TB、PB 为基本处理单位	以 MB 为基本单位
数据类型	种类繁多，包括结构化、半结构化和非结构化数据	数据类型少，且以结构化数据为主

（续）

特征	大　数　据	传　统　数　据
数据模式	难以预先确定模式，数据出现后才能确定模式，且模式随着数据量的增长也在演化	模式固定，在已有模式基础上产生数据
数据对象	数据作为一种资源来辅助解决其他诸多领域问题	数据仅作为处理对象
处理工具	需要多种不同处理工具才能应对	一种或少数几种即可应对

大数据并不代表一定会产生数据的价值，这是由于大数据所蕴含的价值普遍存在"3B"问题，即"Below Surface（隐秘性）""Broken（碎片化）"和"Bad Quality（低质性）"。如何将大数据中所隐秘的、碎片化、低值的数据"金矿"挖掘出来，这就需要对大数据进行分析处理。

通常，大数据的分析处理是一个历经数据采集、数据预处理、数据存储、数据挖掘以及数据价值展示的过程。对于制造业而言，其数据源可能来自于企业内部或外部，有明确的数据需求，建立可靠的数据来源渠道，这是企业大数据发展战略的第一步；通过数据渠道所获得的原始数据，难免会存在数据缺陷和数据杂质，在进行数据存储和挖掘之前，需要对原始数据进行清洗或预处理，去粗存精，以最低成本存储最大性价比的数据资产；大数据存储，需要考虑海量数据的存取速度、不同形式的非结构化和半结构化数据类型以及数据库或数据仓库可扩展性等问题；数据挖掘是将数据资源转化为有价值资源的关键环节，是从海量数据中通过聚类、关联、归纳等手段推断其有效价值信息的过程；价值展现是大数据分析的最后一环，是将分析处理的价值结果通过可视化形式进行展现，使大数据分析者或用户更加明了理解其分析结论。

随着大数据时代的到来，给制造业带来新的发展机遇，通过对海量数据的挖掘与分析，可探索企业发展新策略，以提升企业市场响应能力。企业可利用大数据技术，整合来自研发、生产以及市场用户的各类数据，创建产品全生命周期管理平台（云端），将产品生产过程进行虚拟化、模型化处理，优化生产流程，保证企业各部门以同一的数据协同工作，提升企业运营效率，缩短产品的研发与上市时间。

2. 大数据处理技术架构

大数据处理技术正在改变着当前计算机传统数据处理模式。大数据技术能够处理几乎各种类型的海量数据，包括文档、微博、文章、电子邮件、音频、视频以及其他形态的数据。根据大数据处理的生命周期，其技术体系包括数据采集与预处理、数据存储与管理、计算模式与系统、数据分析与挖掘及大数据隐私与安全等各个方面，如图7-11所示。

（1）**数据采集与预处理**　大数据采集主要是从本地数据库、互联网、物联网等数据源导入数据，并进行数据的提取、转换和加载等处理过程。由于大数据的来源不一样，数据采集的技术体系也不尽相同，需要对所采集的数据进行过滤、清洗，去除相似、重复或不一致的数据，以大幅度降低后续存储和处理的压力。此外，在对原始数据进行预处理时，应能自动生成元数据并将其加载到数据仓库或数据集中，以作为联机分析处理和数据挖掘的基础。

（2）**数据存储与管理**　大数据存储需要满足PB甚至EB量级的数据存取，这对数据处理的实时性和有效性提出了更高要求，传统常规技术手段根本无法应付。此外，大数据存储

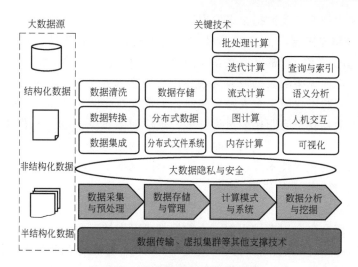

图 7-11　大数据处理技术架构

与其应用密切相关，需要为其应用提供高效的数据访问接口。传统的数据存储架构往往存在 I/O 接口瓶颈以及文件系统扩展性差等问题。目前，大数据存储普遍采用了分布式存储架构，使得计算与存储节点合一，消除了 I/O 接口瓶颈。此外，也有采用分布式文件系统结构、分布式缓存以及基于 MPP（大规模并行处理）架构的分布式数据库等，以应对大数据存储与管理的挑战。

（3）计算模式与系统　大数据分析处理要消耗大量的计算资源，这对分析计算速度以及计算成本都提出了更高的要求。并行计算是应对大计算量数值处理所采取的普遍做法。目前，广泛应用的大数据计算框架是由谷歌公司发布的分布式并行计算 MapReduce 架构模型以及 Apache 基金会发布的 Hadoop 模型。MapReduce 架构模型是由廉价而通用的普通服务器构成，通过添加服务器节点便可线性扩展系统的处理能力，在成本及可扩展性上具有巨大的优势。此外，MapReduce 模型还可满足"先存后处理"离线批量计算要求。然而，MapReduce 模型也存在时延过大的局限性，难以满足机器学习、迭代处理、流处理等实时计算任务要求。为此，业界在 MapReduce 基础上，提出了多种并行计算架构路线，针对"边到达边计算"的实时计算框架，可在一个时间窗口上对数据流进行在线实时分析。

（4）数据分析与挖掘　据统计，在人类所掌握的全部数据中仅有 1% 的数值型数据得到各行业的分析利用。目前，所开展的大数据应用也仅局限于结构化数据和网页、日志（log）等半结构化数据的简单分析，大量语音、图片、视频等非结构化数据仍然处于沉睡状态，尚未得到有效的利用。为此，亟待大数据分析与挖掘新技术的研究与开发。

所谓数据挖掘（Data Mining，DM）是通过对大量数据的分析获得新知识的过程。针对数据分析目的不同以及数据集基本特征的差异，数据挖掘所采用的具体方法也不尽相同。常用的数据挖掘方法有聚类分析、分类回归分析、时序分析、机器学习、专家系统、神经网络、人工智能等技术。

近年来，人们针对非结构化数据分析与挖掘技术的研究和开发，推出了一些具有较大应用价值的大数据分析与挖掘软件工具，譬如支持非结构化数据存储的 NoSQL 数据库、分布式并行计算的 MapReduce 和 Hadoop 软件平台以及种类繁多的数据可视化应用软件等，这些软件工具的推出大大加速了大数据技术发展进程。

（5）大数据隐私与安全　安全和隐私问题是当前大数据发展所面临的关键问题之一。在互联网上，人们的一言一行都掌握在互联网商家手中，包括购物习惯、好友联络、阅读习惯、检索习惯等，即使无害的数据被大量收集后，也会暴露个人的隐私。在大数据环境下，人们所面临的安全威胁不仅限于个人隐私泄露，大数据在存储、处理、传输等过程都将面临安全风险，与其他数据安全问题比较更为棘手，更应对数据安全和隐私保护问题加以重视。然而，在面对大数据安全问题挑战的同时，大数据也为信息安全领域带来了新的发展契机，基于大数据信息安全的相关技术反过来可以用于一般网络安全和隐私保护。

3. 大数据在智能制造中的应用

大数据在智能制造中有着广泛的应用前景，从市场信息获取、产品研发、制造运行、营销服务直至产品报废全生命周期进程中，大数据都可以发挥巨大的作用。

例如，大数据在设计领域，福特汽车公司内部的每个职能部门都配备专门的数据分析小组，同时还在硅谷设立了一个数据创新实验室，该实验室收集了大约 400 万辆装有车载传感设备的汽车数据，通过对这些数据的分析，工程师可以了解驾驶人在驾驶汽车时的感受、外部的环境变化以及汽车内环境相应的表现，从而可以将这类大数据用以车辆的操作性、能源的高效利用和车辆的排气质量等设计性能的改进与提高。

再如大数据在复杂生产过程优化的应用，针对复杂生产过程优化性能指标的预测需求，研究基于数据的生产优化模型建模方法，在特征分析和特征提取的基础上，通过订单、机器、工艺、计划等有关生产过程的历史数据和实时数据，采用类聚、分类回归等数据挖掘方法以及预测机制建立基于数据的生产性能指标优化模型，通过该模型求取生产优化参数，以获得复杂生产过程的最佳性能。

7.4.3　物联网技术

1. 物联网概念

什么是物联网？物联网的英文名为"Internet of Things"。顾名思义，物联网就是"物与物相连的互联网"。可进一步将其定义为："物联网是通过传感设备，按照约定的协议，可将任何物体与互联网连接起来，进行信息交换和通信，以实现智能化识别、定位、跟踪、监控和管理的一种网络"。

物联网的上述定义包含了两层含义：其一，物联网的核心仍然是互联网，是基于互联网延伸和扩展的一种网络；其二，物联网是将互联网的用户端延伸至任何物品，不仅可以实现人与人之间的通信，还可实现人与物、物与物之间的信息交换。也就是说，通过在不同物体上嵌入一种智能芯片，便可对该物体进行标识与感知，能够与互联网融为一体进行通信与管理，搭建一个无处不在的实时感知与控制的网络。

物联网描绘的是充满智能化的世界，在物联网世界里万物均可相连，使信息技术上升到一个新阶段，能够让整个物理世界变得更加智能。如果说计算机和互联网使人类社会进入信息世界，那么物联网将实现信息世界与物理世界的融合。

2. 物联网的基本特征

物联网具有如下的基本特征。

（1）全面感知　感知是物联网最根本、最精髓的目标。物联网上的每一件物品植入一

个 "能说会道" 的二维码、感应器等标志,利用射频识别(RFID)、传感器、定位器或阅读器等手段可随时随地对该物品进行信息采集和读取,使得这些冷冰冰、没有生命的物品变为 "有感受、有知觉" 的智能体。

(2)**可靠传递** 物联网通常是使用现有的因特网、有线网络或无线网络等各种电信网络,对所采集的感知信息进行有效处理和实时传送,实现信息的可靠交互和共享。

(3)**智能处理** 物联网是一种智能网络,通过对所采集的海量数据进行智能分析与处理,实现网络的智能化。物联网通过感应芯片和 RFID 技术,实时获取网络上各节点的最新位置、特征和状态,使得网络变得 "博闻广识"。人们可利用这些信息,开发出不同形式的智能软件系统,使网络能够与人一样 "聪明睿智",不仅可以眼观六路、耳听八方,还具有思考和联想的功能。

3. 物联网的体系结构

物联网的体系结构可以看成由感知层、网络层和应用层三层结构组成,如图 7-12 所示。

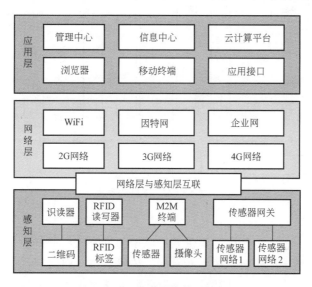

图 7-12 **物联网的体系结构**

(1)**感知层** 感知层的主要功能是信息感知与采集,通过二维码和识读器、RFID 标签和 RFID 读写器以及各种传感器(如温度传感器、声音传感器、振动传感器、压力传感器等)、摄像头、传感器网络等装置,实现物联网的信息感知、采集及控制实施。

(2)**网络层** 网络层担负感知层与应用层之间的数据传输和通信任务,通过不同的通信网络将感知层的信息进行上传,将应用层的管理和控制信息进行下载。网络层所使用的网络有因特网、企业网以及 2G、3G、4G 移动通信网等现行通信网络。

(3)**应用层** 应用层由各类应用服务器、用户终端以及应用接口组成。由物联网末梢节点所拾取的大量原始数据只有经过筛选、转换、分析处理后才有实际价值。为此,通过应用层的网络信息中心、智能处理中心、各类云计算平台等,可为用户提供不同需求的分析计算服务。此外,在应用层还提供大量物联网应用接口,用户可通过这些接口的信息适配、事件触发等功能从事各自的管理、调节以及控制等事务,若用户需要对网络某节点设备进行控制时,可根据适配或触发信息来完成对该节点控制指令的生成、下发等操作控制。

4. 物联网关键技术

（1）节点感知技术　节点感知是物联网的最基础技术，包括节点静态信息感知和动态信息感知。节点的静态信息包括节点标识、节点身份信息等，可通过条码、二维码、图像识别、磁卡识别、射频识别（RFID）等技术进行感知。近年来，RFID 技术发展迅速，其结构原理如图 7-13 所示，通常是由电子标签、阅读器以及射频天线组成。RFID 是通过无线射频技术完成其识别过程的，其原理为：当射频阅读器与射频电子标签运动到有效作用距离时，内置的射频天线接收到射频反馈信号，经身份确认后便由阅读器读取电子标签所存储的身份信息，并上传至计算机通信网络进行分析处理。RFID 技术具有快捷、方便、廉价等特点，可识别高速运动物体，可同时识别多个标签，现已在较多领域得到广泛使用。RFID 技术与互联网及其通信技术相配合，可实现全球范围内的物体跟踪与信息的共享。

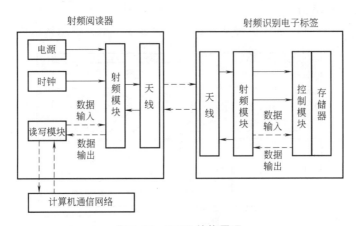

图 7-13　RFID 结构原理

传感器是采集物联网节点动态信息的有效工具，可用来采集节点处的热、力、光、电、声、位移等实时动态信息，为物联网提供大量原始的系统数据资料。普通传感器只能机械地完成信息采集任务，随着电子技术的不断发展，传感器正在向微型化、智能化方向发展。许多智能传感器得到实际应用，这些智能传感器除了能够完成信息采集任务之外，还能够对所采集的信息进行规范化、预处理等工作，大大降低了后续信息处理的压力和时间消耗。

（2）无线传感网络（WSN）　在物联网中，大量数据是由 WSN 收集的。WSN 是由一组传感器节点以自组织方式所构成的无线网络，其目的是协作感知、采集和处理网络覆盖区域内感知对象的信息，并将这些信息发布给用户或观察者。在硬件上，WSN 主要由数据采集单元、数据处理单元、无线数据收发单元以及小型电池单元组成，通常尺寸很小，具有低成本、低功耗、多功能等特点。在软件上，它借助节点传感器有效探测节点区域的电流、电压、压力、温度、湿度等物理参数和环境参数，并通过无线网络将探测信息传送到数据汇聚中心进行分析、处理和转发。与传统传感器和测控系统相比，WSN 采用点对点或点对多点的无线连接，大大减少了电缆成本，在传感器节点端即合并了 A/D 转换、数字信号处理和网络通信功能，系统性能与可靠性得到明显提升。然而，由于 WSN 自身小型化、微型化的特点，也带来了电源能量、通信能力以及存储能力的限制。

（3）异构网络的规约与通信　大规模的感知节点、电子标签终端等设备的接入，使得网络地址分配提高到 IPv6（互联网协议第 6 版）级别才能满足需求。此外，WSN、ZigBee

（低功耗局域网）、移动自组织网络、终端管理设备网等不同网络的通信方式需要有统一的联网机制，尤其近距离的通信规约问题更为突出。泛在网络的相互连接对物联网提出更高层次的要求，理想的 WSN 通信机制是不受时间、地域、传输格式的限制，易于实现人与人、人与物、物与物之间的通信。

（4）数据融合与计算处理技术　高质量的数据来源能够有效减少存储空间的占用和分析强度，提高系统管理与终端控制的效率。由物联网节点设备所采集的数据规模庞大、冗余，要求在数据预处理阶段对明显的错误数据和冗余数据进行清洗、过滤，以降低数据的规模。可采用分级处理策略对大量非结构化数据进行分层过滤、分类重组，通过智能分析处理方法以提取有价值的数据信息。可应用开放式数据管理平台统一管理各类数据，以提高数据管理效率和数据的兼容与融合。

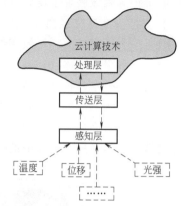

图 7-14　云计算技术对物联网数据处理框架

根据实际需要对所获取的数据进行有效的分析计算，应用计算结果去控制相关终端设备的实时状态是物联网的核心目标。从感知层采集得到的数据往往呈现时变、高速、量大的特点，加之历史数据的积累，使得分析计算量庞大、沉重。单一计算机无法胜任，需要借助大型机或分布式计算、云计算技术加以解决。物联网的发展需要云计算技术的支撑，应用云计算技术可有效降低物联网资源的投入和运行成本，如图 7-14 所示。

7.4.4　数字孪生技术

1. 数字孪生概念的提出与发展

数字孪生（Digital Twins，DT）又称数字双胞胎，其概念最初是由 Grieves 教授于 2003 年在美国密歇根大学的产品全生命周期管理课程上提出，但由于当时技术与认知上的局限并未引起重视。直至 2011 年美国空军研究实验室（AFRL）与美国国家航空航天局（NASA）合作，提出构建一种高度集成的未来飞行器数字孪生模型，该模型充分利用飞行器的物理模型、传感器数据和历史数据以刻画该飞行器全生命周期的功能、状态与演变趋势，实现对飞行器的健康状态、剩余使用寿命以及任务可达性的全面诊断和预测，保障在其整个使用寿命期间持续安全地工作。此时，数字孪生技术真正引起了业界的关注。

近年来，由于美国通用（GE）、德国西门子（Siemens）等公司的积极推广，使数字孪生技术在工业制造领域也得到了快速的发展。GE 公司计划通过其自身云服务平台 Predix，采用大数据、物联网等先进技术，基于"数字孪生模型"实现对发动机的实时监控、及时检查和预测性维护。西门子公司提出了"数字化双胞胎"概念，致力在信息空间构建整合制造流程的生产系统模型，实现物理空间从产品设计到制造执行全过程的数字化。ANSYS 公司通过 ANSYS Twin Builder 平台提出创建"数字孪生体"并可快速连接至工业互联网，帮助用户进行故障诊断，避免非计划停机，优化系统性能。我国北京航空航天大学陶飞教授为实现制造车间的物理世界与信息世界交互融合，提出了"数字孪生车间"的实现模型，并明确了其系统组成、运行机制以及关键技术，为制造车间 CPS（信息物理系统）的实现提供了理论和方法参考。

数字孪生技术是国际社会近几年所兴起的非常前沿的新技术，是智能制造的重要载体。智能制造所包含的设计、制造和最终的产品服务，都离不开数字孪生的影子。随着工业信息系统、人工智能、机器学习、工业大数据等技术的快速发展，数字孪生技术在智能制造和装备智能维护等领域展现了良好应用前景。

2. 数字孪生定义及内涵

数字孪生可定义为利用数字技术对物理实体对象的特征、行为和形成过程等进行描述建模的技术。数字孪生体（或数字孪生模型）则是指物理实体在虚拟空间的全要素重建的数字化映射，是一个多物理、多尺度、超现实、动态概率仿真的集成虚拟模型，可用来模拟、监控、诊断、预测、控制物理实体在现实环境中的形成过程及其状态行为。如图 7-15 所示的航天飞行器数字孪生体，即为在虚拟空间内所构建的与物理实体完全一致的虚拟模型，可实时模拟飞行器在现实环境中的性能与特征。

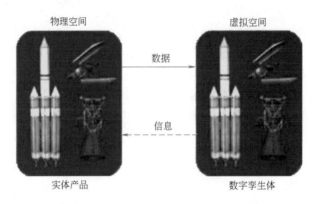

图 7-15　航天飞行器数字孪生的虚拟模型

数字孪生技术可用于产品设计，也可用于制造过程、制造系统、制造车间或制造工厂。数字孪生体是基于产品设计阶段所生成的产品数字模型，并在随后的产品制造和产品应用以及服务阶段，通过与产品物理实体之间的数据和信息的交互，不断提高自身的完整性和精确性，最终完成对产品物理实体的完全和精确的描述。

从上述定义看出：①数字孪生体是物理实体在虚拟空间的一个集成仿真模型，是产品或系统全生命周期数字化的档案，可实现对其全生命周期数据的集成管理；②数字孪生体是通过与产品实体不断进行数据与信息的交互而得到完善的；③数字孪生体的最终表现形式是产品实体的完整和精确的数字化描述；④数字孪生体可用来模拟、监控、诊断、预测和控制产品实体在现实物理环境中的形成过程和状态行为。

数字孪生模型远远超出了数字化模型（或虚拟样机）的范畴，数字孪生模型不仅包含结构、功能和性能方面的描述，还包含其制造、维护等全生命周期中的过程和状态的描述。数字化模型往往是静态的，当产品 CAD 设计完成后便可生成该产品的数字化模型；数字孪生模型则与产品实体的动态特征紧密相连，当产品实体没有被制造出来时，没有对应的数字孪生模型。数字孪生模型是通过产品实体状态信息采集装置的集成，可在产品全生命周期内反映产品从微观到宏观的所有特性。

3. 数字孪生技术体系

数字孪生技术体系可以看成由数据保障层、建模计算层、数字孪生功能层以及沉浸式体验层四层结构组成，如图 7-16 所示。

（1）**数据保障层**　数据保障层支撑着整个数据孪生技术体系的运作，包括高性能传感器数据采集、高速数据传输以及全生命周期的数据管理。高性能传感技术可获得充分、准确的数据源，高带宽光纤技术可使海量数据传输满足系统实时跟随性能要求，分布式云服务器存储可为全生命周期数据的存储和管理提供平台保障，以满足大数据分析与计算的数据查询和检索速度要求。

（2）**建模计算层**　建模计算层是整个体系的核心，主要由建模模块和一体化计算平台构成。建模模块通过多物理、多尺度建模方法对传感数据进行解析，挖掘数据的深度特征，来建立数字孪生模型，并使所建模型与实际系统性能匹配、实时同步，可预测实际系统未来状态和寿命，评估其执行任务成功的可能性。一体化计算平台包含嵌入式计算和云服务器计算方式，通过分布式云计算平台完成复杂的建模计算任务。

（3）**数字孪生功能层**　数字孪生功能层是整个数字孪生体系的直接价值体现，可根据实际需要通过建模计算层所提供的信息接口进行功能定制。数字孪生体系的最终目标是使系统能够在全生命周期获得良好的性能表现，为此在系统功能层应具有多层级系统寿命估测、系统集群执行任务能力评估、系统集群维护保障、系统生产过程监控以及系统设计辅助决策等功能。

（4）**沉浸式体验层**　沉浸式体验层直接面向用户提供具有沉浸友好的交互环境，可通过声音、视频以及触摸感知、压力感知、肢体动作感知等多种交互手段，使用户在操作时有一种身临其境的系统真实场景，并能体验到真实系统自身不能直接反映的系统属性和特征，使操作者能够快捷深入地了解系统的工作机理及其功能特征。

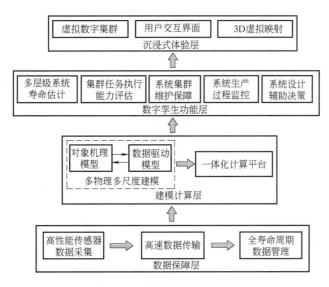

图 7-16　**数字孪生技术体系**

4. **数字孪生关键技术**

（1）**多领域多尺度的融合建模**　多领域建模是指从不同的领域视角对物理系统进行多领域融合建模，且从概念设计阶段就开始实施，其难点为多领域特性的融合大大增加了系统的自由度，提高了建模难度。多尺度建模是指用不同的时间尺度模拟系统的物理过程，与单尺度仿真模拟比较，可得到更高的模拟精度，然而加大了建模难度。

（2）**数据驱动与物理模型融合的状态评估** 数据驱动与物理模型融合的难点在于，如何将高精度的传感数据特性与系统机理模型有效合理地结合起来，以获得很好的状态评估与监测效果，现有对数字孪生模型的乐观前景大多建立在对诸如机器学习、深度学习等高性能算法基础上，预期利用越来越多的工业状态监测数据构建数据模型，借以替代难于构建的物理模型，但如此会带来对系统过程或机理难于刻画、所构建的数字孪生系统表征性能受限等问题。

（3）**数据采集和传输** 数字孪生模型是物理实体系统的实时动态超现实的映射，高精度传感器数据的采集和快速传输是整个数字孪生系统体系的基础，大量分布的各种类型高精度传感器为整个数字孪生系统起着基础感官作用。目前数据采集的难点在于传感器的种类、精度、可靠性、工作环境等受到当前技术水平的限制，当前网络传输设备和网络结构还无法满足数据传输更高级别的实时性和安全性要求。

（4）**全生命周期数据管理** 复杂系统的全生命周期数据存储和管理是数字孪生系统的重要支撑。采用云服务器对系统的海量数据进行分布式管理，实现数据的高速读取和安全冗余备份，对维持整个数字孪生系统的运行起着重要的作用。由于数字孪生系统对数据的实时性要求很高，如何优化数据的架构、存储和检索方法，获得实时可靠的数据读取性能，是其应用于数字孪生系统面临的挑战。

（5）**VR技术** VR（虚拟现实）技术可以将系统的制造、运行、维修状态以超现实的形式展现，在完美复现实体系统的同时可将数字分析结果以虚拟映射方式叠加到所创造的孪生系统中，增强具有沉浸感的虚拟现实体验，实现实时连续的人机互动，使操作者能够实时直观地了解和学习目标系统的原理、构造、特性、变化趋势和健康状态等各种信息，更加便于对系统进行多领域、多尺度的状态监测和评估。当前，数字孪生系统的VR技术难点在于需要大量高精度传感采集数据为虚拟现实技术提供必要的数据来源和支撑，同时虚拟现实技术本身的技术瓶颈也亟待突破和提升。

（6）**高性能计算** 数字孪生系统的实时性，要求系统应有极高的计算性能，而计算性能的提高受限于当前计算设备发展水平和算法优化水平。为此，就目前而言基于分布式计算的云服务器平台是其重要保障，同时努力优化数据结构和算法结构，以尽可能提高系统计算速度。

5. 数字孪生车间

数字孪生技术可应用于设计、制造、服务等各个领域，下面以北京航空航天大学陶飞教授提出的数字孪生车间概念以阐述数字孪生技术的具体应用。

（1）**数字孪生车间结构组成** 数字孪生车间（Digital Twin Workshop，DTW）结构可认为由物理车间、虚拟车间、车间服务系统（Workshop Service System，WSS）以及车间孪生数据四部分组成，如图7-17所示。

1）物理车间。物理车间是客观存在的车间所有实体的集合，主要负责接收WSS下达的生产任务，并严格按照虚拟车间仿真优化后的预定义生产指令执行生产活动并完成生产任务。物理车间除了传统车间所具备的功能和作用之外，还具有异构多源实时数据的感知接入和车间"人-机-物-环境"等要素共融的能力。物理车间拥有一套标准统一的数据通信与转换装置，可对多类型、多尺度、多粒度的物理车间数据进行统一的规划、清洗及封装，实现

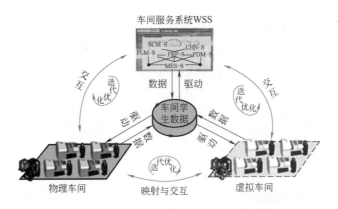

图 7-17　数字孪生车间结构组成

各类数据统一规范化处理，并通过数据的分类、关联和组合等操作，实现物理车间多源多模态数据的集成、融合以及与虚拟车间、WSS 的通信交互。

这种"人-机-物-环境"等要素共融的物理车间，与以人的决策为中心的传统车间比较，具有更强的灵活性、适应性、鲁棒性与智能性。

2）虚拟车间。虚拟车间是物理车间的数字化镜像。本质上，该虚拟车间集成了物理车间要素、行为与规则三个层面的模型：在要素层面，包括对车间的人、机、物、环境等实际生产要素进行数字化/虚拟化的几何模型以及对物理属性进行刻画的物理模型；在行为层面，包括车间在驱动（如生产计划）以及扰动（如紧急插单）作用下，对实际车间行为的顺序性、并发性、联动性等特征进行刻画的行为模型；在规则层面，包括依据车间繁多的运行及演化规律建立的评估、优化、预测、溯源等规则模型。

虚拟车间主要负责对实际车间生产计划进行仿真、评估和优化，并对生产过程进行实时监测、预测与调控等。生产前，在具有逼真和沉浸感的虚拟车间可视化模型环境下，对 WSS 生产计划进行仿真，模拟车间生产全过程，及时发现生产计划中可能存在的问题，以便进行实时调整和优化；在生产中，虚拟车间不断采集积累物理车间的实时数据，并对其运行过程进行连续的调控与优化。

3）车间服务系统（WSS）。WSS 是由数据驱动的系统各类服务功能的集合，负责对车间智能化管理与控制提供支持和服务。例如，当 DTW 接收到某生产任务后，WSS 在车间孪生数据的驱动下生成满足完成该任务需求及约束条件的资源配置方案和初始生产计划；在生产前，WSS 基于虚拟车间对生产计划进行仿真、评估及优化；在生产中，WSS 根据物理车间实时生产状态以及虚拟车间仿真优化结果的反馈，实时调整生产计划以适应实际生产需求的变化。

4）车间孪生数据。车间孪生数据是物理车间、虚拟车间、WSS 相关数据以及三者融合后产生的衍生数据的集合。物理车间数据主要是与生产要素、生产活动和生产过程等相关的数据；虚拟车间数据主要包括虚拟车间运行的数据，如模型数据、仿真数据以及评估、优化、预测等数据；WSS 数据包括诸如供应链管理、企业资源管理、销售服务管理、生产管理、产品管理等各类管理数据；三者融合产生的数据包括综合、统计、关联、聚类、演化等衍生数据。所有上述数据为 DTW 提供了全要素、全流程、全业务的数据集成与共享平台，消除了传统车间存在的信息孤岛。

（2）**数字孪生车间运行机制**　下面以 DTW 完成某项生产任务为例，阐述 DTW 的运行机制。假设完成该生产任务须经车间要素管理、生产计划以及生产过程控制三个阶段，如图 7-18 所示，下面分别介绍 DTW 各个运行阶段的迭代优化过程。

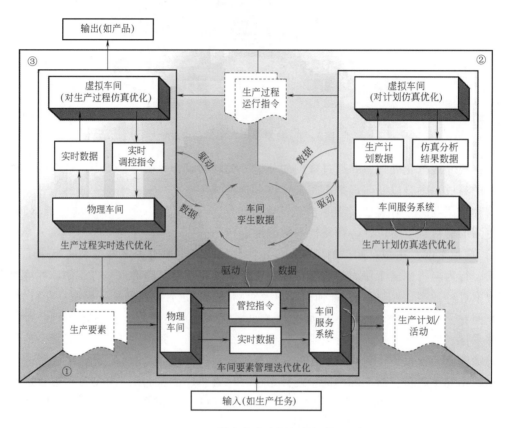

图 7-18　数字孪生车间运行机制

1）车间要素管理迭代优化阶段。在该阶段，主要反映为车间服务系统（WSS）与物理车间的迭代优化过程：①首先，WSS 从车间孪生数据中提取生产要素管理的历史数据及其关联数据；②在此数据驱动下，根据当前生产任务要求对生产要素进行配置，得到满足当前任务需求及约束条件的初始资源配置方案；③WSS 获取物理车间人员、设备、物料等生产要素的实时数据，对初始方案进行分析与评估；④根据分析评估结果对初始方案进行修正与优化，然后将其以管控指令形式下达至物理车间；⑤物理车间在该指令作用下，调整各生产要素到适合状态，并不断将实时数据反馈至 WSS 进行评估及预测；⑥若实时数据与原方案有冲突时，WSS 再次对方案进行修正，如此反复迭代，直至获得满足当前生产任务要求的生产要素最优配置；⑦同时，在该阶段还需产生初始的生产计划，并将该阶段所产生的全部数据存入车间孪生数据库中，以作为后续阶段的驱动数据。在该阶段，WSS 起着主导作用。

2）生产计划仿真迭代优化阶段。在该阶段，主要反映为虚拟车间与 WSS 的迭代优化过程：①首先，虚拟车间从车间孪生数据中提取阶段 1）所生成的初始生产计划数据；②在该数据驱动下，对生产计划进行仿真、分析及优化；③在保证生产计划与产品全生命周期各环节相关联，并对车间内/外扰动具有一定预见性前提下，将仿真分析结果反馈至 WSS；④WSS 基于仿真数据对生产计划做出修正及优化后，再次交付给虚拟车间进行仿真分析，如此迭代，直至得到最优的生产计划；⑤最后，将优化的生产计划转换为生产过程控制指令，存入车间孪生数据库以作为后续阶段的驱动数据。在该阶段，虚拟车间起着主导作用。

3）生产过程控制实时迭代优化阶段。在该阶段，主要反映为物理车间与虚拟车间的迭代优化过程：①首先，物理车间从车间孪生数据中提取阶段 2）所生成的生产过程控制指令，并按照该指令组织生产；②在实际生产中，物理车间将实时生产状态数据传送给虚拟车间，虚拟车间根据该实时状态数据进行实时仿真模拟，得到实时生产数据仿真结果；③比对实时仿真结果与预定义结果是否一致，若产生偏差则需要对物理车间的扰动因素进行分析辨识，并从全要素、全流程、全业务角度对生产过程进行评估、优化及预测，并以实时调控指令形式作用于物理车间，以便对生产过程进行优化控制，直至实现生产过程达到最优；④最后，将该阶段最优的生产过程数据存入车间孪生数据库。在该阶段，物理车间起着主导作用。

通过上述三个阶段的生产过程，DTW 完成了所要求的生产任务，得到最终生产结果（产品），并将相关的数据信息存入车间孪生数据库，为下一轮生产任务做好准备。可见，DTW 生产运行过程是一个反复优化迭代的过程，在不断迭代过程中车间孪生数据也被不断更新和补充，由此 DTW 也得到不断进化和完善。

综上所述，数字孪生是当前前沿的新技术，该技术的产生和发展给制造业的创新和进步提供了一个新的理念与手段。然而，受到当前制造业现有技术水平的限制，数字孪生所涉及的关键技术与现实应用还有一定距离。为此，数字孪生这一新技术尚需经历边探索尝试、边优化完善的过程。

本章小结

智能制造是面向产品的全生命周期，以新一代信息技术为基础，以制造系统为载体，在其关键环节或过程具有一定自主性的感知、学习、分析、决策、通信与协调控制能力，能动态地适应制造环境的变化，从而实现预定的优化目标。智能制造技术涉及智能设计、智能制造装备与工艺、智能生产过程以及智能服务等内容。

智能制造三个基本范式描述了制造系统从传统制造进化到第一代智能制造、第二代智能制造，再到新一代智能制造，从"人-物理"二元系统发展到"人-信息-物理"三元系统，由"授之以鱼"演变为"授之以渔"发展演变过程。

云计算是利用互联网实现随时、随地、按需、便捷地访问共享计算资源的一种新型计算模式。通过云计算，用户可以根据其业务负载需求在互联网上申请或释放所需要的计算资源，并以按需付费方式支付所使用资源的费用，在提高服务质量的同时大大降低资源应用和维护成本。

大数据是指其数据量超出常规数据工具的获取、存储、管理和分析能力的数据集，具有数据量大、数据类型多、产生速度快、含有潜在价值等鲜明特征。

物联网是通过传感设备，按照约定的协议，可将任何物体与互联网连接起来，进行信息交换和通信，以实现智能化识别、定位、跟踪、监控和管理的一种网络。

数字孪生技术是近年来所兴起的前沿的新技术，是利用数字技术对物理实体对象的特征、行为和形成过程等进行描述建模的技术。数字孪生模型是物理实体在虚拟空间的全要素重建的数字化映射，是一个多物理、多尺度、超现实、动态概率仿真的集成虚拟模型，可用来模拟、监控、诊断、预测、控制物理实体在现实环境中的形成过程及其状态行为。

思考题

7.1　何谓智能制造？分析智能制造技术内涵及其特征。

7.2　简要分析智能制造技术体系框架。

7.3　智能制造技术的发展表现为哪三个基本范式？它们各自包含哪些技术内容？为什么说这三个范式揭示了智能制造发展的基本原理？

7.4　何谓云计算？云计算模式有何特征？

7.5　云计算模式可为用户提供哪些服务？解释 IaaS、PaaS、SaaS 三者的含义及其相互间区别。

7.6　何谓大数据？现代制造业的大数据技术是在什么背景下产生的，有何特征？

7.7　分析物联网与互联网的区别与联系。

7.8　举例说明物联网是如何感知、识别以及获取其节点信息的。

7.9　分析云计算、大数据以及物联网技术在智能制造模式下如何发挥其使能作用。

7.10　何谓数字孪生模型？一个产品或系统的数字孪生模型与其三维数据模型有哪些区别和联系？

7.11　简述数字孪生车间是如何运行工作的。

参 考 文 献

[1] 孙大涌. 先进制造技术 [M]. 北京：机械工业出版社，2000.

[2] 国家制造强国建设战略咨询委员会，中国工程院战略咨询中心. 智能制造 [M]. 北京：电子工业出版社，2016.

[3] 张洁，秦威，鲍劲松，等. 制造业大数据 [M]. 上海：上海科学技术出版社，2016.

[4] 陈明，梁乃明. 智能制造之路：数字化工厂 [M]. 北京：机械工业出版社，2016.

[5] 工业 4.0 工作组，德国联邦教育研究部. 德国工业 4.0 战略计划实施建议 [J]. 机械工程导报，2013（7-9）：23-33；2013（10-12）：37-53；2014（1）：31-45.

[6] 杨帅. 工业 4.0 与工业互联网：比较、启示与应对策略 [J]. 当代财经，2015（8）：99-107.

[7] 童团刚，张华全，谢崇全，等. 机械零件静强度可靠性设计 [J]. 机械研究与应用，2009，22（3）：89-90+94.

[8] 袁哲俊，王先逵. 精密和超精密加工技术 [M]. 3 版. 北京：机械工业出版社，2016.

[9] 白基成，刘晋春，郭永丰，等. 特种加工 [M]. 6 版. 北京：机械工业出版社，2014.

[10] 张德远，蔡军，李翔，等. 仿生制造的生物成形方法 [J]. 机械工程学报，2010，46（5）：88-92.

[11] 刘宝胜，吴为，曾元松. 鲨鱼皮仿生结构应用及制造技术综述 [J]. 塑性工程学报，2014，21（4）：56-62.

[12] 李涤尘，靳忠民，卢秉恒. 生物制造技术研究与发展 [J]. 机械工程导报，2013（5/6）：7-10.

[13] 北京航空航天大学. 一种硅藻壳体或硅藻土与玻璃的键合方法：201010033700.2 [P]. 2010-07-28.

[14] 刘宁. ERP 原理与应用 [M]. 北京：北京理工大学出版社，2016.

[15] 周玉清，刘伯莹，周强. ERP 原理与应用教程 [M]. 3 版. 北京：清华大学出版社，2018.

[16] 安晶，殷磊，黄曙荣. 产品数据管理原理与应用：基于 Teamcenter 平台 [M]. 北京：电子工业出版社，2015.

[17] 王爱民. 制造执行系统（MES）实现原理与技术 [M]. 北京：北京理工大学出版社，2014.

[18] 傅莉萍. 供应链管理 [M]. 北京：清华大学出版社，2016.

[19] 邵秀丽，李慧超，王景军，等. 基于 Web 产品协同设计系统关键技术的解决 [J]. 智能计算机与应用，2018，8（4）：10-16.

[20] 吴迪. 精益生产 [M]. 北京：清华大学出版社，2016.

[21] 梁福军，宁汝新. 可重构制造系统理论研究 [J]. 机械工程学报，2003（6）：36-43.

[22] 王宝沛，翟鹏，王丽霞，等. 汽车零部件可重构自动化制造系统的研究 [J]. 制造技术与机床，2007（3）：31-35.

[23] 段建国，李爱平，谢楠，等. 可重构制造系统生产能力扩展性重构方法 [J]. 同济大学学报：自然科学版，2019，40（9）：1357-1363.

[24] 周济. 走向新一代智能制造 [R/OL].（2018-05-09）[2018-05-09]. http://www.sohu.com/a/231050404 290901.

[25] 谭建荣，刘振宇，等. 智能制造：关键技术与企业应用 [M]. 北京：机械工业出版社，2017.

[26] 罗军舟，金嘉晖，宋爱波，等. 云计算：体系架构与关键技术 [J]. 通信学报，2011（7）：3-21.

[27] 赵兰普，王其富，宋晓辉，等. 工业云：开放、共享、协作的"互联网+工业"生态 [M]. 北京：科学出版社，2017.

[28] 方巍，郑玉，徐江. 大数据：概念、技术及应用研究综述 [J]. 南京信息工程大学学报（自然科学

版），2014，6（5）：405-419.

[29] 刘大同，郭凯，王本宽，等. 数字孪生技术综述与展望 [J]. 仪器仪表学报，2018，39（11）：1-10.

[30] 陶飞，张萌，程江峰，等. 数字孪生车间——一种未来车间运行新模式 [J]. 计算机集成制造系统，2017，23（1）：1-9.